採用遊戲化的方式
進行Python學習，
擺脫呆板的課堂方式

玩/說故事，
是人生最大的學習！

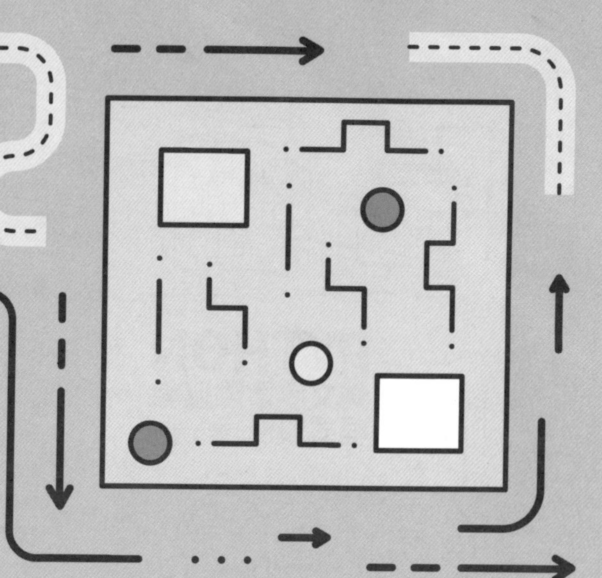

PYTHON
純文字冒險遊戲程式設計

彭勝陽 著

博碩文化

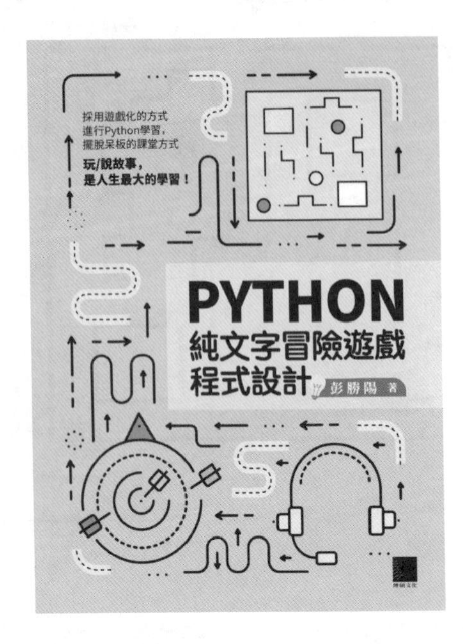

作　　者：彭勝陽
責任編輯：賴彥穎

董 事 長：陳來勝
總 編 輯：陳錦輝

出　　版：博碩文化股份有限公司
地　　址：221 新北市汐止區新台五路一段 112 號 10 樓 A 棟
電話 (02) 2696-2869 傳真 (02) 2696-2867

發　　行：博碩文化股份有限公司
郵撥帳號：17484299　戶名：博碩文化股份有限公司
博碩網站：http://www.drmaster.com.tw
讀者服務信箱：dr26962869@gmail.com
訂購服務專線：(02) 2696-2869 分機 238、519
（週一至週五 09:30 ～ 12:00；13:30 ～ 17:00）

版　　次：2020 年 10 月初版

建議零售價：新台幣 550 元
I S B N：978-986-434-534-2
律師顧問：鳴權法律事務所 陳曉鳴律師

本書如有破損或裝訂錯誤，請寄回本公司更換

國家圖書館出版品預行編目資料

Python 純文字冒險遊戲程式設計 / 彭勝陽著 . -- 初版 . -- 新北市 : 博碩文化 , 2020.10

面；　公分

ISBN 978-986-434-534-2 (平裝)

1.Python(電腦程式語言)

312.32P97　　109016653

Printed in Taiwan

博碩粉絲團

作者序

什麼是「純文字說故事遊戲化程式設計」呢？如果你從來沒有玩過，那麼請你別再錯過了這個令人興奮的經歷。在很久很久以前，當美國微軟公司還不存在的時候，大部份的入門 Basic 程式設計書籍都是以類似這種方式（純文字說故事遊戲化）編寫的，可能是當時大家都對外星人話題很感興趣，常常與高科技的電腦程式聯想在一起，當時的電腦書籍出版社不斷的出版這類的程式設計書籍，造就了一世代的偉大電腦程式科學家。這類的古老的好書籍已封存在網路上，如：

https://colorcomputerarchive.com/repo/Documents/Books/，
讀者可前往閱讀。

喜好玩手機或網路遊戲是現今 e 世代的天性。但是沉溺於這種「電子海洛因」之中，則會造成網癮，進而影響學業和工作。不過，如果我們能將 e 世代對遊戲的喜好轉化為對學習 Python 程式設計的動機，則此時的「電子海洛因」反而會引導 e 世代學生進入學習狀態，而避免了傳統授課模式的死板和枯燥。「遊戲化」本身即具學習性，我們可用此特性來改造 Python 學習機制，使得學習 Python 本身成為一種遊戲，再透過這樣的遊戲，讓大家沉溺於學習 Python 程式設計，等到這些 e 世代學生發覺到他們是在沉溺於修改 Python 遊戲程式，而不是在虛度光陰玩手機遊戲或社群網站時，為時已晚，因為他們已經被哄騙去學會 Python 了，這正是遊戲化學習的核心所在。

透過說故事的方式將學習程式遊戲化就像一部小說，你是主角，可以決定故事會發生的情況。與小說不同的是，每次你玩遊戲時，故事的過程是由你選擇做決定的。純文字遊戲程式可讓您發揮想像力。它可以帶你去從未去過的地方，一個從來沒有人去過的地方。Python 是魔法師。它可以讓令人興奮的事物發生。然而 Python 最美妙的地方是，你可以用它來創造你自己的精彩世界，你和你的朋友都可以去。你可以創造陌生的世界，異國情調的仙境。你甚至可以在這些新的世界裡，創造冒險故事。

在本書中，我們將使用 Python 語言來建立自己的文字冒險遊戲，我們可在這個用 Python 建立的文字虛擬世界中，創造喜歡的人物和怪獸來居住在這個世界裡，於是我們可以藉由與這些人物和怪獸的互動，在有趣與無痛的情境下，達到享受學習 Python 語言的目的。幾乎每個單元都有一個保證讓讀者學習具有成就感的遊戲化程式，讓學習過程興奮起來，於是在心靈上創建了一個寄託、生成了一顆萌芽的 Python 種子。這真的是一本為合乎人類學習模式而設計的著作。

這樣用各種故事來讓您寄託在這些夢幻的故事中，無痛的學習 Python 程式，是不是很好玩呢？電腦程式設計科學一定要讓人覺得很好玩又有知識性是非常重要的。您不必刻意去記憶 Python 程式的關鍵字和程式語法，您也可透過說故事的方式，用直覺的方式學會 Python 語言。大家可以回想一下，孩子一開始在學習母語時，都是從和家人對話、模仿大人說話、聽大人唸故事書等方式來進行的，學習 Python 程式語言也是同樣的道理。你只要知道如何在電腦上鍵入 Python 程式就夠了。您將會熟悉諸如像 print、def、if elif else 以及迴圈(for/while)。您將會知道如何使用變數。你應該知道什麼是字串以及 list(列表)。雖然冒險遊戲並不是最難寫的程式，但也不是最容易寫的程式。你可以將本書的範例程式，當作是冒險遊戲的骨架。所有你必須做的是利用這些程式骨架來自己修改程式，讀者在練習完範例後，會不自覺地為了想讓遊戲更有趣或增強功能，會不斷的修改範例程式，當輸出結果是他們的設計想法，就會有一種成就感或功力突破的感覺。

本書最後兩章節使用 Python 純文字程式 + NLTK 自然語言處理套件，來創造出聊天機器人，並應用於角色扮演遊戲中。透過這些聊天機器人程式範例，讀者是否會有這樣一個疑問：機器人(電腦程式)會思考嗎？這個問題等價於「讓我們把注意力集中在一台電腦上，如果我們可以讓這台電腦有非常大容量的硬碟，執行程式的速度也很快，而且我們還可以輸入所有的中文單字和句型、並大幅擴充我們聊天機器人的程式行數，請問這樣的中文版聊天機器人真的會像我們以繁體中文為母語的人一樣，無所不談嗎？

「思想或意識」如同是人的靈魂。讓我們姑且不去探索到底是什麼超自然力量賦予我們如此的靈魂(程式)，讓我們人類會思考。筆者認為我們的確可以透過不斷的修改及擴充 Python 程式，賦予任何無生命的機器(電腦)靈魂。這個論點不就已經否決了一般人認為機器不會像人一樣思考的迷思了。我們甚至不只會讓聊天機器人程式愈來愈聰明，亦可以讓聊天機器人裝笨。例如，若我們詢問聊天機器人：請問 123456789 除以 0.345678 的答案是多少？當然聊天機器人可以很快的計算出答案，但聊天機器人也可以模仿人的較慢的計算能力，使用 Python 程式的 time.sleep( )方法來延遲回答的時間，這樣我們人類就不會知道聊天機器人到底是電腦還是人類了。

彭勝陽

2020.9.17 於新竹

永久信箱 (justinud@bluehen.udel.edu)

目錄

第零章 Python 直譯器安裝

第一章 Python 基本語法導讀

第二章 製作太空怪蛇

第三章 Python 程式除錯

第四章 函式定義及呼叫

第五章 製作生日快樂電子卡片

第六章 有限狀態機

第七章　製作飛碟密碼

第八章　電腦明信片

第九章 星艦起飛

第十章 列表與元組

第十一章 太空救援

第十二章 地圖角色扮演遊戲

第十三章 氣泡隧道

第十四章 類別與物件

第十五章 聊天機器人

第十六章 會聊天的邪惡飛龍

附贈程式碼說明

請勿忘記！這本精心設計的程式設計書中，所有範例程式原始碼均可透過「博碩文化股份有限公司」的網站下載。下載這些範例程式原始碼可以避免辛苦打字輸入這些程式。範例程式原始碼以章為主檔案夾命名依據，例如:

第 1 章　Python 基本語法導讀(程式碼)

第 2 章　太空怪蛇(程式碼)

.

.

.

第 15 章　聊天機器人(程式碼)

第 16 章　會聊天的邪惡飛龍(程式碼)

如果你像筆者一樣，也是個急性子的人，想在仔細閱讀本書前先執行書中範例程式的話，請您先將這些檔案夾複製到您的硬碟中，並快速翻閱書中要求的安裝軟體說明，然後進行安裝，最後執行程式碼範例。但筆者還是覺得自行將程式碼一字一字地輸入電腦，會有益於對程式有深刻的印象。

Python 直譯器安裝

0-1 安裝 PYTHON

在閱讀本書之前，你需要安裝 Python 直譯器及試驗執行一個簡單的範例程式，以確定你電腦上的 Python 環境可讓您輕鬆成功執行 Python 程式。

本章節先教導大家用傳統的方式來透過 Python 官方網站，下載 Python 直譯器及練習執行範例程式（適用於從零開始學習 Python 語言的讀者）。由於雲端運算的蓬勃發展，這類雲端平台是學生提高學習效率的有力工具。國外很多像 Google、Amazon 或開放原始碼團體等的企業團體或個人，紛紛提供 Python 相關的線上軟體或硬體的服務，省去使用者安裝或購買高級軟硬體設備的麻煩。雖然網路上充斥各式功能的線上版 Python 直譯器，各有各的優點，但筆者在此強力推薦各位使用「OnlinePythonTutor」的線上版 Python 軟體編輯器，因為它有內建程式執行期的視覺化功能（Visualizer），以圖形的方式呈現 Python 執行時的每一步驟的內部變化狀態。

0-2 透過 Python 官方網站，下載及執行 Python 軟體

本書撰寫時的作業系統環境為 Windows 10，由於 Windows 7 已經被微軟宣布不再支援更新，在安裝上也容易出現問題，故而請讀者使用 Windows 10 作為本書學習環境。

Step 1 打開瀏覽器，然後進入 Python 官網頁面：
https://www.python.org/downloads/。

Step 2 選擇一個穩定版本，例如下圖中的 Python 3.6.10。在版本號中沒有附加”rc”字母的，可以視為穩定版本。（如 Python 3.8.2rc2 - Feb. 17, 2020 就是一個不穩定的預發行版本。）

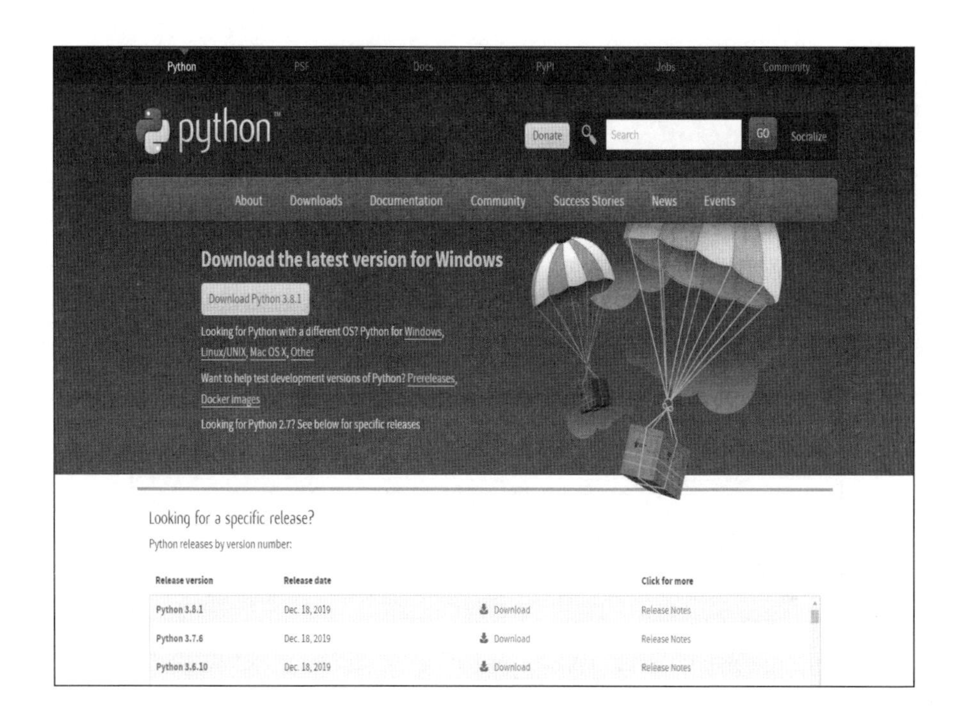

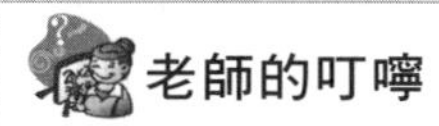

老師的叮嚀

使用 Python 3.6.x 版本的好處是可支援 Tensorflow 1.x 套件「Google 範例說明最多的機器學習套件」及容易在 64 位元環境下安裝 NLTK 套件「自然語言處理+命題邏輯(Propositional Logic)套件」。

Tensorflow/PyTorch/Stanford NLP 等套件都沒有命題邏輯(Propositional Logic)的功能，僅 NLTK 套件支援命題邏輯(Propositional Logic)功能。

Step 3 下載您要的 Python 版本至您的電腦硬碟上。(建議一律下載 Python 3.6.x 版本，以減輕不必要的安裝煩惱)。

> **老師的叮嚀**
>
> 除了最後兩章節的聊天機器人程式範例(建議使用 Python 3.6.x 版本，因為安裝 NLTK 套件非常簡單)，本書中的所有其它章節的程式皆可使用任何版本的 Python 直譯器。

Step 4 執行已下載的 Python 執行檔，並依照以下步驟安裝。

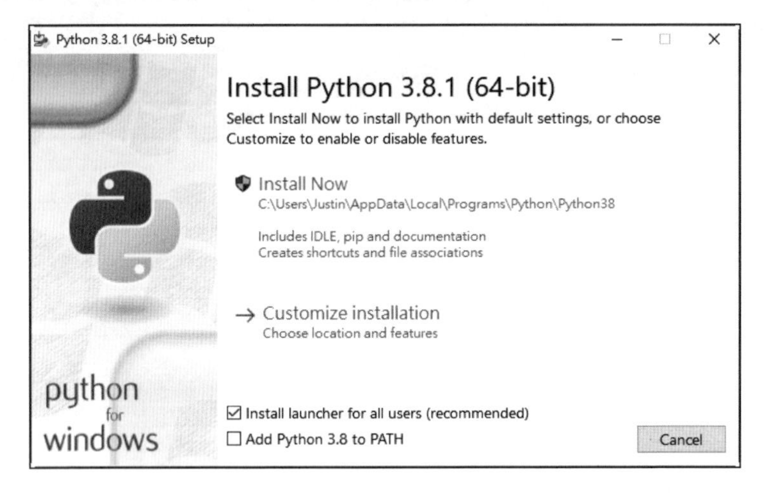

Step 5 先勾選 Add Python 3.X to PATH，再點 Install Now。

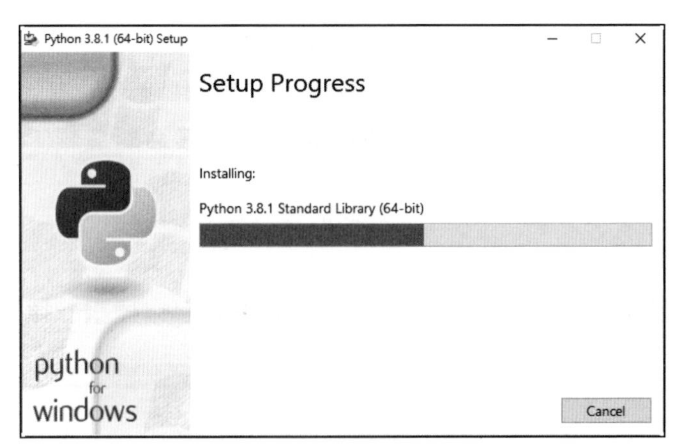

Step 6 Python 需要幾分鐘時間來安裝。完成後，螢幕上會出現下列安裝成功畫面。

Step 7 按一下“Close”，以完成安裝。

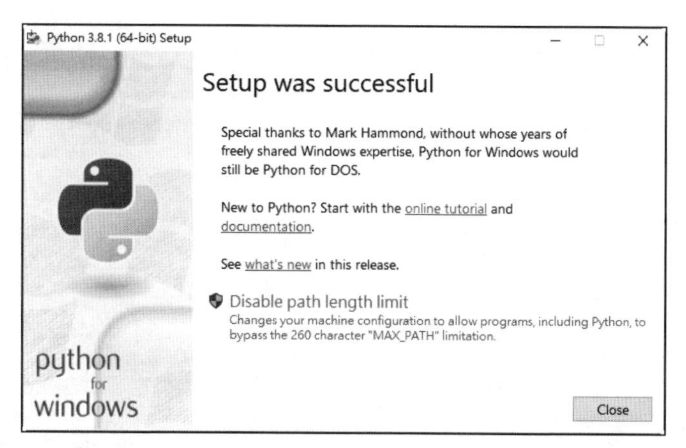

老師的叮嚀

本書強烈建議使用 Windows 10 作為作業環境，若讀者因個人因素而使用 Windows 7，在安裝 Windows 7 環境時，可能會出現找不到 api-ms-win-crt-process-l1-1-0.dll 的問題，此時請更新 Windows 7 到最新狀態嘗試解決，若仍無法解決問題，還是建議讀者安裝 Windows 10。

現在讓我們來測試「第 1 章 Python 基本語法導讀」的第一個程式範例(ch1-1.py)。

Step 1 假設將 ch1-1.py 檔案複製於 C:\tmp。

Step 2 按一下 Windows 10 左下角的放大鏡圖示。

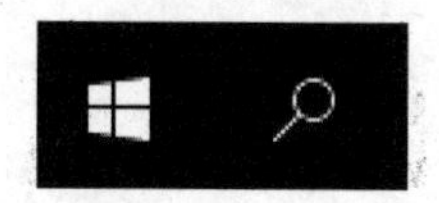

Step 3 在底下輸入方框中，輸入「cmd」，然後按一下「Enter」鍵。此時螢幕上會出現「命令提示字元」視窗。

Step 4 請輸入「cd\」以跳至 C 槽根目錄。

Step 5 請輸入「mkdir tmp」以新增一個 tmp 檔案夾。

Step 6 請輸入「dir/w」以確定 C 槽根目錄內是否有 tmp 檔案夾。

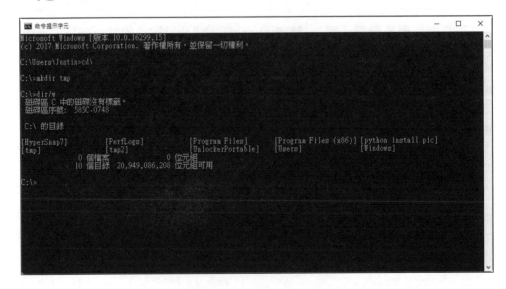

Step 7 在檔案總管中，將 ch1-1.py 檔案複製於 C:\tmp。

Step 8 請輸入「cd tmp」以進入 C:\tmp 檔案夾內。

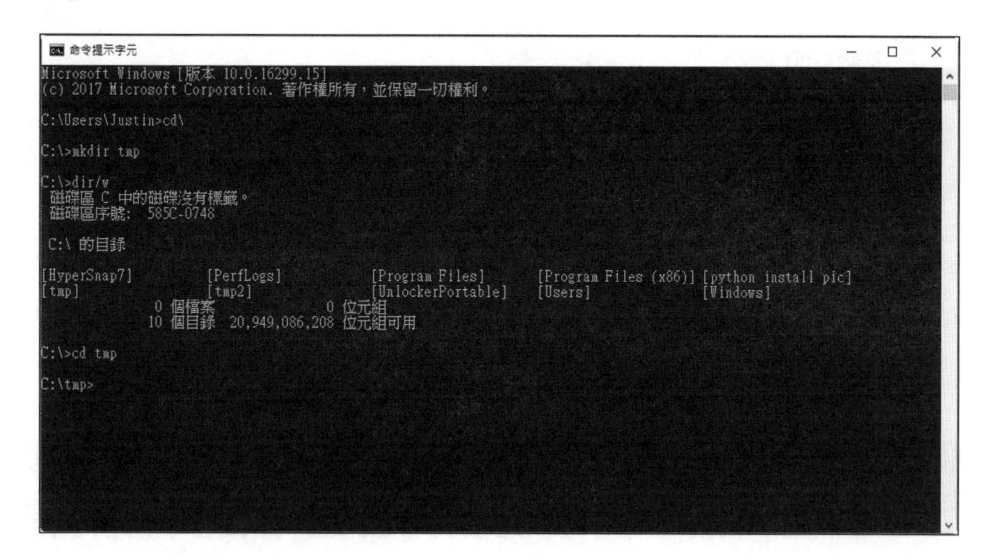

Step 9 請輸入「python ch1-1.py」來讓 Python 輸出此檔案執行後的結果。

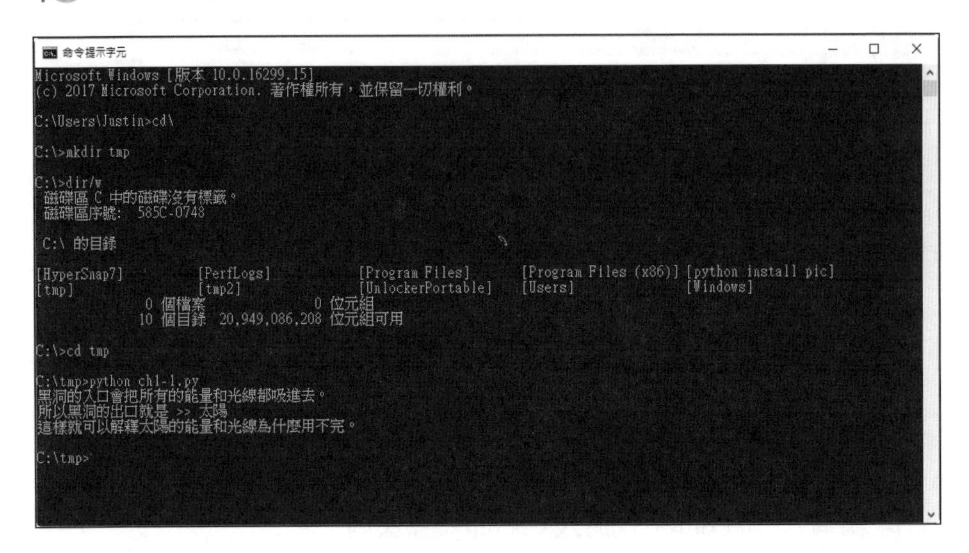

老師的叮嚀

Python 官網下載的 Python 直譯器，功能非常陽春，其中所附的 Python 編輯器沒有花俏的功能、也沒有強大的除錯功能界面可供使用。筆者建議，若要撰寫/除錯 Python 程式，請使用接下來介紹的「OnlinePythonTutor」線上版 Python 軟體編輯器及 PyCharm Community Edition。。

0-3 「OnlinePythonTutor」線上版 Python 軟體編輯器「圖形視覺化勝過千言萬行的程式」

此時，讀者心中或許會有一個疑惑，此線上版 Python 軟體編輯器有什麼？

特別之處？哈哈！您問到重點了。本書在後面的 Python 除錯章節，有介紹 Pycharm 軟體，雖然 Pycharm 軟體的除錯功能是目前所有 Python 軟體中做得最好的，但是 Pycharm 唯一美中不足的地方是，無法以視覺化功能（Visualizer），以圖形的方式呈現 Python 執行時的每一步驟的內部變化狀態。因此，「OnlinePythonTutor」線上版 Python 軟體編輯器還是比 Pycharm 軟體，在這方面略勝一籌。讀者也許會再問道：Python 一定要以圖形視覺化的方式來學習嗎？您答對了！請看看 Google 的機器學習 Tensorflow 軟體發展，都是朝圖形視覺化的程式設計趨勢方向邁進。由於機器學習程式的細節太過於繁瑣複雜，需要用 Tensorflow 軟體的視覺化功能來讓人類一窺程式的全貌變化。雖然這是一本以說故事方式來學習 Python 語言的入門書籍，依筆者測試經驗，您會發現以圖形視覺化的方式來學習 Python 語言，會激發人腦的興奮感，您在試圖理解程式碼的同時，看到程式的圖形或拉線箭頭不停跳動變化，那種動態理解 Python 程式的新方式，直到您試用幾次，就能明白為什麼程式設計是未來趨勢、為什麼有這多人沉迷於程式開發，卻樂此不疲。

若讀者覺得此線上版 Python 軟體，需要有網路或 Wifi 環境，才可使用，認為很不方便來練習 Python 程式語言。沒關係，筆者已經研究出方法，教大家如何下載及設定此線上版 Python 軟體編輯器於您的電腦上，請依照筆者的下列獨門步驟，您一樣可以在電腦離線的狀態下使用「OnlinePythonTutor」Python 軟體編輯器。

使用「OnlinePythonTutor」線上版 Python 軟體編輯器

Step 1 打開瀏覽器，進入下列網站：

http://pythontutor.com/visualize.html#mode=edit

Step 2 瀏覽器畫面上顯示「OnlinePythonTutor」線上版 Python 軟體編輯器。

Step 3 現在您可以直接在此網頁上的 Python 編輯器裡，撰寫程式。執行方法，請參考下一節的步驟 8。

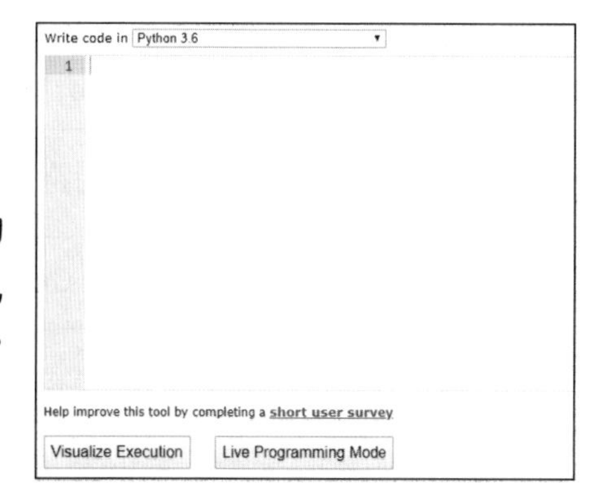

在電腦上離線使用「OnlinePythonTutor」

Step 1 從網站：

https://github.com/thierrymarianne/visualization-online-python-tutor

下載「OnlinePythonTutor.zip」。

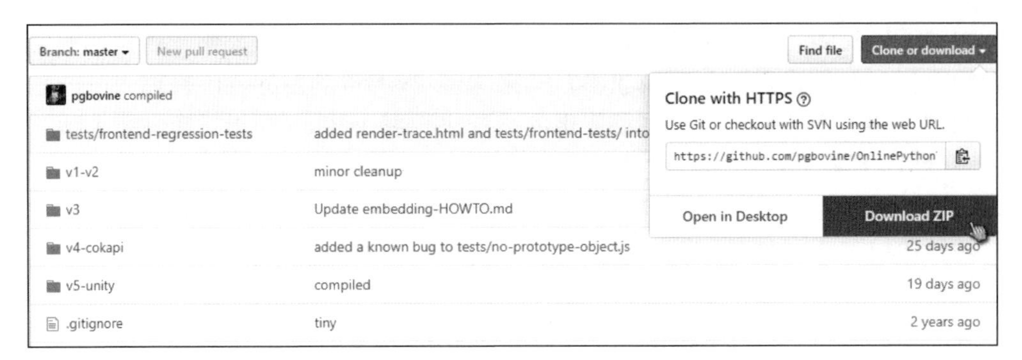

Step 2 開啟您的「命令提示字元」軟體，輸入「pip install bottle」，以下載 Python Web Framework 網路伺服器於您的電腦上。

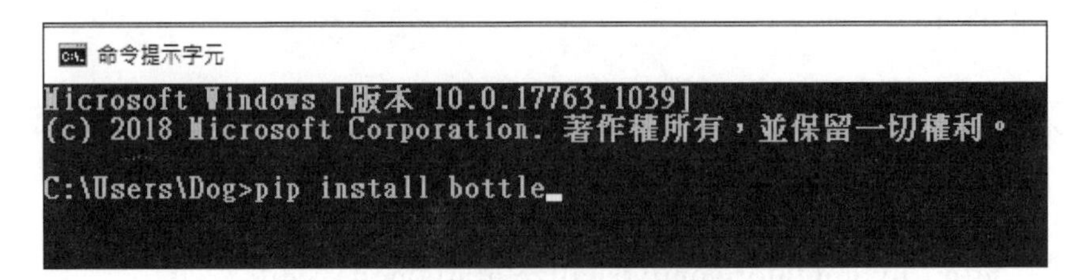

Step 3 將步驟 1 下載的「OnlinePythonTutor.zip」解壓縮到一個磁碟機上（例如，C:\OnlinePythonTutor）

Step 4 從檔案總管上，輸入下列路徑。

› 本機 › SSD (C:) › OnlinePythonTutor › v5-unity

Step 5 直接在檔案總管的此路徑上，輸入「cmd」。

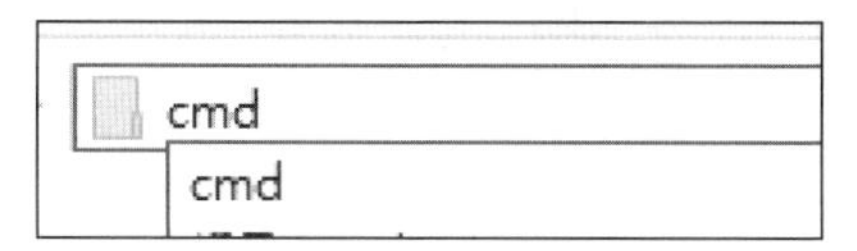

Step 6 直接在開啟的「命令提示字元」軟體畫面上，輸入 python bottle_server.py。

```
C:\Windows\System32\cmd.exe
Microsoft Windows [版本 10.0.17763.1039]
(c) 2018 Microsoft Corporation. 著作權所有，並保留一切權利。

C:\OnlinePythonTutor\v5-unity>python bottle_server.py
```

Step 7 此時，「OnlinePythonTutor」的網路伺服器已經啟動。

```
C:\Windows\System32\cmd.exe - python bottle_server.py
Microsoft Windows [版本 10.0.17763.1039]
(c) 2018 Microsoft Corporation. 著作權所有，並保留一切權利。

C:\OnlinePythonTutor\v5-unity>python bottle_server.py
Bottle v0.12.18 server starting up (using WSGIRefServer())...
Listening on http://localhost:8003/
Hit Ctrl-C to quit.
```

Step 8 請打開瀏覽器，輸入網址 http://localhost:8003/visualize.html

Step 9 「OnlinePythonTutor」的線上版 Python 軟體編輯器，已經可以在您電腦上離線使用了。請用滑鼠複製一個本書的範例程式至下圖中，或直接在下列 Python 軟體編輯器中編寫程式碼。

Step 10 在上圖中，按一下「Visualize Execution」，然後按幾次「Next>」，瀏覽器上會顯示類似下圖。紅色箭頭表示將要執行的下一行程式，淡青色箭頭表示剛才執行過的上一行程式，左邊是程式的單步執行畫面，右邊是以圖形視覺化方式呈現程式在此階段的狀態。

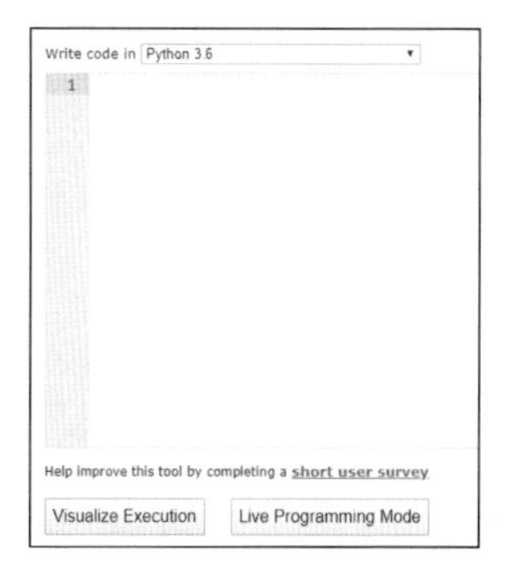

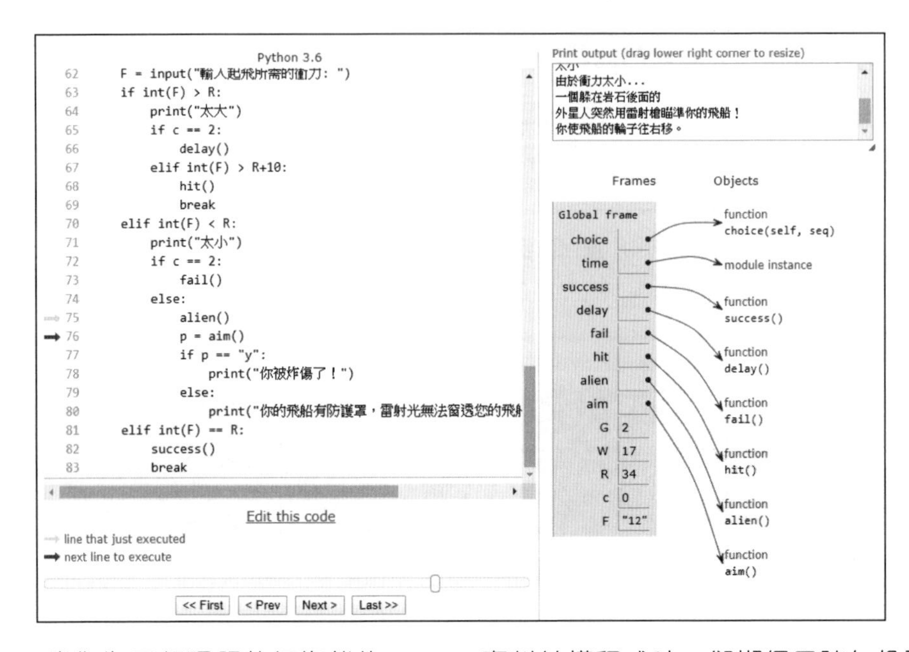

當您為了想理解整個複雜的 Python 資料結構程式時，卻懶得用諸如像強大的 Pycharm 這類的 Debuger(除錯器)，逐行執行複雜的程式，因為這會消耗掉您的耐心，此時您可以用「OnlinePythonTutor」來飛快顯示視覺化的圖形，協助您理解整個程式的原理。

下列以「外星人殺傷力（程式 ch12-4.py）」為範例：

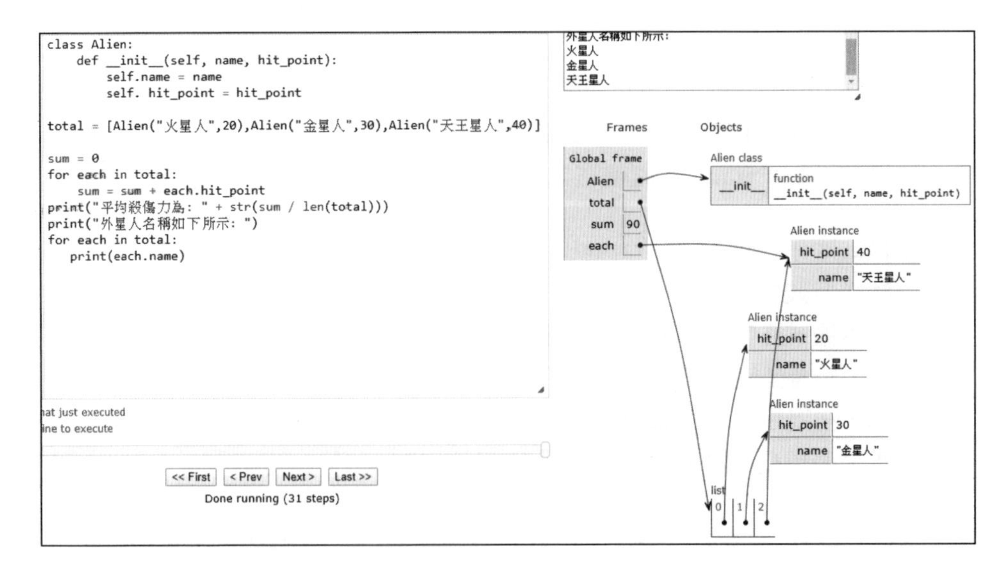

在步驟八的圖中，按一下「Live Programming Mode」，網頁的右邊視窗上，會立即顯示完整個程式的視覺化的圖形，可讓您整個程式的流向和資料結構中的狀態等等。在此讓我們來依據這張視覺化的圖形，分析本程式建立 3 個 Alien 物件的原理。

請注意看下圖中的「total」變數中含有個物件，以藍色箭頭拉出，指向一個含有 3 個 list 的容器內，list[0] 以藍色箭頭拉出，指向一張物件表格 (hit_point=20,name="火星人")，list[1] 的藍色箭頭指向物件表格 (hit_point=30,name="金星人")，及 list[2] 的藍色箭頭指向物件表格 (hit_point=40,name="天王星人")。

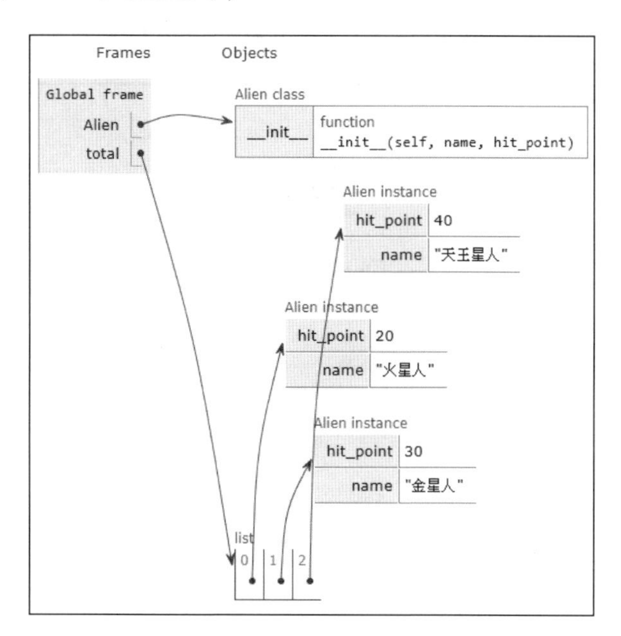

上列的視覺化圖形，是不是很容易讓您理解下列程式碼的關連呢？圖片的力量不用贅述,「一張圖勝過千言萬語」(A picture is worth a thousand words.)。

```
class Alien:
    def __init__(self, name, hit_point):
        self.name = name
        self.hit_point = hit_point
total = [Alien("火星人",20),Alien("金星人",30),Alien("天王星人",40)]
```

0-4 安裝 PyCharm Community Edition

PyCharm 是一個好用的免費 Python 開發環境，可以幫助程式設計者節約時間，提高生產效率，且具有強大的除錯功能。PyCharm 是一個跨平台開發環境，擁有 Microsoft Windows、MacOS 和 Linux 版本。到下載頁面 (https://www.jetbrains.com/pycharm/) 後點選適合的作業系統，下載免費 Community 版本。

設定 PyCharm Community Edition

Step 1 開啟 PyCharm Community Edition 軟體，螢幕上會顯示主畫面。

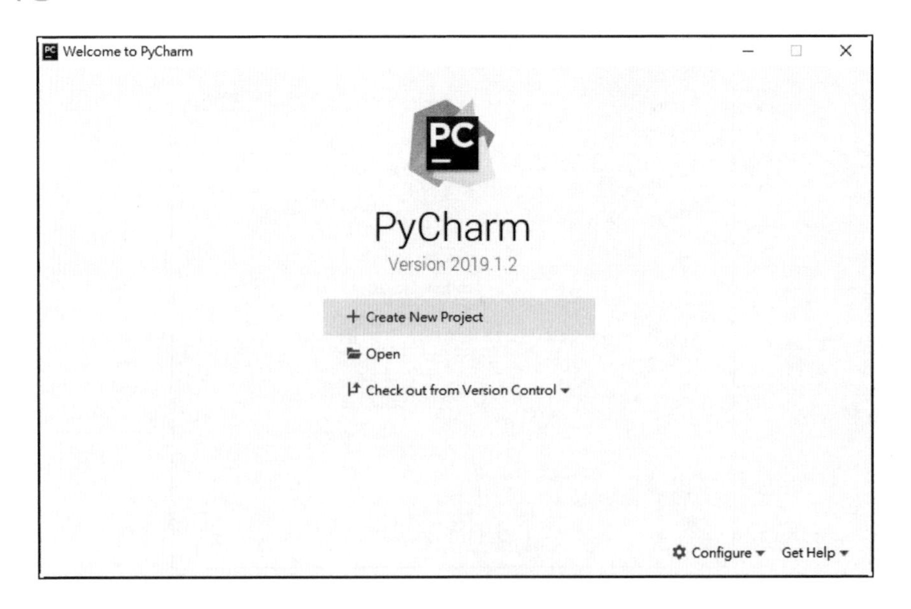

Step 2 在主畫面上，按下 Configure 選單，然後選擇 Settings。

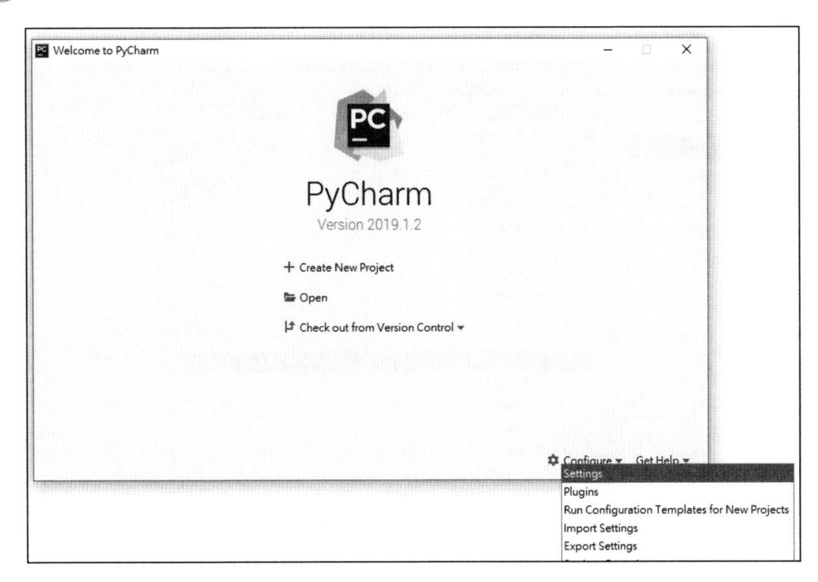

Step 3 於左邊欄位選 Project Interpreter，然後按下設定按鈕選 Add。

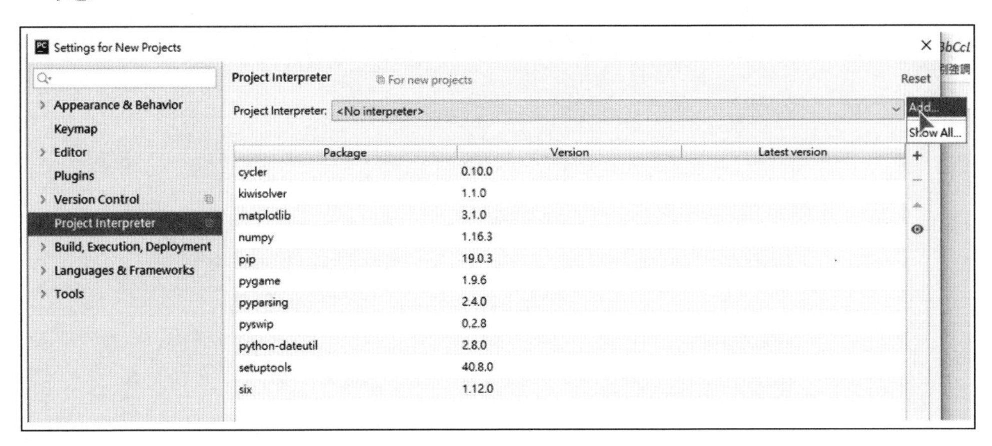

Step 4 選取 System Interpreter，接著按下(...)按鈕，選取您要的 python.exe 檔案。

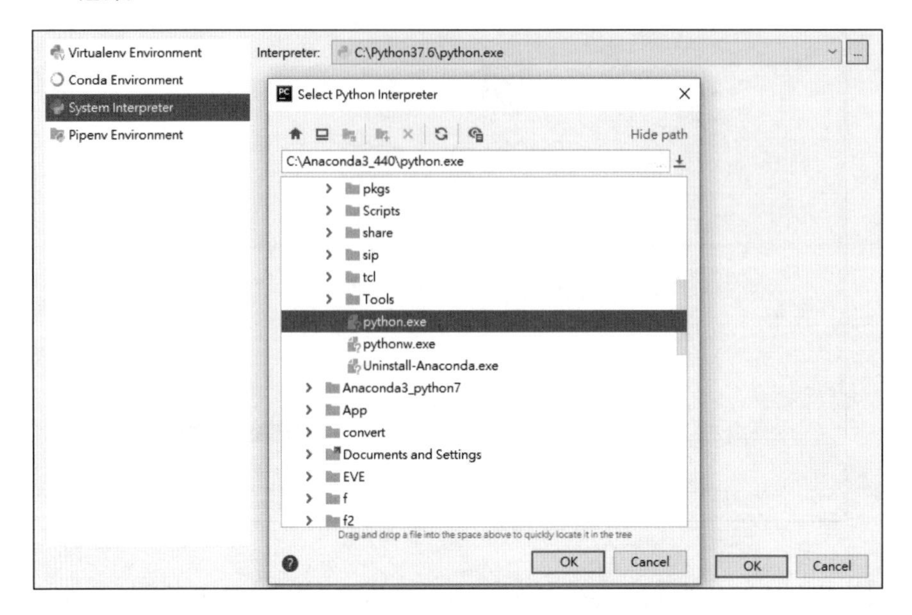

Step 5 依序按下兩個(OK)按鈕，以儲存您的新設定值。

使用 PyCharm 測試第一個程式範例

Step 1 開啟 PyCharm Community Edition 軟體，螢幕上會顯示主畫面。

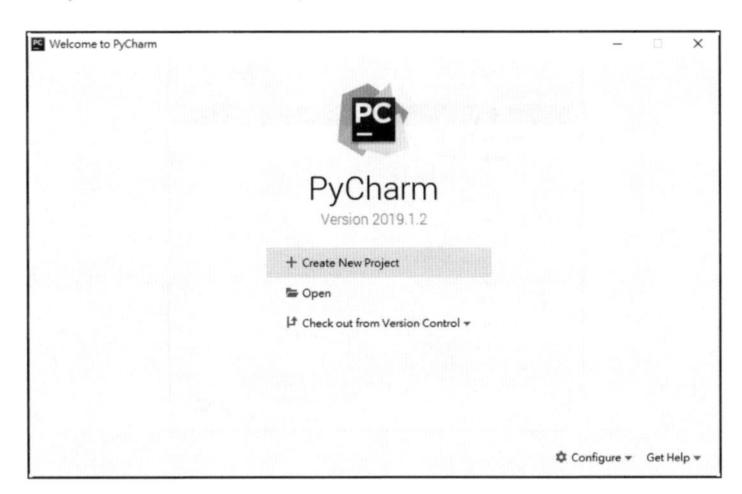

Step 2 按一下 Open。

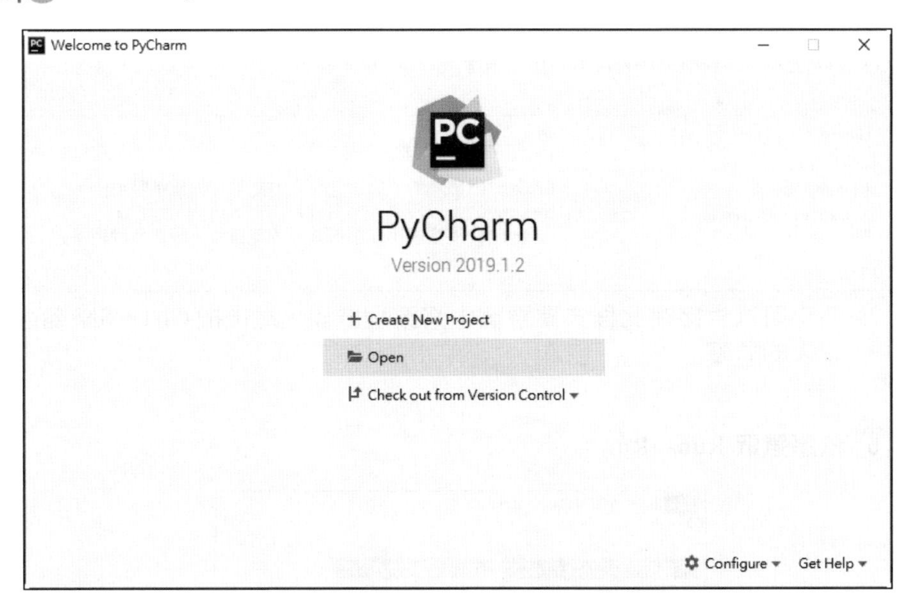

Step 3 選取您的 Python 檔案，按下 OK。

Step 4 此時螢幕開啟程式碼視窗，以顯示 Python 檔案。

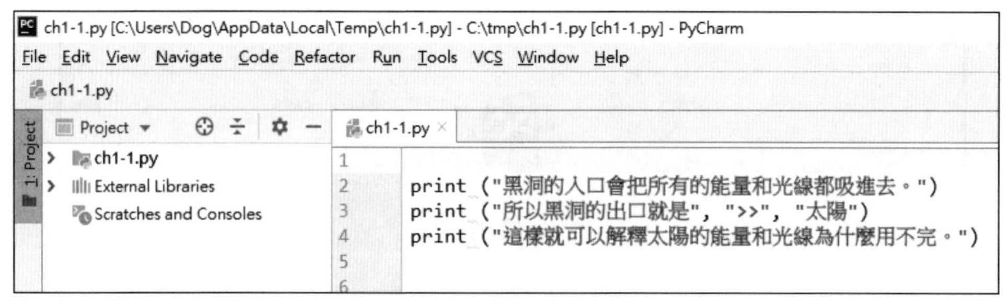

您也可以直接在此程式碼視窗中修改程式碼，然後按 Ctrl + S來儲存修改後的狀態。

Step 5 依序選取 Run->Run。

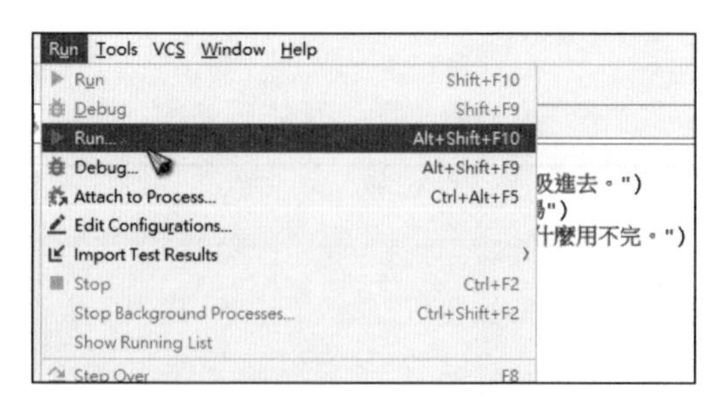

Step 6 按一下您的 Python 檔案(ch1-1)。

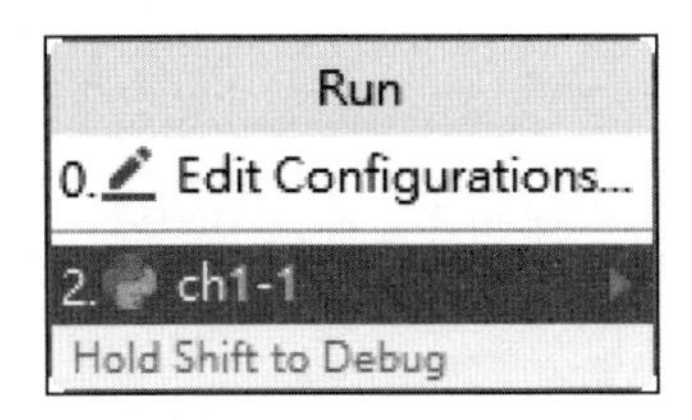

Step 7 過一會兒，PyCharm 會將執行結果，顯示於輸出視窗。

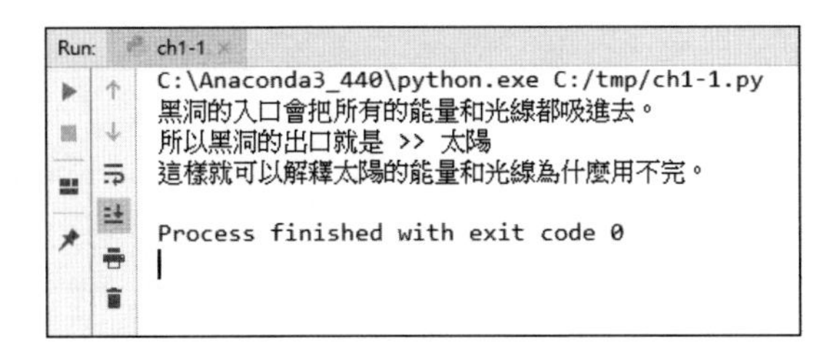

MEMO

01

C H A P T E R

Python 基本語法導讀

1-1 在螢幕上顯示文字

在前一章範例執行的文字，這就是 print 的功能，print 是 Python 的一個用來列印文字的內建函式，用於告訴玩家您要在螢幕上顯示什麼東西，例如，外星人在哪個洞穴內，就像這樣：

```
print( "外星人在右邊的洞穴中。" )
```

```
外星人在右邊的洞穴中
```

在 print( )括號內的參數是要在螢幕上顯示的字串資料。字串資料必須使用單引號（'）或雙引號（"）包起來。請注意，程式執行後並不會顯示引號。引號僅指定要顯示的字串資料（從開頭至結尾）。

三引號包起來的字串可由多行組成，一般可表示大段的敘述性文字，例如：

```
print(""" 遊戲物件:
             飛碟
             外星人
             雷射槍
          """
     )
```

```
遊戲物件:
             飛碟
             外星人
             雷射槍
```

還有一個選項就是您只要在兩樣字串資料之間放置逗號，就可以連續列印很多字串資料，就像這樣：

```
print ("生命的目的", " : ", " 就是玩程式" )
```

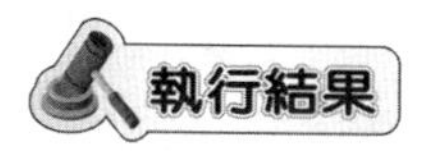


```
生命的目的 : 就是玩程式
```

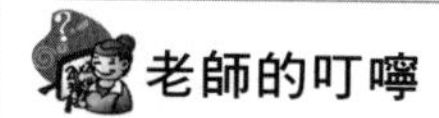

老師的叮嚀

若您選擇使用 Python 官網的 Python 軟體，筆者建議使用免費的 NotePad++ (https://notepad-plus-plus.org/downloads/) 當作您的 Python 程式編輯器，因為此編輯器具有自動識別 Python 程式的功能。

在安裝完 NotePad++之後，開啟 NotePad++，然後仿照下列圖示，點選 Python 為要使用的語言，然後輸入 ch1-1.py 程式碼。

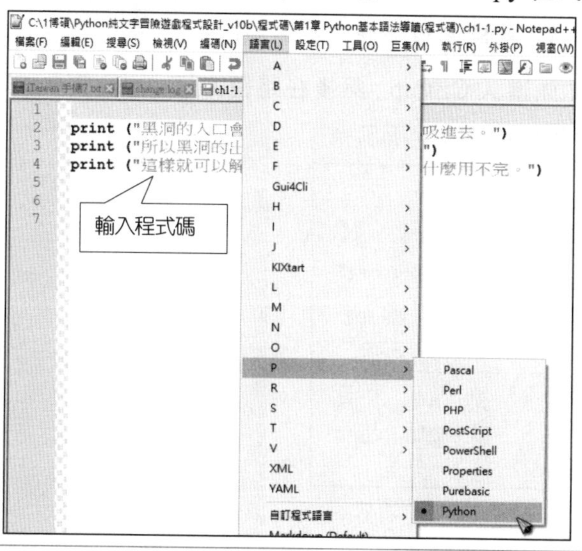

範例 編寫一個顯示黑洞秘密的程式，印出下列文字

黑洞的入口會把所有的能量和光線都吸進去。
所以黑洞的出口就是 >> 太陽。
這樣就可以解釋太陽的能量和光線為什麼用不完

程式 1-1

```
print ("黑洞的入口會把所有的能量和光線都吸進去。")
print ("所以黑洞的出口就是", ">>", "太陽")
print ("這樣就可以解釋太陽的能量和光線為什麼用不完。"
```

```
黑洞的入口會把所有的能量和光線都吸進去。
所以黑洞的出口就是 >> 太陽
這樣就可以解釋太陽的能量和光線為什麼用不完
```

老師的叮嚀

在 NotePad++輸入上列程式範例(ch1-1.py)之後，記得要將程式檔案名稱儲存為「ch1-1.py」。

<a> 假設您將 ch1-1.py 檔案儲存於此路徑 C:\tmp。

<b> 在檔案總管中，先進入 C:\tmp，然後在路徑方框中，輸入「cmd」，「命令提示字元」視窗會出現，如下所示：

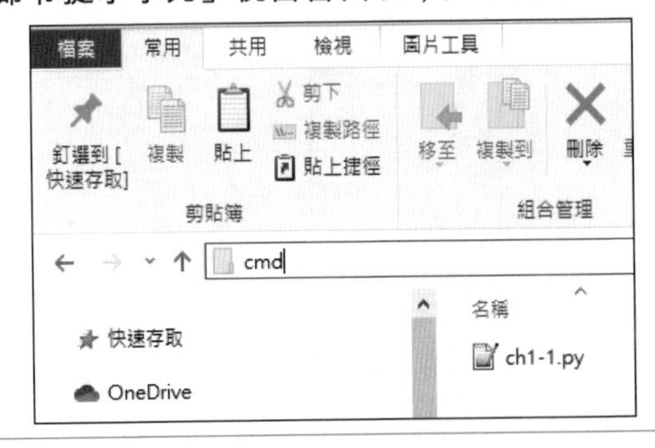

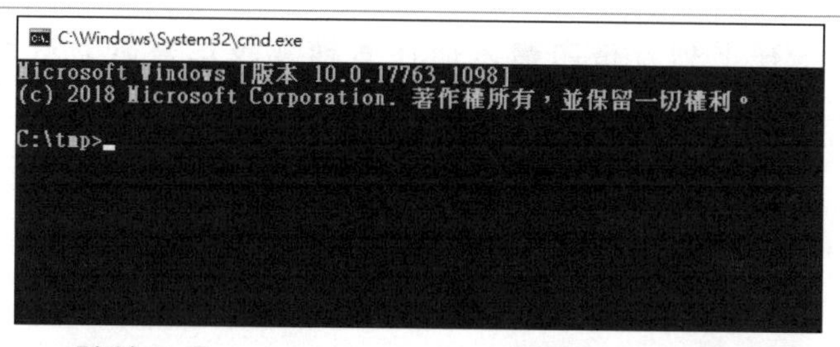

<c>請輸入「python ch1-1.py」來讓 Python 輸出此檔案執行後的結果。

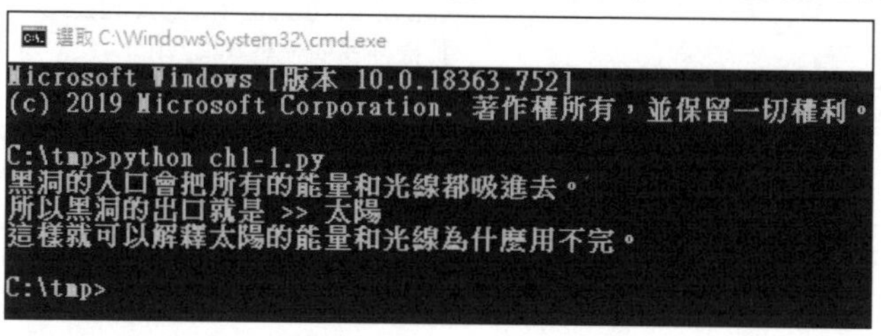

老師的叮嚀

如何讓 Notepad++既可編寫又可直接執行 Python 程式:

有時想寫一些簡單的 Python 程式，但又急著想看到輸出結果，雖然 Pycharm 功能很強大但需要等較長的時間開啟，官方的 Python 又不那麼直覺好用。眼看著程式設計的靈感快要飛走了，請依照下列設定步驟，您就可以直接把 Notepad++轉變成可以直接執行 Python 程式的 IDE 開發工具了。

Step 1 開啟 Notepad++，按下 F5，螢幕會跳出執行視窗。

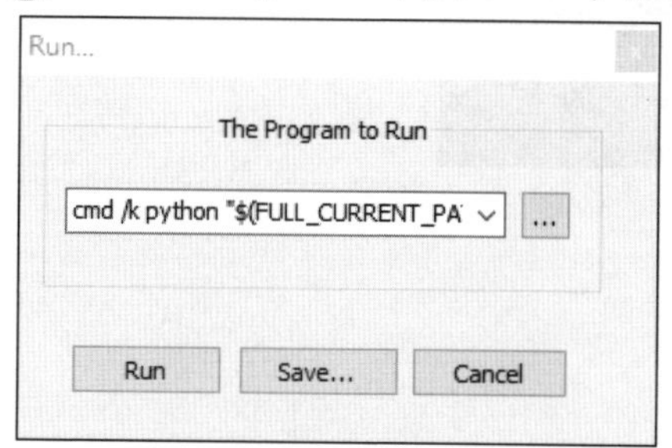

Step 2 在上圖方格內複製&貼上下列 Dos 指令:

```
cmd /k python "$(FULL_CURRENT_PATH)" &; ECHO. &; PAUSE &; EXIT
```

Step 3 點選儲存後，在下列方格內輸入捷徑名稱或設定喜歡的快捷鍵（如:Alt+P）。

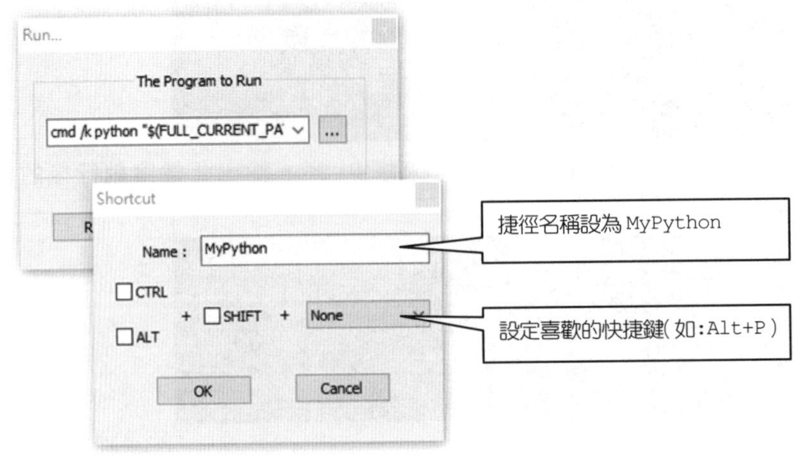

Step 4 從 Notepad++打開或編寫 ch1-1.py 檔案，並儲存該檔案。

Step 5 點選 Run -> MyPython(捷徑名稱) 或 按下快捷鍵（如:Alt+P）。

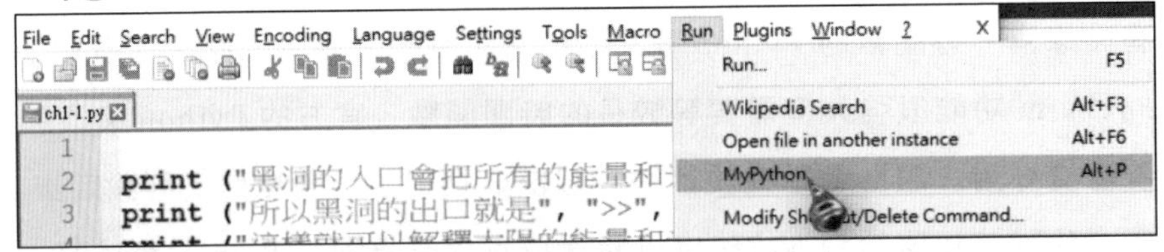

Step 6 Notepad++直接輸出此檔案執行後的結果，如下圖所示：

C:\Windows\System32\cmd.exe - PAUSE

黑洞的入口會把所有的能量和光線都吸進去。
所以黑洞的出口就是 >> 太陽
這樣就可以解釋太陽的能量和光線為什麼用不完。

請按任意鍵繼續 . . .

範例 編寫一個顯示遊戲說明的程式

依 ch1-1.py 輸入下列程式碼，然後存檔。

程式 1-2

```
print('''
外星人遊戲
========

帶著鑰匙和藥水進入飛碟
逃避怪物！

您會感到疲勞，每次移動都會失去 1 個健康值。

指令：
    去[方向]
    得到[項目]

''')
```

依 ch1-1.py 的方式操作，可得如下執行結果：

```
外星人遊戲。
========

帶著鑰匙和藥水進入飛碟
逃避怪物！

您會感到疲勞，每次移動都會失去 1 個健康值。

指令：
    去[方向]
    得到[項目]
```

1-2 儲存資料的變數

Python 還需要變數來記住所發生的事情。例如，Python 需要能夠告訴玩家之前總共射下幾個飛碟，以便玩家可利用這資訊，就像這樣：

```
total = 5
print("請注意您已射下: ", total, "個飛碟。")
```

```
請注意您已射下:5 個飛碟。
```

說明

total 在此稱作變數，可儲存資料。當新增 Python 變數時，請為該變數選擇一個名稱，然後使用等號(=)告訴 Python 變數值應該是什麼。

在實務上，您的程式可能會變得愈來愈複雜，因此，如果您選擇一個變數名稱，最好挑選容易記住的變數名稱。Python 的變數名稱有一些限制，他們不能以數字開頭，不能有空格或與某些符號衝突。

1-3 從鍵盤讀取輸入資料

使用者可透過鍵盤輸入資料，最簡單的方法是使用 input()。input()會暫停程式執行以允許使用者從鍵盤輸入一行資料，在使用者按下 Enter 鍵後，所讀取的所有字元將會以字串型別傳回，就像這樣：

```
123
```

說明

請注意，當使用者按下 Enter 鍵之後，游標會跳一行。如果包含可選的提示參數，則 input()會先顯示該提示，然後等待讀取輸入的資料。在預設情況下，input()會傳回字串型別。

如果需要傳回整數型別，則需要使用 int()函式將字串型別轉換為整數型別，就像這樣：

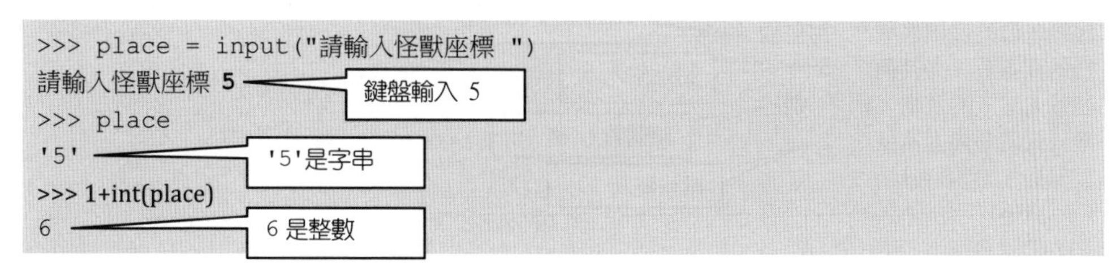
>>> place = input("請輸入怪獸座標 ")
請輸入怪獸座標 5
鍵盤輸入 5
>>> place
'5'
'5'是字串
>>> 1+int(place)
6
6 是整數

執行結果

```
6
```

說明

place 是一個變數，會透過(=)取得 input()的傳回值做為 place 的變數值，但型別為字串。

範例 編寫一個武器殺傷力分析程式

程式 1-3

```
print('' name = input('請輸入您的武器名稱？')
kill = int(input('您的武器殺傷力為何？'))
name2 = input('請輸入敵人的武器名稱？')
kill2 = int(input('敵人武器殺傷力為何？'))

print('武器殺傷力資料分析:')
print('--------------------------------------------')
print('您的武器名稱：', name)
print('您的武器殺傷力：', kill)
print('--------------------------------------------')
print('敵人的武器名稱：', name2)
print('敵人的武器殺傷力：', kill2)

compare = kill-kill2

print('您的殺傷力減去敵人殺傷力為：', compare)
```

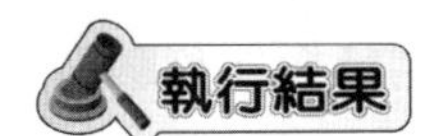

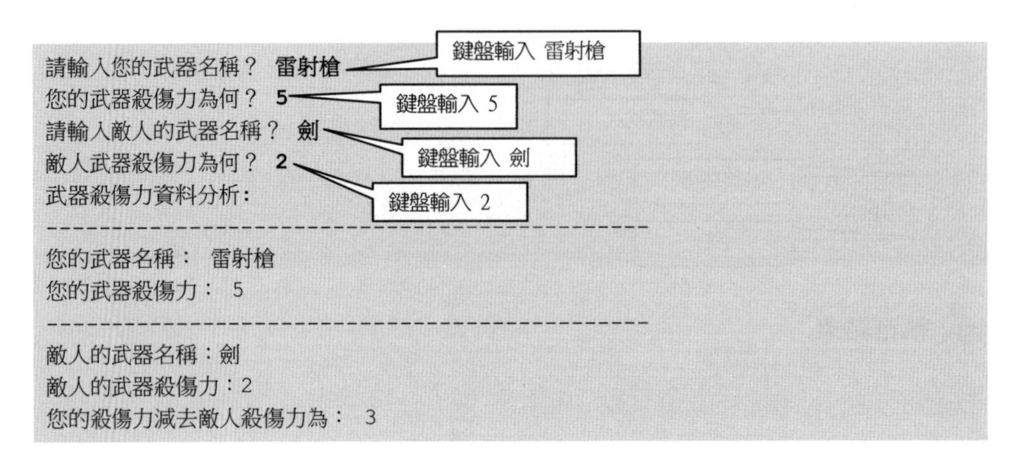

請輸入您的武器名稱？ 雷射槍
鍵盤輸入 雷射槍
您的武器殺傷力為何？ 5
鍵盤輸入 5
請輸入敵人的武器名稱？ 劍
鍵盤輸入 劍
敵人武器殺傷力為何？ 2
鍵盤輸入 2
武器殺傷力資料分析:

您的武器名稱： 雷射槍
您的武器殺傷力： 5

敵人的武器名稱：劍
敵人的武器殺傷力：2
您的殺傷力減去敵人殺傷力為： 3

說明

「程式 ch1-3.py」程式的組成原理，是先要求使用者透過鍵盤輸入資料（使用 input 讀取輸入的資料），然後讓螢幕顯示剛才輸入的資料內容，以確認資料是否一致。此外，還可以對這些輸入內容進行想要的運算（compare = kill-kill2），再將運算後的新內容，顯示於螢幕上，於是就可達到人機互動的遊戲目的了。

1-4 做選擇(if 條件式)

當玩家必須在遊戲中做出選擇時，程式結果會依據玩家選擇，而變得不一樣，就像這樣：

```
if monster_name == "蛇":
     print("請攻擊這條蛇!")

if monster_name == "恐龍"
    print("請躲進洞穴中!")
```

在 Python 程式語言中，「=」這個符號是指定或設定的意思。

如果要判斷兩個東西是否相等，則是要使用 「==」來判斷。

monster_name == "蛇" 所代表的即是判定 monster_name 的變數值是否等於"蛇" ，如果 monster_name 的確跟"蛇" 相同的話，會回傳 True；反之，則回傳 False。

如果回傳 True，會執行此行程式「print("請攻擊這條蛇!")」。

如果回傳 False，則不會執行此行程式「print("請攻擊這條蛇!")」。

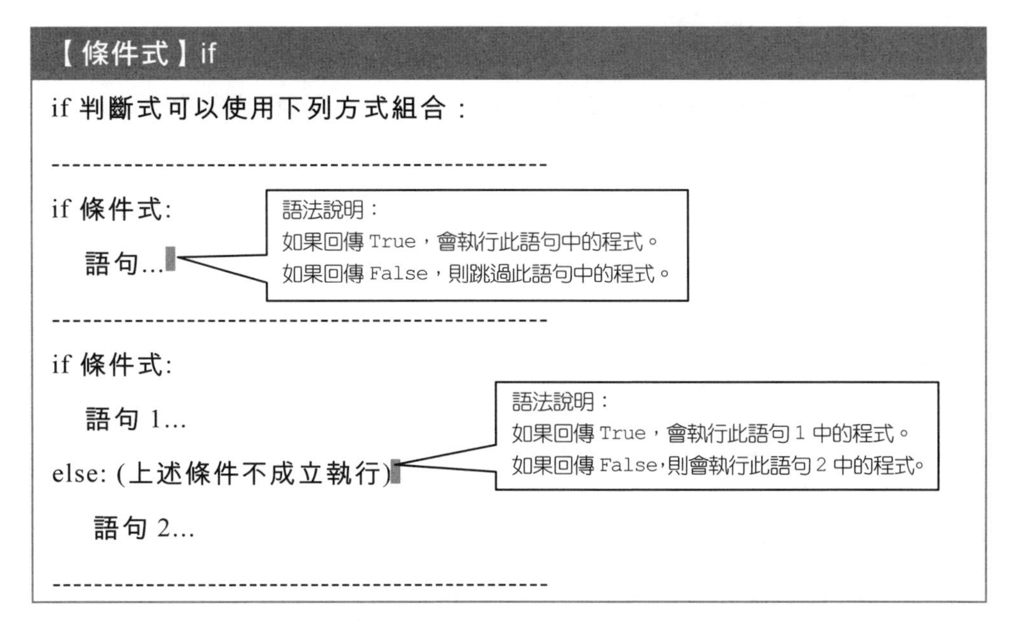

【條件式】if
if 判斷式可以使用下列方式組合：
if 條件式:
語句...
語法說明：
如果回傳 True，會執行此語句中的程式。
如果回傳 False，則跳過此語句中的程式。
if 條件式:
語句 1...
else: (上述條件不成立執行)
語句 2...
語法說明：
如果回傳 True，會執行此語句 1 中的程式。
如果回傳 False，則會執行此語句 2 中的程式。

範例 編寫一個測驗學業成績程式

程式 1-4

```
HIGH_SCORE = 90
test1 = int(input('輸入第一次期中考試成績: '))
test2 = int(input('輸入第二次期中考試成績: '))
test3 = int(input('輸入第三次期中考試成績: '))

average = (test1 + test2 + test3) / 3

if average >= HIGH_SCORE:
    print('恭喜學業平均成績超過 90 分！')
else:
    print('請再接再勵！')
```

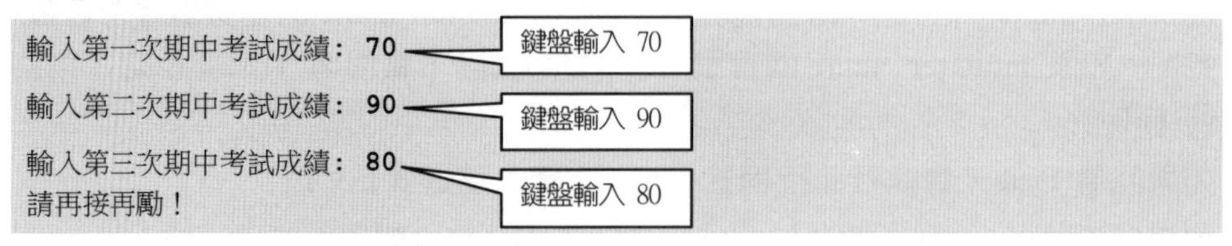

輸入第一次期中考試成績: 70
鍵盤輸入 70
輸入第二次期中考試成績: 90
鍵盤輸入 90
輸入第三次期中考試成績: 80
鍵盤輸入 80
請再接再勵!

1-5 while 迴圈

電腦可以重複做相同的事情，而不會感到無聊。迴圈程式僅需要知道要重複的步驟是什麼以及何時停止，就像這樣：

```
while True:
    answer = input(">")
    if answer == "毒蠍":
      print("你輸了!")
      break
    else:
      print("你贏了!")
```

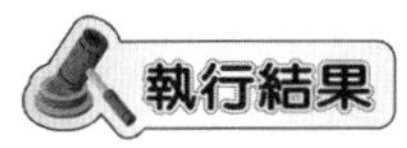


```
>猴子
你贏了!
>毒蠍
你輸了!
```

【條件式】while

while 迴圈的語法是：

```
------------------------------------------------------
while 條件式:
    語句...
------------------------------------------------------
```

語法說明：
若條件式為 True，則執行 while 迴圈中的語句，
若條件式為 False，則跳出此 while 迴圈。

範例　編寫一個模擬溫度控制程式

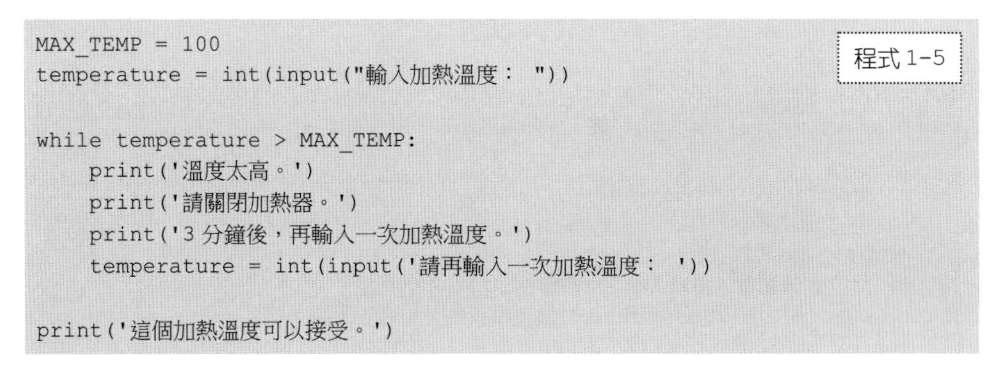

程式 1-5

```
MAX_TEMP = 100
temperature = int(input("輸入加熱溫度： "))

while temperature > MAX_TEMP:
    print('溫度太高。')
    print('請關閉加熱器。')
    print('3 分鐘後，再輸入一次加熱溫度。')
    temperature = int(input('請再輸入一次加熱溫度： '))

print('這個加熱溫度可以接受。')
```

執行結果

```
輸入加熱溫度： 102
溫度太高。
請關閉加熱器。
3 分鐘後，再輸入一次加熱溫度。
請再輸入一次加熱溫度： 70
這個加熱溫度可以接受。
```

鍵盤輸入 102

鍵盤輸入 70

說明

因 input()函式輸出的資料型別為字串，且字串是文字而不是數值，所以無法進行數值間的比較或運算。int()函式可將字串型別轉換成整數型別，於是

此處的 int()函式傳回的結果就可進行數值間的比較（temperature > MAX_TEMP）。

同樣的原理，如果您要將字串資料型別轉為浮點數 (Float)，則您可以使用 float()函式來將字串型別轉換成浮點數型別。下列是將 ch1-5b.py 改成浮點數型別的運算方式，請讀者比較這兩個程式的差異。

在執行 ch1-5.py 時:

當程式要您「輸入加熱溫度」時，請輸入一個整數值(如:108)，不可輸入含有小數的值(如:108.3)。因為 temperature = int(input("輸入加熱溫度：")) 中，int()函式只可以將字串轉成整數值，若您輸入含有小數的值(如:108.3)於 int()函式中，則 Python 直譯器會抱怨您不可用 int()函式來轉含有小數的值，但您可以使用 float()函式來轉含有小數的值（請參考程式 ch1-5b.py）。

程式 1-5b

```
MAX_TEMP = 99.9
temperature = float(input("輸入加熱溫度： "))

while temperature > MAX_TEMP:
    print('溫度太高。')
    print('請關閉加熱器。')
    print('3 分鐘後，再輸入一次加熱溫度。')
    temperature = float(input('請再輸入一次加熱溫度： '))

print('這個加熱溫度可以接受。')
```

```
輸入加熱溫度： 102.5
溫度太高。
請關閉加熱器。
3 分鐘後，再輸入一次加熱溫度。
請再輸入一次加熱溫度： 70.0
這個加熱溫度可以接受。
```

鍵盤輸入 102.5

鍵盤輸入 70.0

1-6 for 迴圈

for 迴圈結構用在已知重複次數的程式中，我們可在迴圈結構中指定迴圈變數的初始值、終止值和遞增(減)值。迴圈變數將由初始值變化到(終止值- 1)的值，每次依照遞增(減)的值進行數值遞增或遞減。就像這樣：

```
while True for i in range(0, 3, 2):

    print('您好')
```

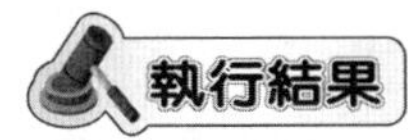


```
您好
您好
```

【條件式】for

for 迴圈的語法是：

----

for 迴圈變數 in range(起始值, 終止值, 遞增(減)值):

  重覆的程式

範例 編寫一個 1 到 10 的平方值程式。

程式 1-6

```
print('數值','平方值')
print('--------------')

for number in range(1, 11,1):
    square = number**2
    print(number,'   ', square)
```

```
數值 平方值
--------------
1     1
2     4
3     9
4     16
5     25
6     36
7     49
8     64
9     81
10    100
```

說明

在 Python 中，「**」符號是次方運算元，「3**2」表示求 3 的平方（等於 9），「3**3」表示求 3 的 3 次方（等於 27）。

1-7 函式

函式是使用 def 來定義，可以將一小區塊中的程式建構成一個小單元，你可以自行指定它的功能，以及輸入/輸出，就像這樣：

```
def check_energy(shooting_time):
    if (shooting_time >= 10):
        print("您沒有電力了！")
   else:
        print("您還有電力！")
```

【語法】函式

```
def <funcName>(<parameters>):
  <body>
```

def：函式定義，需以冒號結尾

<funcName>：函式名稱

<parameters>：函式參數

<body>：函式本體

若要執行函式中的所有子程式，請在程式中輸入函式名稱 ，如下所示：

程式 1-7a

```
def check_energy(shooting_time):
    if (shooting_time >= 10):
       print("您沒有電力了！")
   else:
       print("您還有電力！")

check_energy(5)
```

輸入函式名稱。函式參數 = 5

```
您還有電力！
```

範例 編寫一個教導人修護太空船程式

程式 1-7

```
def main():
    startup_message()
    input('按下 Enter 鍵，以顯示步驟 1')
    step1()
    input('按下 Enter 鍵，以顯示步驟 2')
    step2()

def startup_message():
    print('本程式教您如何修復太空船。')
```

```
    print('打開太空船的後門。')
    print('接下來，需要 2 個步驟完成修復。')
    print()

def step1():
    print('步驟 1: 拔掉前面的把手。')
    print('將把手放置於一個平坦的地方。')
    print()

def step2():
    print('步驟 2: 從備用動力板上，')
    print('卸下 2 個螺絲。')
    print()

main()
```

執行結果

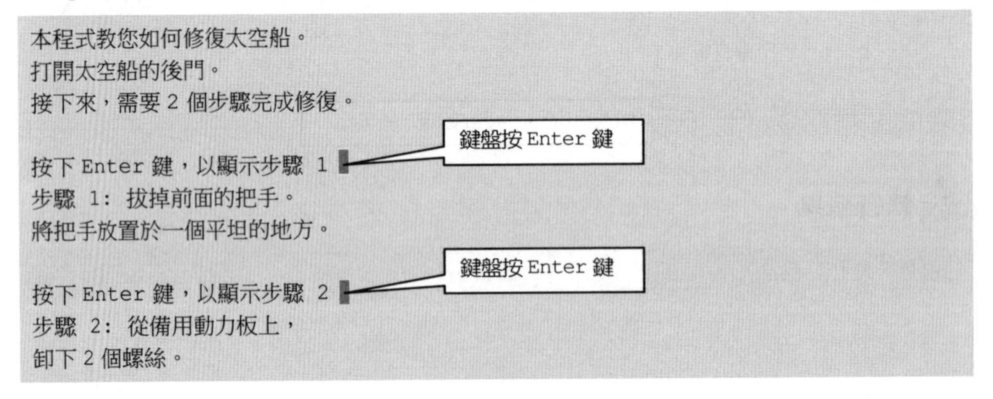

```
本程式教您如何修復太空船。
打開太空船的後門。
接下來，需要 2 個步驟完成修復。

按下 Enter 鍵，以顯示步驟 1
步驟 1: 拔掉前面的把手。
將把手放置於一個平坦的地方。

按下 Enter 鍵，以顯示步驟 2
步驟 2: 從備用動力板上，
卸下 2 個螺絲。
```


說明

此「修護太空船程式」總共設計了 4 個函式，分別為 main()、startup_message()、step1() 及 step2()。在 main() 函式中涵蓋了 3 個子函式，分別為 startup_message()、step1()及 step2()。

02

CHAPTER

製作太空怪蛇

在本章中，您將首次使用 Python 編寫自己的文字遊戲叫做製作太空怪蛇。讓人無痛喜歡學習程式設計的方法並不多，但這是您可以自學的最有趣和最有價值的方法之一。您將會學習動畫的原始基本設計原理以及無限迴圈如何應用於遊戲設計。

2-1 太空怪蛇故事

您在太空中，正駕駛著一台太空船，突然間有一隻太空怪蛇穿越蟲洞，來到您的面前，正想要攻擊您的太空船。此時此刻，十分緊急，您太空船上的電腦顯示飛彈已用盡！好在您太空船上的電腦是一種超級人工智慧電腦，可以依據程式指令，來馬上製造出任何人工怪獸來攻擊敵人。所以您想要用電腦設計出一隻人工巨鳥的 Python 程式，來讓人工巨鳥趕走或吃掉太空怪蛇。

請輸入下列 Python 程式來解救您吧：

2-2 更換人工巨鳥的姿勢

程式 2-1

```
print("X    X")
print(" X  X")
print("  O")
```

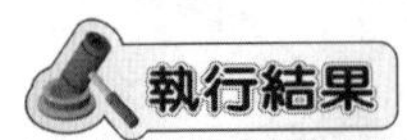


```
X    X
 X  X
  O
```

說明

Python 輸出都是使用” print()” 函式，來將其括弧內的參數輸出至螢幕上。

在上列程式中，我們是用 4 個” X” 字母當作人工巨鳥的兩個翅膀，一個” O” 字母當作人工巨鳥的頭部。

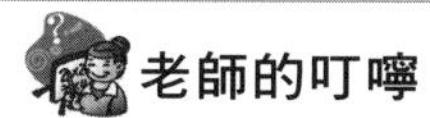

這是一本合乎人類學習模式而設計的 Python 程式設計著作。盡量不需要具備任何程式設計經驗，就可以直覺的方式，直接進行 Python 程式假想任務的撰寫，這些虛構的假想任務會讓讀者身歷其境(如打敗外星怪獸，拯救地球人類的生命。)，在不知不覺中學會 Python 程式設計。如果讀者仍是堅持習慣先了解基礎的程式關鍵字和基本語法，才來練習撰寫/修改程式，那麼請先跳至「第 1 章 Python 基本語法導讀」，大概瀏覽一下就夠用了，廢話不多說了，讓我們來先打敗這隻太空怪蛇，以拯救自己的生命吧！

還差一點，因為這隻鳥的翅膀還不會動，請輸入下列程式。結果如下所示：

程式 2-2

```
print("   O")
print(" X   X")
print("X     X")
```

```
  O
 X   X
X     X
```

2-3 同時顯示上下擺動畫面

此時，這隻鳥只是換了另一個姿勢，翅膀還是不會動，請依下列修改程式：

程式 2-3

```
def wingup():
 print("X     X")
 print(" X   X")
 print("   O")

def wingdown():
 print("   O")
 print(" X   X")
```

```
 print("X     X")

while(True):
 wingup()
 wingdown()
```

執行結果

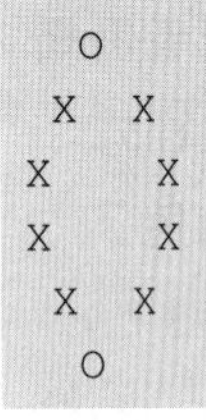

```
  O
 X  X
X    X
X    X
 X  X
  O
```

老師的叮嚀

因此程式模擬小鳥飛翔的樣子，所以利用 while(True)是一個無限迴圈的原理來讓小鳥不停地拍打翅膀，一旦執行了程式，就無法中止下來。

若要在 Dos 輸出畫面上中止無限迴圈，請按此快捷鍵「Ctr + c」來中止程式。

2-4 翅膀輪流向上和向下擺動

這隻鳥的翅膀雖然有顯示上下擺動的畫面，但我們要的是先顯示向上擺動畫面，然後刪除向上擺動畫面，最後才顯示向下擺動畫面，請依下列修改程式：

老師的叮嚀

使用 def 關鍵字來命名一個函式，在定義好一個函式之後，您就可在程式的任何地方呼叫這個函式的名稱。每當程式呼叫某個函式名稱，程式就會跳到該函式的定義區塊並執行區塊中的程式。

程式 2-4

```
import time
import os
```

```
def wingup():
    print("X     X")
    print(" X   X")
    print("   O")
    time.sleep(0.1)
    os.system('cls')

def wingdown():
    print("   O")
    print(" X   X")
    print("X     X")
    time.sleep(0.1)
    os.system('cls')

while(True):
    wingup()
    wingdown()
```

執行結果

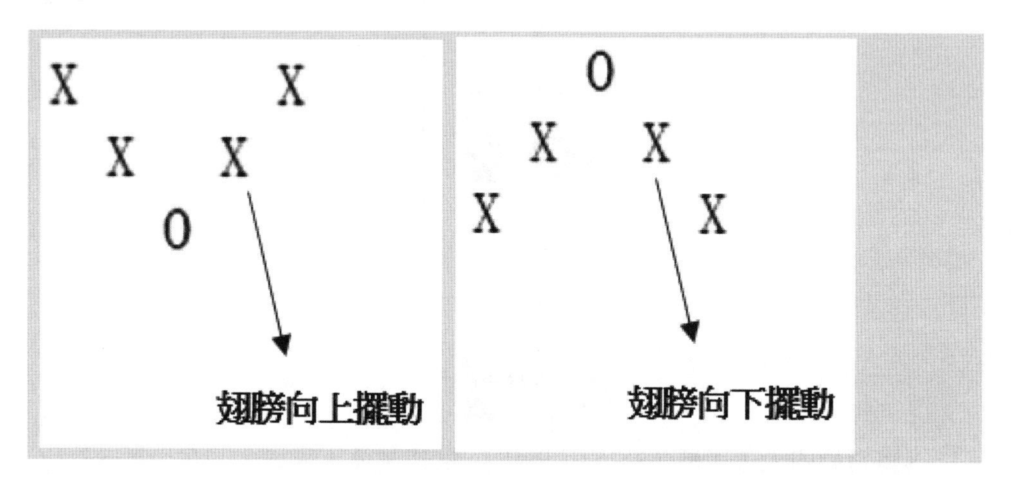

說明

使用 while 迴圈，只要條件為真，我們就可以重複執行其下面的一整組程式。

”wingup()”會讓翅膀向上擺動，而”wingdown()”會讓翅膀向下擺動。

本程式中一開始的地方匯入 time 模組（import time），然後使用該模組裡定義的 time.sleep( )函式，來控制翅膀擺動的速度。time.sleep( )函式中的參數值愈小，翅膀擺動的速度會愈快，而參數值愈大，翅膀擺動的速度會愈慢。

本程式也匯入 os 模組（import os），其目的是要刪除已經顯示的畫面，os.system()函式中必須加入'cls'參數值，'cls'的功能就是用以刪除終端機上的畫面。

程式 ch2-4.py 流程圖

上面的語法是當 while 條件式成立時，程式會重複執行 wingup()和 wingdown()函式，每執行完此二個函式之後，便再檢查一次該條件式是否成立，由於此處的 while 迴圈是一個無限迴圈，因為 while 括弧內的參數是 True，故會繼續重覆執行迴圈內的二個函式，於是人工巨鳥的翅膀會持續擺動著。上列程式邏輯可以下列遊戲流程圖來表示。

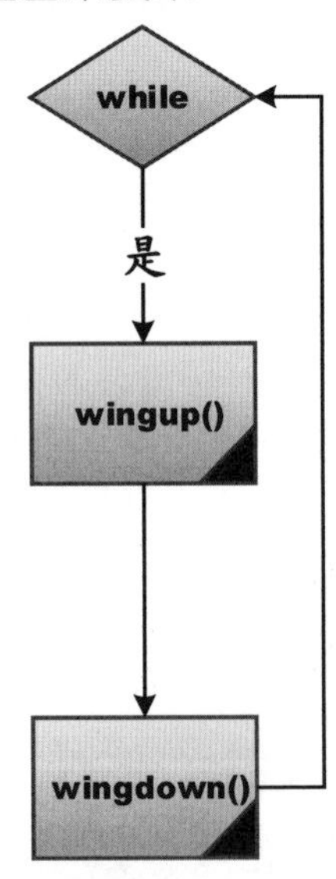

這隻會動的人工巨鳥，終於用 Python 程式製造出來了，同時也把太空怪蛇嚇走了。請問各位讀者，這樣用太空故事來讓您寄託在太空夢幻的故事中，無痛的學習 Python 程式，是不是很好玩呢？電腦程式設計科學一定要讓人覺得很好玩又有知識性是非常重要的。您不必刻意去記憶 Python 程式的關鍵字和程式語法，您也可透過說故事的方式，用直覺的方式學會 Python 語言。大家可以回想一下，孩子一開始在學習母語時，都是從和家人對話、模仿大人說話、聽大人唸故事書等方式來進行的，學習 Python 程式也是同樣的道理。

2-5 設定坐標

接下來，我們將利用 Python 來設定坐標值，這樣就可計算出人工巨鳥是否有抓到太空怪蛇了。

請輸入下列 Python 程式來補抓太空怪蛇吧：

程式 2-5

```
from random import choice

coordinate_numbers = range(1,11)
space_snake_coordinate = choice(coordinate_numbers)
big_bird_coordinate = choice(coordinate_numbers)
while big_bird_coordinate == space_snake_coordinate:
        new_coordinate = choice(coordinate_numbers)
        big_bird_coordinate = new_coordinate

print("人工巨鳥正在尋找太空怪蛇。")
print("總共有", len(coordinate_numbers), "個座標位置。")

while True:
    print("人工巨鳥目前所在位置:", big_bird_coordinate)
    #print("太空怪蛇目前所在位置:", space_snake_coordinate)

    if (big_bird_coordinate == space_snake_coordinate - 1 or
        big_bird_coordinate == space_snake_coordinate + 1):
        print("正察覺到太空怪蛇在附近...")

    print ("請輸入人工巨鳥要去的位置！")
    big_bird_coordinate = input(">>>")
    big_bird_coordinate = int(big_bird_coordinate)
    if big_bird_coordinate == space_snake_coordinate:
            print ("抓到太空空怪蛇了!")
            print("太空空怪蛇被吃掉了!")
            print("現在您可以無憂無慮地駕駛太空船了!")
            break
```

```
人工巨鳥正在尋找太空怪蛇。
總共有 10 個座標位置。
```

```
人工巨鳥目前所在位置:4
太空怪蛇目前所在位置:2
請輸入人工巨鳥要去的位置！
>>>8
人工巨鳥目前所在位置:8
太空怪蛇目前所在位置:2
請輸入人工巨鳥要去的位置！
>>>3
人工巨鳥目前所在位置: 3
太空怪蛇目前所在位置: 2
正察覺到太空怪蛇在附近
請輸入人工巨鳥要去的位置！
>>>2
抓到太空怪蛇了!
太空怪蛇被吃掉了!
現在您可以無憂無慮地駕駛太空船了!
```

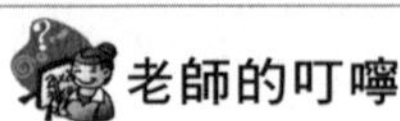
老師的叮嚀

使用注釋

對於程式設計師來說，注釋是一個非常有用的工具。它們有兩個目的：

•作為程式工作原理的說明。

•暫停程式部分工作，以便您可以測試程式的其他部分。

由於 Python 會忽略在#符號之後的內容，以便程式設計師可以專注於和測試其他程式碼。

在下列程式中，#符號已加到程式行的開頭地方，以便可暫停執行此行程式。

若要解除暫停執行此行程式，只需刪除#符號，即可恢復原來會執行的狀態。

```
while True:
    print ("人工巨鳥目前所在位置:", big_bird_coordinate)
```

```
    #print("太空怪蛇目前所在位置:", space_snake_coordinate)

    if (big_bird_coordinate == space_snake_coordinate - 1 or
        big_bird_coordinate == space_snake_coordinate + 1):
        print ("正察覺到太空怪蛇在附近...")。
```

說明 1

space_snake_coordinate 代表太空怪蛇的座標變數。

big_bird_coordinate 代表人工巨鳥的座標變數。

為了要了解上列程式的原理，首先讓我們在紙上畫出 10 個格子，因為座標變數的範圍是透過 range(1,11)來設定的。range(x,y)函式中的參數說明如下：

x:計數是從 x 開始。預設值是從 0 開始。例如 range（7）等價於 range（0,7）。

y: 計數到 y 結束，但不包括 y。例如：range（0,3）是[0,1,2]沒有 3。

所以 range(1,11)是從 1 開始到 10[1,2,3,4,5,6,7,8,9,10]。

random 隨機模組下的 choice()函式會傳回一個隨機元素 (1~10 之間)。

說明 2

下列程式片段是用來檢查人工巨鳥第一次出現時的座標是否會等於太空怪蛇的座標，如果是，會再呼叫一次 choice()方法，以便產生新的人工巨鳥座標，

因為程式一開始不可以讓人工巨鳥座標與太空怪蛇座標相同。此 while 迴圈會不斷偵測直到 big_bird_coordinate 變數值不等於 space_snake_coordinate 變數值時，程式才會跳出此迴圈，繼續執行下一步驟。

```
while big_bird_coordinate == space_snake_coordinate:
        new_coordinate = choice(coordinate_numbers)
        big_bird_coordinate = new_coordinate
coordinate_numbers = range(1,11)
```

這行程式 print("總共有",len(coordinate_numbers),"個座標位置。")中，使用 len()函式，len(coordinate_numbers)會傳回總共有幾個座標位置。

老師的叮嚀

在上列程式中的 choice()，我們稱之為「方法」而非「函式」。事實上，函式和方法是非常相似的，以至於我們經常可以互換這兩個術語，而不會感到有區別。方法是一種與物件有關聯的函式。在本程式的第一行宣告 from random import choice，即表示使用 random 物件的 choice()方法，所以在程式中可直接使用 choice()方法，但如果程式的第一行宣告改成 from random，則必須在程式中使用 random.choice()方法。從視覺上來分辨函式和方法也可以，您知道函式後面緊接著括號，而方法前面需加點的符號，因為我們需要先有一個物件（在本例中為 random），然後才能使用它。

說明 3

接下來使用 while True 來構成一個無限迴圈，一直到人工巨鳥抓到太空怪蛇為止。當 big_bird_coordinate == space_snake_coordinate 為真時，就會執行 break 關鍵字來跳出此無限迴圈。

假設此時人工巨鳥(代號 B)目前所在位置為 4

太空怪蛇(代號 S)目前所在位置:2

請輸入人工巨鳥要去的位置為 3

（現在人工巨鳥由座標位置 4 飛到位置 3。）

依下列程式片段得知，人工巨鳥正察覺到太空怪蛇在附近，因為人工巨鳥座標範圍在+1 或-1 之內時，可以偵測到太空怪蛇就在附近。

```
if (big_bird_coordinate == space_snake_coordinate - 1 or
    big_bird_coordinate == space_snake_coordinate + 1)
```

當輸入人工巨鳥要去的位置為 2 時，則人工巨鳥座標=太空怪蛇座標，請注意 input()函式會將輸出值轉換為字串。如果輸入整數值，input()函式仍會將其轉換為字串。我們需要 int()函式將輸入值轉換為整數型別，這樣才可以與座標值相比。故人工巨鳥抓到太空怪蛇了。

為了要讓本程式有趣，可直接在 from random import choice 這行之後，加入下列程式片段，來向玩家介紹人工巨鳥和太空怪蛇的純文字圖片。您可將此程式片段放置於您希望要顯示的地方。此純文字圖片是使用 ASCII (美國訊息交換標準碼)編碼繪製的純文字圖形：

bird_snake = """

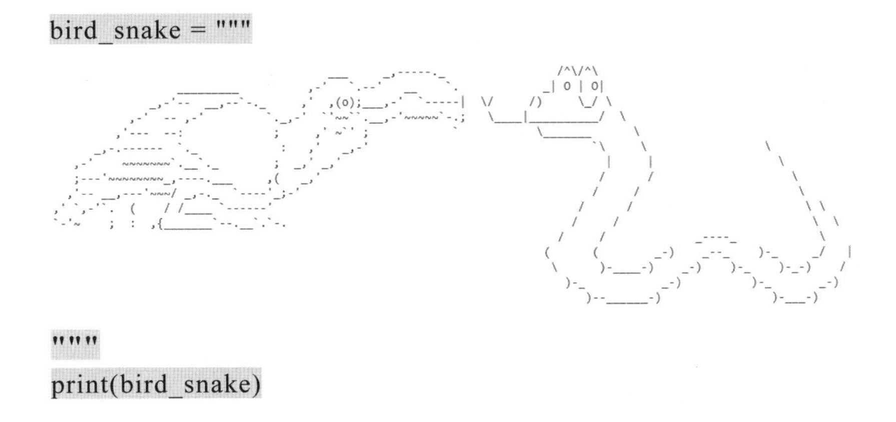

"""
print(bird_snake)

2-6 如何讓程式變難一點(1)：一維的空間轉變成二維空間

「程式 ch2-5.py」是在一維的空間中進行，因為僅使用到了一個座標變數（coordinate_numbers）。現在讓我們來練習把這個一維的空間的世界轉變成二維空間。我們可以假設「太空怪蛇」從一維的空間，逃跑至二維空間。沒關係，我們可將程式修改成二維空間，請將程式碼修改成，如下所示：

程式 2-6

```
from random import choice

coordinate_numbersX = range(1,6)
coordinate_numbersY = range(1,6)

space_snake_coordinateX = choice(coordinate_numbersX)
space_snake_coordinateY = choice(coordinate_numbersY)

big_bird_coordinateX = choice(coordinate_numbersX)
big_bird_coordinateY = choice(coordinate_numbersY)

while big_bird_coordinateX == space_snake_coordinateX and
big_bird_coordinateY == space_snake_coordinateY:
        new_coordinateX = choice(coordinate_numbersX)
```

```
        new_coordinateY = choice(coordinate_numbersY)
        big_bird_coordinateX = new_coordinateX
        big_bird_coordinateY = new_coordinateY

print ("人工巨鳥正在尋找太空怪蛇。")
print ("X 軸總共有", len(coordinate_numbersX), "個座標位置。")
print ("Y 軸總共有", len(coordinate_numbersY), "個座標位置。")

while True:
    print ("人工巨鳥目前所在位置:", big_bird_coordinateX, "<=>",
big_bird_coordinateY)
    #print ("太空怪蛇目前所在位置:", space_snake_coordinateX, "<=>",
space_snake_coordinateY)

    if ((big_bird_coordinateX == space_snake_coordinateX - 1 and
big_bird_coordinateY == space_snake_coordinateY - 1) or
        (big_bird_coordinateY == space_snake_coordinateY + 1 and
big_bird_coordinateY == space_snake_coordinateY + 1)):
        print ("正察覺到太空怪蛇在附近...")

    print ("請輸入人工巨鳥要去的 X 軸位置！")
    big_bird_coordinateX = int(input(">>>"))
    print ("請輸入人工巨鳥要去的 Y 軸位置！")
    big_bird_coordinateY = int(input(">>>"))

    if big_bird_coordinateX == space_snake_coordinateX and
big_bird_coordinateY == space_snake_coordinateY :
            print ("抓到太空怪蛇了!")
            print("太空怪蛇被吃掉了!")
            print("現在您可以無憂無慮地駕駛太空船了!")
            break
```

執行結果

```
人工巨鳥正在尋找太空怪蛇。
X 軸總共有 5 個座標位置。
Y 軸總共有 5 個座標位置。
人工巨鳥目前所在位置: 2 <=> 3
太空怪蛇目前所在位置: 4 <=> 4
請輸入人工巨鳥要去的 X 軸位置！
```

```
>>>5
請輸入人工巨鳥要去的 Y 軸位置！
>>>3
人工巨鳥目前所在位置： 5 <=> 3
太空怪蛇目前所在位置： 4 <=> 4
請輸入人工巨鳥要去的 X 軸位置！
>>>3
請輸入人工巨鳥要去的 Y 軸位置！
>>>3
人工巨鳥目前所在位置： 3 <=> 3
太空怪蛇目前所在位置： 4 <=> 4
正察覺到太空怪蛇在附近...
請輸入人工巨鳥要去的 X 軸位置！
>>>4
請輸入人工巨鳥要去的 Y 軸位置！
>>>4
抓到太空怪蛇了！
太空怪蛇被吃掉了！
現在您可以無憂無慮地駕駛太空船了！好
```

說明

同樣的，為了要了解上列程式的原理，首先讓我們在紙上畫出 5x5 個格子，如下：

假設此時人工巨鳥(代號 B)目前所在位置為(2,3)

太空怪蛇(代號 S)目前所在位置:(4,4)

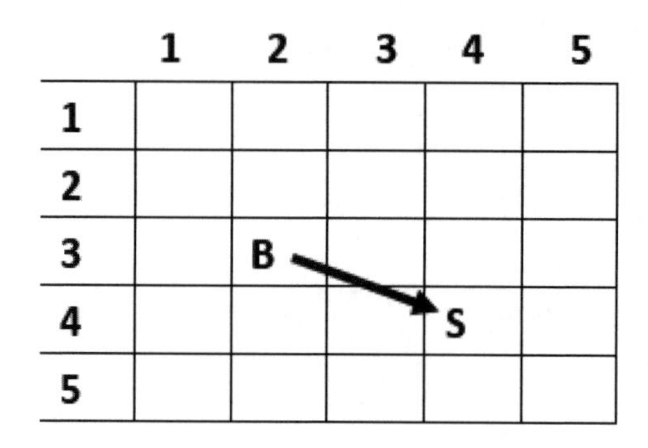

當輸入人工巨鳥要去的位置為(4,4)時，則人工巨鳥座標=太空怪蛇座標，故人工巨鳥抓到太空怪蛇了。

2-7 如何讓程式變難一點(2)：增加大力果

「程式 ch2-7.py」中增加了一個大力果（energy_fruit），人工巨鳥必須吃了大力果才能吃掉太空怪蛇，請將程式碼修改成，如下所示：

程式 2-7

```
from random import choice
energy = 5
coordinate_numbers = range(1,11)
space_snake_coordinate = choice(coordinate_numbers)
big_bird_coordinate = choice(coordinate_numbers)
energy_fruit_coordinate = choice(coordinate_numbers)

while big_bird_coordinate == space_snake_coordinate:
        new_coordinate = choice(coordinate_numbers)
        big_bird_coordinate = new_coordinate

while big_bird_coordinate == energy_fruit_coordinate:
        new_coordinate = choice(coordinate_numbers)
        big_bird_coordinate = new_coordinate

print ("人工巨鳥正在尋找太空怪蛇。")
print ("總共有", len(coordinate_numbers), "個座標位置。")

while True:
    print ("人工巨鳥目前所在位置:", big_bird_coordinate)
    #print("太空怪蛇目前所在位置:", space_snake_coordinate)
    #print("大力果目前所在位置:", energy_fruit_coordinate)
```

```
if (big_bird_coordinate == energy_fruit_coordinate - 1 or
big_bird_coordinate
 == energy_fruit_coordinate + 1):
        print ("正察覺到大力果在附近...")
    if (big_bird_coordinate == space_snake_coordinate - 1 or
big_bird_coordinate ==  space_snake_coordinate + 1):
        print("正察覺到太空怪蛇在附近...")
    if (big_bird_coordinate == space_snake_coordinate - 2 or
big_bird_coordinate
      ==  space_snake_coordinate + 2):
        print ("正察覺到太空怪蛇在較遠的附近...")

    print ("請輸入人工巨鳥要去的位置！")
    big_bird_coordinate = input(">>>")
    big_bird_coordinate = int(big_bird_coordinate)

    if big_bird_coordinate == energy_fruit_coordinate:
            print ("已吃下大力果!")
            energy = 10

    if big_bird_coordinate == space_snake_coordinate and energy == 10:
            print ("抓到太空怪蛇了!")
            print("太空怪蛇被吃掉了!")
            print("現在您可以無憂無慮地駕駛太空船了!")
            break
    if big_bird_coordinate == space_snake_coordinate and energy < 10:
            print ("抓到太空怪蛇了!")
            print("但人工巨鳥被太空怪蛇吃掉了!")
            print("現在您也被太空怪蛇吃掉了!")
            break
```

執行結果 1 人工巨鳥吃了大力果後，才能吃掉太空怪蛇

```
人工巨鳥正在尋找太空怪蛇。
總共有 10 個座標位置。
人工巨鳥目前所在位置: 7
太空怪蛇目前所在位置: 9
大力果目前所在位置: 5
正察覺到太空怪蛇在較遠的附近...
請輸入人工巨鳥要去的位置！
```

```
>>>5
已吃下大力果!
人工巨鳥目前所在位置: 5
太空怪蛇目前所在位置: 9
大力果目前所在位置: 5
請輸入人工巨鳥要去的位置!
>>>9
抓到太空怪蛇了!
太空怪蛇被吃掉了!
現在您可以無憂無慮地駕駛太空船了!
```

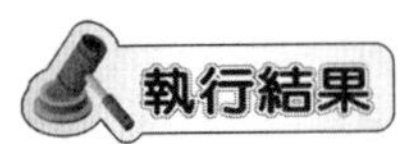

2 人工巨鳥忘了吃大力果，結果被太空怪蛇吃掉

```
人工巨鳥正在尋找太空怪蛇。
總共有 10 個座標位置。
人工巨鳥目前所在位置: 10
太空怪蛇目前所在位置: 3
大力果目前所在位置: 1
請輸入人工巨鳥要去的位置!
>>>4
人工巨鳥目前所在位置: 4
太空怪蛇目前所在位置: 3
大力果目前所在位置: 1
正察覺到太空怪蛇在附近...
請輸入人工巨鳥要去的位置!
>>>3
抓到太空怪蛇了!
但人工巨鳥被太空怪蛇吃掉了!
現在您也被太空怪蛇吃掉了!
```

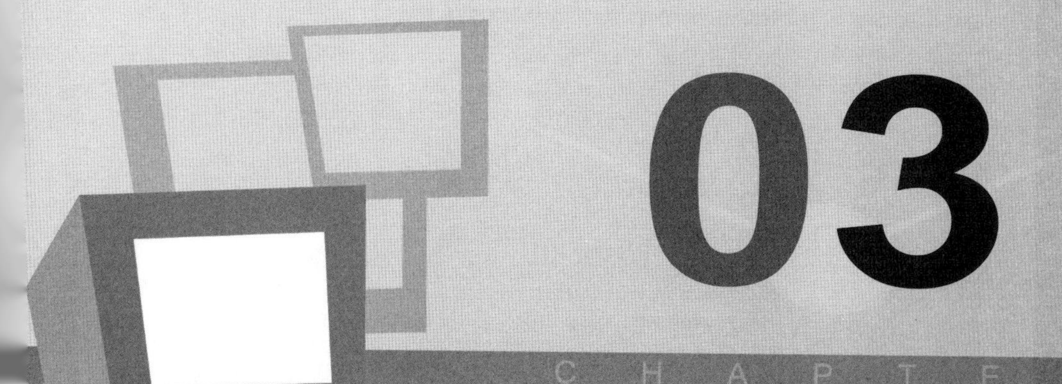

Python 程式除錯

3-1 安裝及設定 PyCharm Community Edition

PyCharm 是一個好用的免費 Python 開發環境，可以幫助程式設計者節約時間，提高生產效率，且具有強大的除錯功能。PyCharm 是一個跨平台開發環境，擁有 Microsoft Windows、MacOS 和 Linux 版本。請到下載頁面(https://www.jetbrains.com/pycharm/)後點選適合的作業系統，下載免費Community 版本。

設定 PyCharm Community Edition：

Step 1 開啟 PyCharm Community Edition 軟體，螢幕上會顯示主畫面。

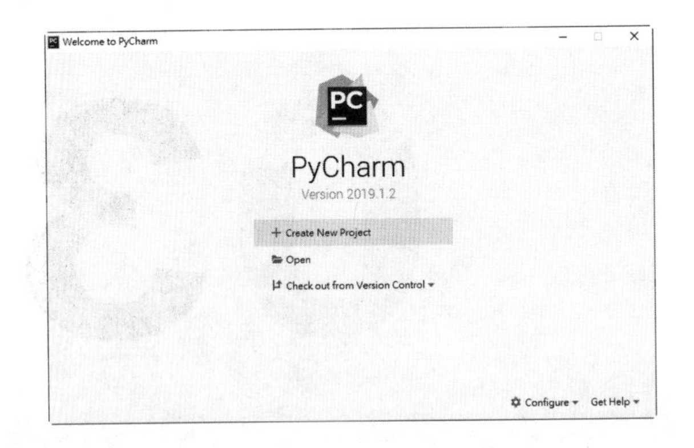

Step 2 在主畫面上，按下 Configure 選單，然後選擇 Settings。

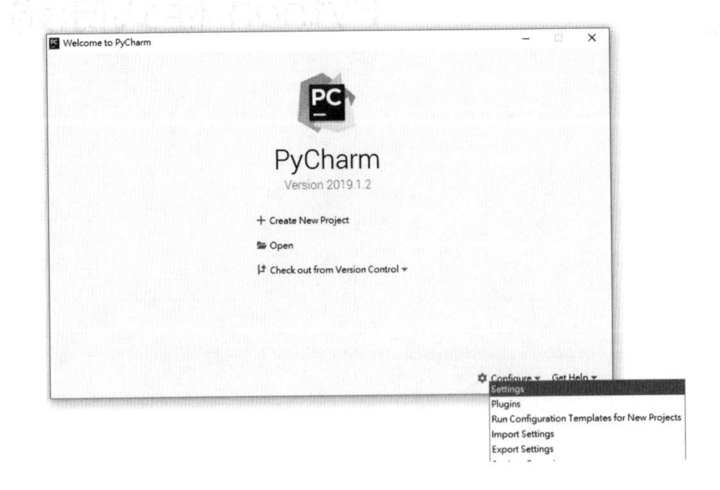

Step 3 於左邊欄位選 Project Interpreter，然後按下設定按鈕選 Add。

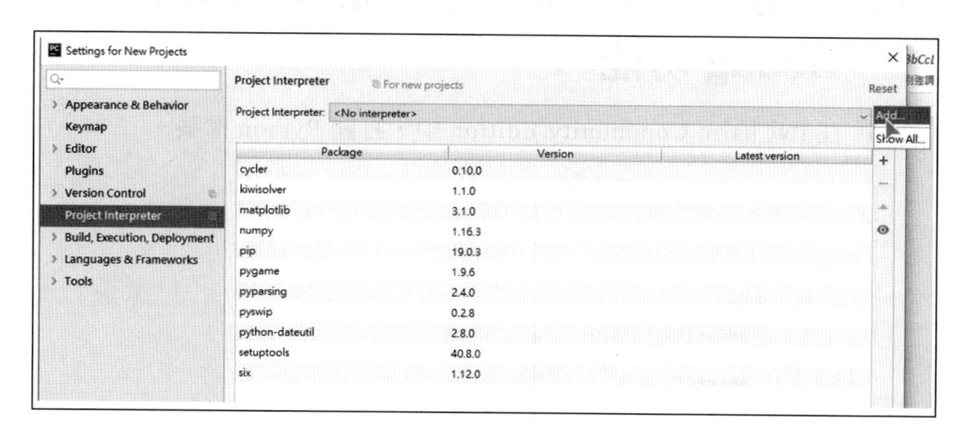

Step 4 按下(...)按鈕，選取您要的 python.exe 檔案，然後按下設定按鈕選 Add。

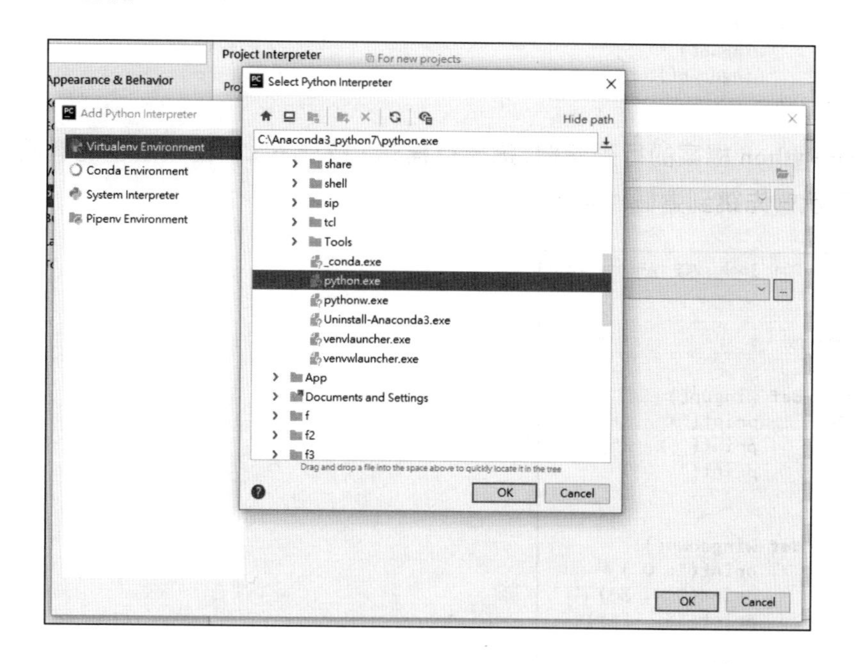

3-2 使用 PyCharm Community Edition 啟動 Debug 功能

Step 1 在 PyCharm Community Edition 中，打開 Python 檔案。

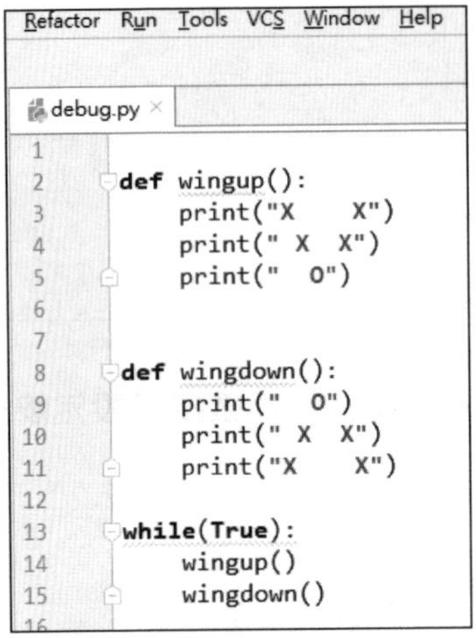

```
Refactor  Run  Tools  VCS  Window  Help
debug.py
1
2  def wingup():
3      print("X    X")
4      print(" X  X")
5      print("  O")
6
7
8  def wingdown():
9      print("  O")
10     print(" X  X")
11     print("X    X")
12
13 while(True):
14     wingup()
15     wingdown()
16
```

Step 2 在 Python 檔案的行列旁邊, 選一行程式，按一下，會出現紅色的圓圈，表示會先跳到這個斷點。

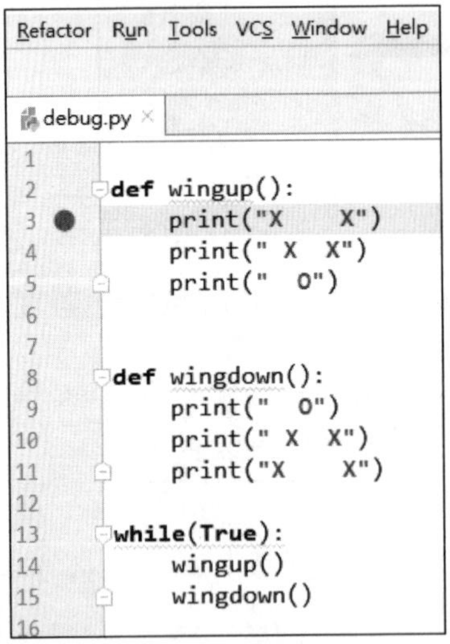

```
Refactor  Run  Tools  VCS  Window  Help
debug.py
1
2  def wingup():
3 ●    print("X    X")
4      print(" X  X")
5      print("  O")
6
7
8  def wingdown():
9      print("  O")
10     print(" X  X")
11     print("X    X")
12
13 while(True):
14     wingup()
15     wingdown()
16
```

Step 3 選擇 Run -> Debug 'debug' (程式檔名)。

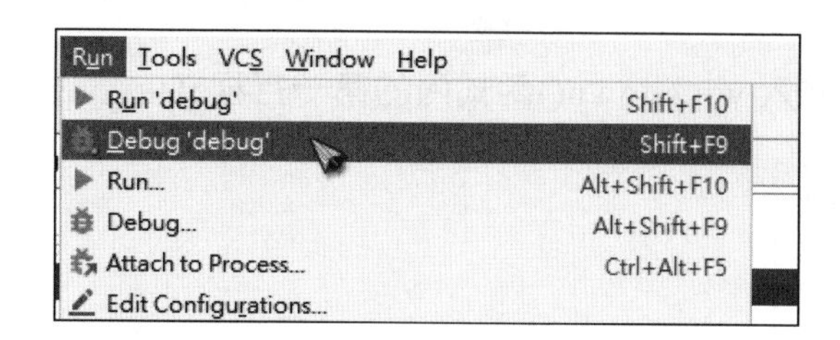

Step 4 螢幕下方，會出現 Debug 視窗。

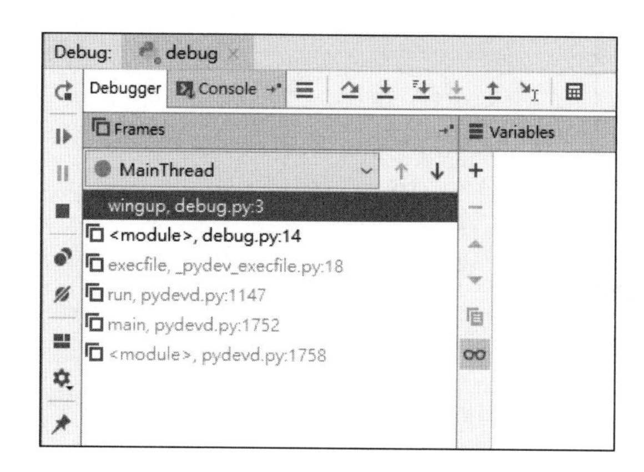

Step 5 在 Debug 視窗上，選取並按下 Step Over( )，以單步執行程式，此時程式會向下執行一行程式，一個深藍色方框會框選下一行程式。

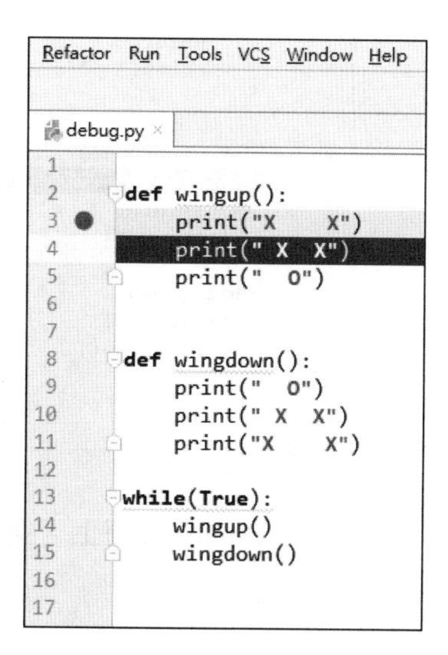

Step 6 在 Debug 視窗上，選取並按下 Step Into( )，以假設要進入 wingdown() 函式內，此時程式會進入 wingdown()函式內的第一行程式。

```
Refactor  Run  Tools  VCS  Window  Help
debug.py
1
2   def wingup():
3       print("X     X")
4       print(" X   X")
5       print("   O")
6
7
8   def wingdown():
9       print("   O")
10      print(" X   X")
11      print("X     X")
12
13  while(True):
14      wingup()
15      wingdown()
16
17
```

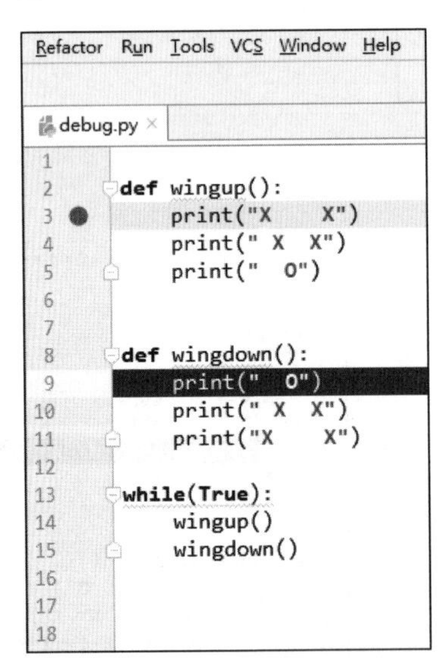

Step 7 在 Debug 視窗上，選取並按下 Step Out( )，以跳出 wingdown()函式。

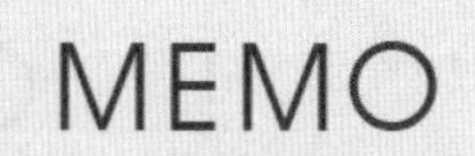
MEMO

MEMO

函式定義及呼叫

4-1 函式定義

下列是函式定義的 4 種一般式：

【定義 4-1】

```
def 函式名稱():
    第 1 行的程式
    第 2 行的程式
        …
```

【定義 4-2】

```
def 函式名稱(參數 1, 參數 2,..):
    第 1 行的程式
    第 2 行的程式
     …
```

註：(參數 1, 參數 2,..)代表裡面可以放入 1 個以上的參數。

【定義 4-3】

```
def 函式名稱():
    第 1 行的程式
    第 2 行的程式
     …
    return 返回值 1, 返回值 2, …
```

註：「return 返回值 1, 返回值 2, …」代表裡面可以傳回 1 個以上的返回值。

【定義 4-4】

def 函式名稱(參數 1, 參數 2,..):

　第 1 行的程式

　第 2 行的程式

　…

　return 返回值 1, 返回值 2, …

註 1：(參數 1, 參數 2,..): 代表裡面可以放入 1 個以上的參數。

註 2：「return 返回值 1, 返回值 2, …」代表裡面可以傳回 1 個以上的返回值。

函式以關鍵字 def 開頭，後接函式名稱、一組小括號「( )」或「(參數)」及一個冒號「:」。從下一行開始是一個程式區塊，此區塊內包含了許多行的程式。

區塊內的所有程式都必須向內縮 4 個空格，因為 Python 使用向內縮 4 個空格來表示區塊的開始和結束。

讓我們看二個函式的例子：

```
def message():
    print('訊息傳送中…')
    print('我來自火星。')
    print('您們找不到火星人的原因是：')
    print('我們生存在 5 維空間裡。')
```

此函式定義了名為 message 的函式，此區塊向內縮 4 個空格，包含四行使用 print 的程式。

```
def message(x):
    print('訊息傳送中…')
    print('我來自火星。')
    print('您們找不到火星人的原因是：')
    print('我們生存在'+str(x)+'維空間裡。')
```

此函式定義了名為 message 的函式，且小括號「(x)」內有一個參數會傳入區塊內，此區塊向內縮 4 個空格，包含四行使用 print 的程式。

```
def sum(a,b):
  return a+b
```

此函式定義了名為 sum 的函式，且小括號「(a,b)」內有兩個參數會傳入區塊內，此區塊向內縮 4 個空格，在運算完 a+b 的值之後，會傳回給指派給此函式的變數。

4-2 函式呼叫

函式定義並不會導致該函式執行。要執行函式，必須呼叫它。

下列是呼叫函式的方式。

```
函式名稱()
```

呼叫函式時，Python 直譯器會跳至該函式的定義並執行區塊中的程式，

然後，當到達區塊的末端（執行完區塊內的最後一行程式）時，Python 直譯器又會跳回至呼叫函式的下一行程式位置，這種執行完函式定義中的程式，然後又跳回至呼叫該函式結束的地方，我們稱之為「函式返回」。

現在將函式定義和呼叫合併成為一個完整的程式：

程式 4-1

```
def message():
    print('訊息傳送中…')
    print('我來自火星。')
    print('您們找不到火星人的原因是：')
    print('我們生存在 5 維空間裡。')

message()
```

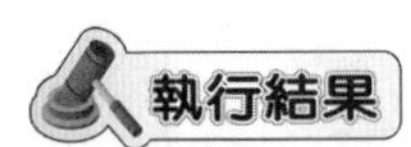


```
訊息傳送中…
我來自火星。
您們找不到火星人的原因是：
我們生存在 5 維空間裡。
```

說明

讓我們逐步說明此程式，並深入研究此程式執行時發生了什麼事。

當 Python 直譯器讀取 def 關鍵字時，就會把整個 message()函式的定義放入記憶體中。請記住：函式定義本身並不會自動執行，若要執行函式，我們就得在函式定義之後，呼叫該函式。接下來，Python 直譯器讀到 message()函式時，便會呼叫 message()，這將導致執行 message()函式，於是就會在螢幕上輸出了 4 行 print 的訊息。

上列程式只有一個函式，但通常會在程式中定義許多個函式，而且也可以在一個函式中呼叫另一個函式，如下列程式所示，您需要稍微動腦一下。

程式 4-2

```
def main():
    print('訊息傳送中…')
    message()
    print('其實火星人沒有身體，只是由一堆程式碼組成。哈哈！')

def message():
    print('我是火星人。')
    print('用量子電腦，就會發現我們。')

main()
```

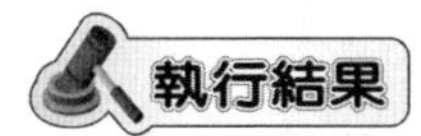


```
訊息傳送中…
我是火星人。
用量子電腦，就會發現我們。
其實火星人沒有身體，只是由一堆程式碼組成。哈哈！
```

4-3 以視覺化方式理解函式定義及呼叫

在第零章「安裝 PYTHON」中，有說明「OnlinePythonTutor」的 Python 軟體編輯器的操作流程及圖形視覺化的優點。現在讓我們來實際操作上一個範例，讓「OnlinePythonTutor」以圖形視覺化的方式，幫助我們理解函式在執行期的內部運作方式。

Step 1 首先在「OnlinePythonTutor」編輯器上，撰寫程式，如下圖所示：

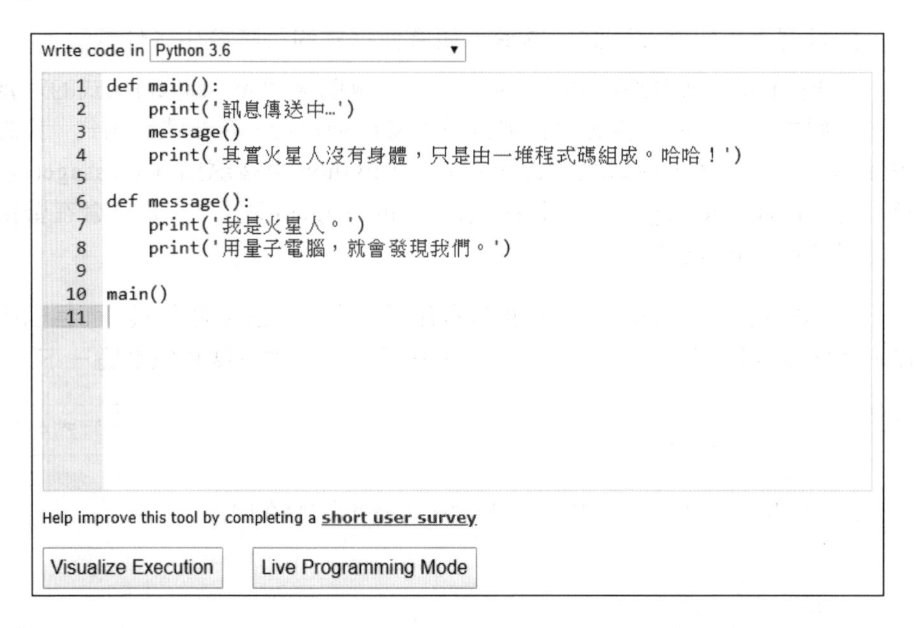

Step 2 按一下「Visualize Execution」按鍵來執行此程式，螢幕上會顯示下列畫面：

Step 3 按一下「Next>」按鍵，螢幕上會顯示下列畫面：
（注意紅色箭頭與綠色箭頭會移動至該步驟）

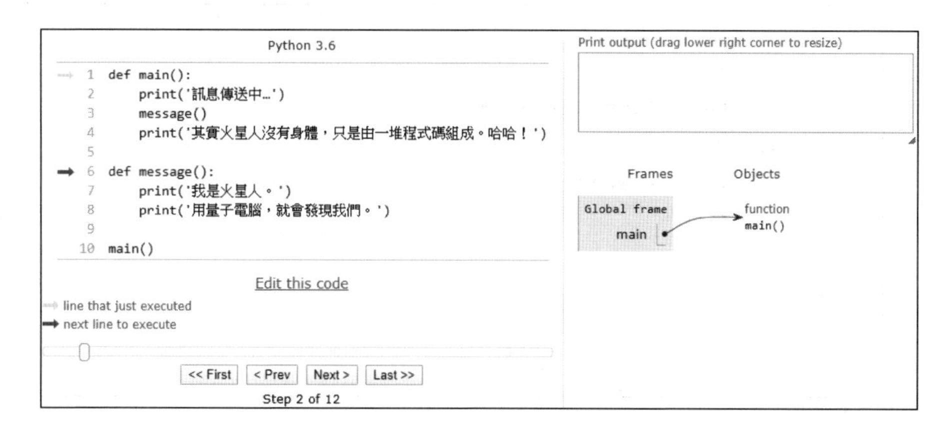

此時，「OnlinePythonTutor」會把第一個函式「main()」放入記憶體中，並在右邊畫面，以視覺化的圖形顯示此一狀態。

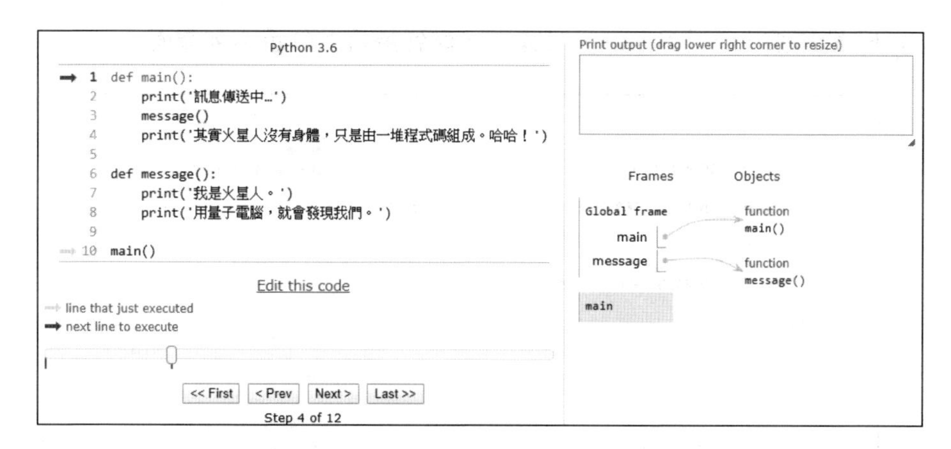

Step 4 再按一下「Next>」按鍵，螢幕上會顯示下列畫面：

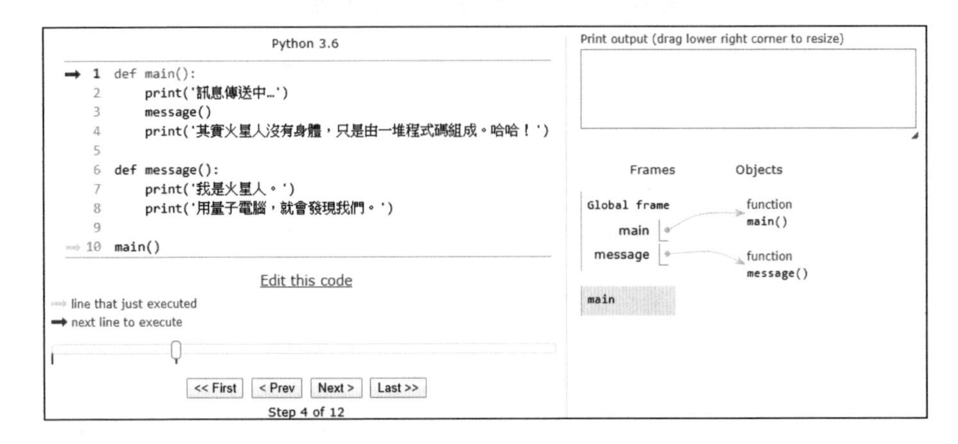

此時，「OnlinePythonTutor」會把第二個函式「message()」放入記憶體中，並在右邊畫面，以視覺化的圖形顯示此一狀態。

Step 5 繼續按一下「Next>」按鍵，一直到螢幕上顯示下列畫面：

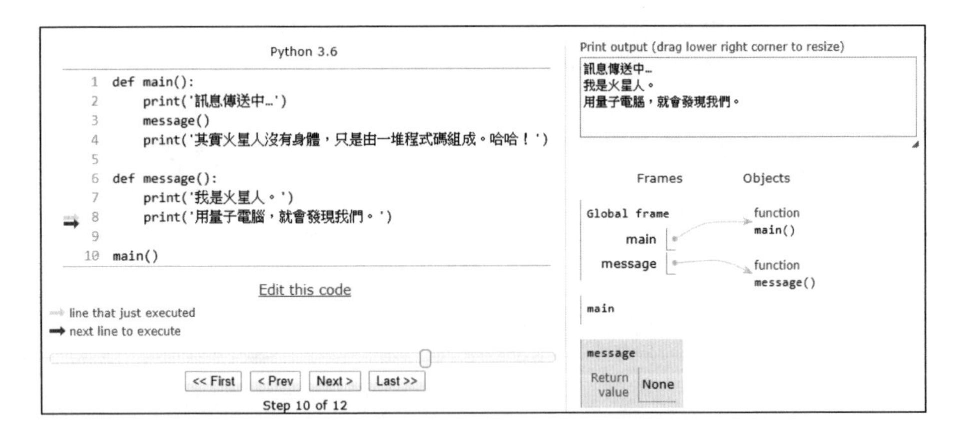

此時，程式已經執行到「main()」函式內的 message()函式末端，於是在右邊畫面，顯示了「Return value:None」，這表示 message()函式沒有傳回值。

Step 6 繼續按兩下「Next>」按鍵，一直到螢幕上顯示下列畫面：

此時，程式已經執行到「main()」函式內的末端，於是在右邊畫面，顯示了 「Return value:None」，這表示 main()函式沒有傳回值。.

Step 7 再按一下「Next>」按鍵，螢幕上顯示下列畫面：

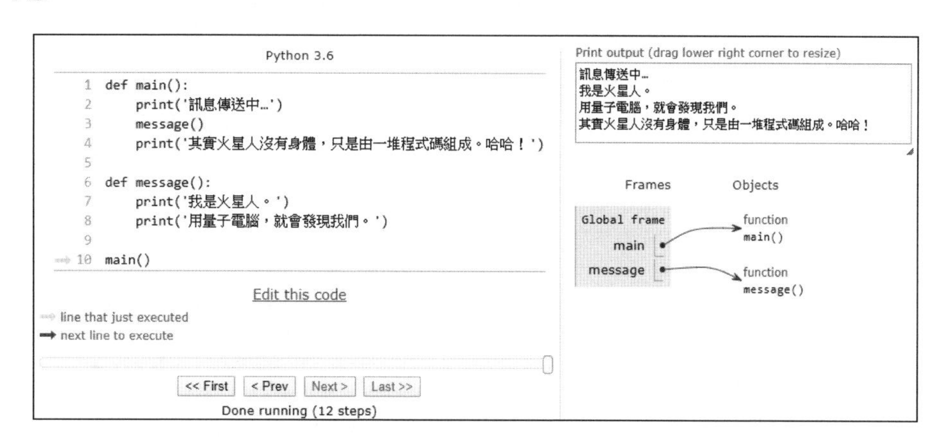

此時，「main()」函式已經執行完畢，於是整個程式就執行完畢了。在右邊畫面的上面方框中，顯示了輸出結果。

若要重新再執行一次上一步驟，可按下「<Prev」按鍵，然後按下「Next>」按鍵。若要重新跳至第一步驟，可按下「<<First」按鍵，然後按下「Next>」按鍵。若要重新跳回至最後一步驟，可按下「Last>>」按鍵，然後按下「Next>」按鍵。

05

C H A P T E R

製作生日快樂電子卡片

在本章中，您將會學習如何利用有限迴圈以讓電腦忙於執行這個迴圈的計數過程，等到迴圈的計數執行完畢時，電腦才會繼續執行下一行程式。

5-1 生日快樂電子卡片

此生日快樂電子卡片程式會讓電腦在螢幕上顯示生日快樂等訊息。當你的朋友或家人過生日時，你可以執行它。要理解這個程式的工作原理，請先將其鍵入電腦並執行它。

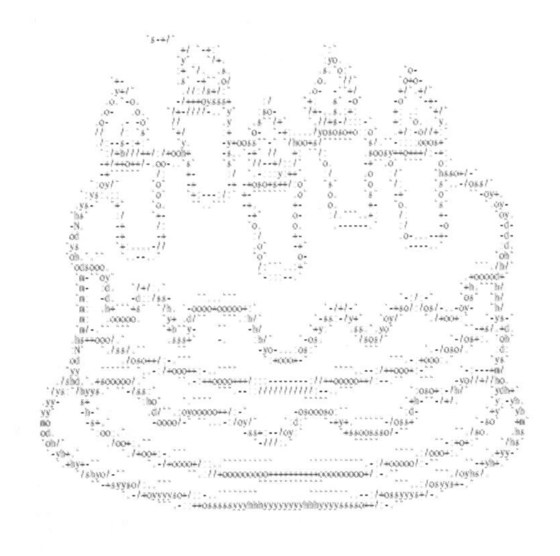

```
祝
您
生
日
快
樂
，
心
願
達
成
！
來自電腦的
              祝福！
```

5-2 儲存至變數

程式 5-1

```
var1 = "祝您生日快樂，心願達成！"

for a in var1:
    print(a)
```

```
for x in range(60000000):
  pass

print("來自電腦的")
print("                祝福！")
```

執行結果

說明

第一章節的設計是先讓您嘗到甜頭，玩玩大鳥抓太空怪蛇的遊戲程式，先讓學習過程興奮起來，這一章節，主要是訓練 Python 程式的入門感覺，您不必刻意去記憶 Python 的關鍵字和程式語法，雖然只是要設計一個生日快樂電子卡片程式，但這裡卻牽扯到電腦程式的習慣表達方式，就是先將生日快樂訊息先儲存至一個變數中，然後再透過該變數，一個接一個地將文字顯示在螢幕上。

```
var1 = "祝您生日快樂，心願達成！"
```

先將生日快樂訊息儲存至一個變數中

```
for a in var1:
```

利用 for 迴圈將儲存在 var1 變數中的文字，一個接一個地暫時存入 a 變數中。

```
    print(a)
```

一次僅顯示一文字於螢幕上。

```
for x in range(60000000):
  pass
```

這是第二次使用另一組 for 迴圈，range()函數會傳回一個數值並暫時存入 x 變數中。預設情況下從 0 開始，每次增量為 1，一直增加到指定的數值(60000000)結束。這個迴圈的目的是要讓電腦忙於執行這個迴圈的計數過程，等到 x 變數變成數值(60000000)時，電腦才會繼續執行下一行程式。這個效果會讓您在螢幕前等待一段時間，並好奇想知道到底是誰送來的生日快樂訊息呢？

如下列輸出結果所示，您會發現原來是您的電腦發出的訊息。在您比對了原始範例程式之後，也許您會覺得這是因為我們事先可決定要顯示什麼內容。

可是當您在螢幕上等待的時候，螢幕上突然跳出這訊息並讓您知道是電腦傳送來的。您會不會有種奇特的感覺，電腦是自己願意這麼做的，而不是由我們的程式控制的。電腦之父(艾倫•圖靈)曾經寫過一篇著名的論文(Computing Machinery and Intelligence)，大意是說只要電腦程式能讓人類無法分辨電腦與真正人類的行為差異時，就表示通過了圖靈測試，也就是說電腦是有智慧的。若您現在感覺越來越好奇了，恭喜您已經上癮 Python 程式了。

老師的叮嚀

讓電腦忙於執行迴圈的計數過程，也可以匯入 time 模組（import time），然後使用該模組裡定義的 time.sleep()函式，但本書強調初學者不需要結合學習其他非預設的 Python 套件，以免干擾學習 Python 的興趣。

5-3 如何讓程式變難一點：使用兩組 for 迴圈

現在讓我們來練習讓電腦重複顯示生日快樂訊息。請將程式碼修改成，如下所示：

程式 5-2

```
def wingup():
var1 = "祝您生日快樂，心願達成！"

for r in range(2):
   for a in var1:
   print(a)

for x in range(60000000):
  pass

print("來自電腦的")
print("            祝福！")
```

執行結果

```
祝
您
生
日
快
樂
，
心
願
達
成
！
祝
您
生
日
快
樂
，
心
願
達
成
！
來自電腦的
            祝福！
```

說明

在上列程式裡，又增加了另一組 for 迴圈(黑字體部分)，讓程式輸出兩次生日快樂訊息。for 是一個有限的循環迴圈，並明確知道要做這個事情幾次。

您也可以用一個 list 的內容來限制迴圈次數，如下列程式所示：

程式 5-3

```
var1 = "祝您生日快樂，心願達成！"

counts = ["第一次","第二次","第三次"]

for r in counts:
   for a in var1:
     print(a)

for x in range(60000000):
  pass

print("來自電腦的")
print("                祝福！")
```

執行結果

```
祝
您
生
日
快
樂
，
心
願
達
成
！
祝
您
生
日
快
樂
，
心
```

```
願
達
成
！
祝
您
生
日
快
樂
，
心
願
達
成
！
來自電腦的
                祝福！
```

5-4 生日蛋糕的純文字圖形

下列是列印生日蛋糕的純文字程式，您可將此程式片段放置於您希望要顯示的地方。此生日蛋糕是使用 ASCII(美國訊息交換標準碼)編碼繪製的純文字圖形。

現在讓我們來練習將生日蛋糕 ASCII 圖形加到此生日快樂電子卡片的上面，如下列程式所示：

程式 5-4

```
print('''

 ''')

var1 = "祝您生日快樂，心願達成！"

for a in var1:
print(a)

for x in range(60000000):
pass
print("來自電腦的")
print("                祝福！")
```

執行結果

MEMO

MEMO

06

CHAPTER

有限狀態機

有限狀態機（FSM）是電腦中的數學模型，它與狀態、轉換、輸入和輸出相關。狀態機始終處於一種狀態，並且可以使用轉換條件移動到其他狀態，並將狀態機的狀態更改為另一個狀態。本章將利用文字遊戲的狀態變化來幫助讀者快速理解有限狀態機的程式設計技巧，可以利用狀態圖來視覺化地顯示該物件的所有狀態，狀態如何更改為第二個狀態。

6-1 凌波微步之隱身術故事

「天龍八部」裡段譽會一種神奇的武功，叫凌波微步，遇到危險時他能像影子一樣瞬間逃跑，從而保住性命。讓我們憑空想像利用有限狀態機原理來模擬這部金庸武俠小說中的功夫。

6-2 執行「站立與步行狀態」程式

下列「站立與步行狀態」程式是一個簡單的有限狀態機模擬程式。

程式 6-1

```
import time

state = "站立中..."
print("站立中...")

def walk():
   global state
   state = "步行中..."
   print("步行中...")
   time.sleep(0.1)

def stand():
   global state
   state = "站立中..."
   print("站立中...")
   time.sleep(0.1)

def update():
   if state == "站立中...":
      walk()
   if state == "步行中...":
      stand()

while(True):
   update()
```

執行結果

```
站立中...
步行中...
站立中...
步行中...
站立中...
步行中...
站立中...
步行中...
站立中...
步行中...
站立中...
步行中...
站立中...
步行中...
站立中...
步行中...
站立中...
步行中...
站立中...
步行中...
站立中...
```

說明

我們可以用狀態圖表示站立與步行的狀態。

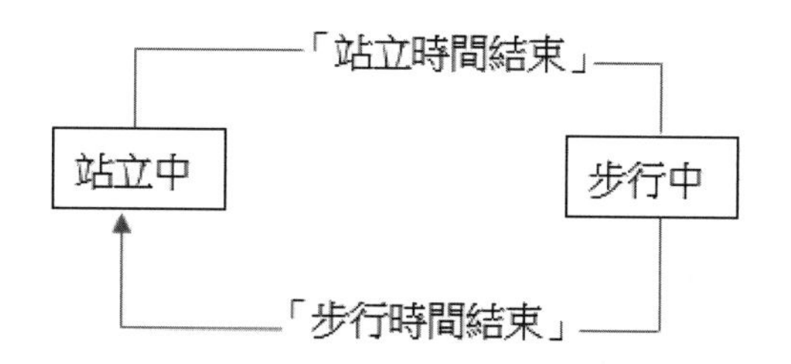

在上圖中，長方形代表狀態，箭頭代表狀態轉換，引號內的文字則為轉換成立條件。開始時的狀態是「站立中」，並進入站立狀態，一直維持站立，當站立時間結束時，即進入「步行中」狀態，然後當步行時間結束時，又返回「站立中」狀態。

本程式使用 while(True)的無限迴圈，在此迴圈內只有一個函式 update()，update()的定義中，有兩個條件式來判斷當前狀態，當狀態為"站立中..."，則執行 walk()，當狀態為"步行中..."，則執行 stand()。

6-3 如何讓程式變難一點(1)：模擬行走狀態

本程式有兩個狀態，分別是"右腳前_左腳後"及"左腳前_右腳後"。本程式使用 while(True)的無限迴圈，在此迴圈內只有一個函式 update()，update()的定義中，有兩個條件式來判斷當前狀態，當狀態為"右腳前_左腳後"，則執行 Leftwalk()，當狀態為"左腳前_右腳後"，則執行 Rightwalk()。

本程式的狀態圖，如下所示：

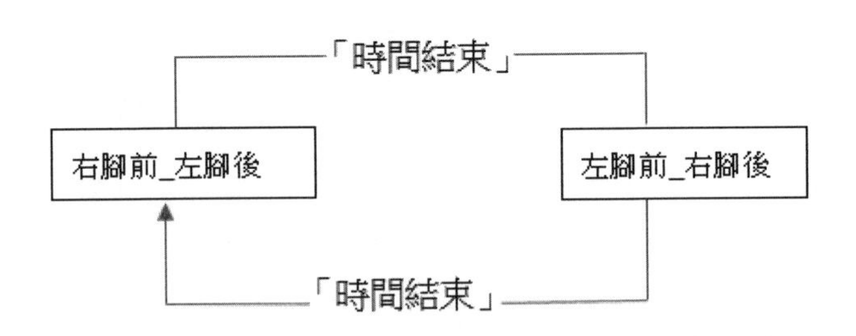

程式 6-2

```
import time

state = "右腳前_左腳後"

def Leftwalk():
    global state
    print("右腳前_左腳後")
    state = "左腳前_右腳後"
    time.sleep(0.9)

def Rightwalk():
    global state
    print("左腳前_右腳後")
    state = "右腳前_左腳後"
```

```
    time.sleep(0.9)

def update():
    if state == "右腳前_左腳後":
        Leftwalk()
    if state == "左腳前_右腳後":
        Rightwalk()

while(True):
    update()
```

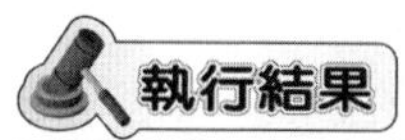


```
右腳前_左腳後
左腳前_右腳後
右腳前_左腳後
左腳前_右腳後
右腳前_左腳後
左腳前_右腳後
右腳前_左腳後
左腳前_右腳後
右腳前_左腳後
左腳前_右腳後
右腳前_左腳後
左腳前_右腳後
右腳前_左腳後
左腳前_右腳後
右腳前_左腳後
左腳前_右腳後
```

6-4 如何讓程式變難一點(2)：凌波微步慢動作

本程式有三個狀態，分別是"右腳前_左腳後"、"左腳前_右腳後"及"向右轉"。本程式使用 while(True)的無限迴圈，在此迴圈內只有一個函式 update()，update()的定義中，有三個條件式來判斷當前狀態，當狀態為"右腳前_左腳後"，則執行 Leftwalk()，當狀態為"左腳前_右腳後"，則執行 Rightwalk()，當狀態為"右腳前_左腳後"，則執行 Leftwalk()，當狀態為"向右轉"，則執行 Turnright()。

本程式的狀態圖，如下所示：

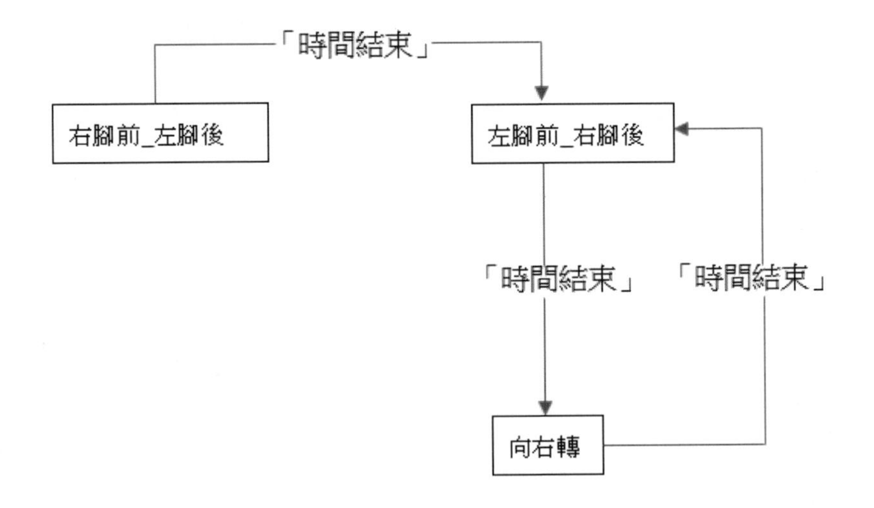

程式 6-3

```
import time

state = "右腳前_左腳後"

def Leftwalk():
   global state
   print("右腳前_左腳後")
   state = "左腳前_右腳後"
   time.sleep(0.9)

def Rightwalk():
```

```
    global state
    print("左腳前_右腳後")
    state = "向右轉"
    time.sleep(0.9)

def Turnright():
    global state
    print("向右轉")
    state = "左腳前_右腳後"
    time.sleep(0.9)

def update():
    if state == "右腳前_左腳後":
        Leftwalk()
    if state == "左腳前_右腳後":
        Rightwalk()
    if state == "向右轉":
        Turnright()

while(True):
    update()
```

執行結果

```
右腳前_左腳後
左腳前_右腳後
向右轉
左腳前_右腳後
向右轉
左腳前_右腳後
向右轉
左腳前_右腳後
向右轉
左腳前_右腳後
向右轉
左腳前_右腳後
向右轉
左腳前_右腳後
向右轉
```

6-5 如何讓程式變難一點(3)：凌波微步快動作

本程式將之前的兩個程式結合為單一個程式，仍有三個狀態，分別是"右腳前_左腳後"、"左腳前_右腳後"及"向右轉"。但在執行 while(True)的無限迴圈前，先執行 update()一次，本程式另外新增一個函式 update2()。update()與 update2()的差異是在 update()中，當狀態為"左腳前_右腳後"時，執行 Rightwalk()，但在 update2()中新增了"向右轉"狀態，會執行 Turnright()。

程式 6-4

```
import time

state = "右腳前_左腳後"

def Leftwalk():
    global state
    print("右腳前_左腳後")
    state = "左腳前_右腳後"
    time.sleep(0.9)

def Rightwalk():
    global state
    print("左腳前_右腳後")
    state = "右腳前_左腳後"
    time.sleep(0.9)

def RightTurnwalk():
    global state
    print("左腳前_右腳後")
    state = "向右轉"
    time.sleep(0.9)

def Turnright():
    global state
    print("向右轉")
    state = "左腳前_右腳後"
    time.sleep(0.9)

def update():
    if state == "右腳前_左腳後":
        Leftwalk()
```

```
    if state == "左腳前_右腳後":
        Rightwalk()

def update2():
    if state == "右腳前_左腳後":
        Leftwalk()
    if state == "左腳前_右腳後":
        RightTurnwalk()
    if state == "向右轉":
        Turnright()

update()

while(True):
    update2()
```

執行結果

```
右腳前_左腳後
左腳前_右腳後
右腳前_左腳後
左腳前_右腳後
向右轉
左腳前_右腳後
向右轉
左腳前_右腳後
向右轉
左腳前_右腳後
向右轉
左腳前_右腳後
向右轉
左腳前_右腳後
向右轉
左腳前_右腳後
向右轉
左腳前_右腳後
向右轉
左腳前_右腳後
向右轉
```

說明

本程式的狀態圖。

當本程式行走 4 步前的狀態圖為:

```
右腳前_左腳後
左腳前_右腳後
右腳前_左腳後
左腳前_右腳後
```

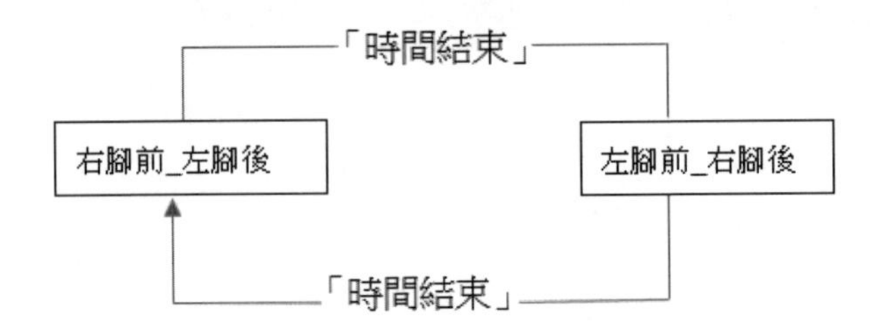

當本程式行走 4 步後的狀態圖為:

```
向右轉
左腳前_右腳後
向右轉
左腳前_右腳後
向右轉
    :
    :
```

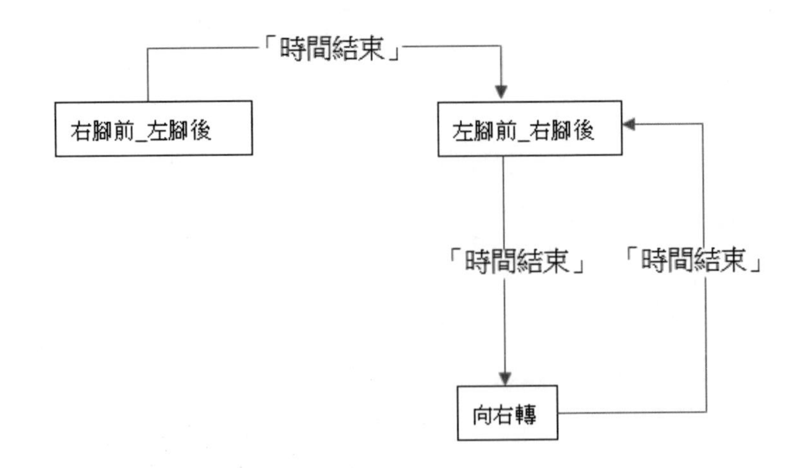

飛碟密碼

在本章中，您將會學習在遊戲中使用 random.choice() 函式，讓遊戲加入一些不可預測的元素，電腦可以陪伴您消磨無聊的時間。

7-1 飛碟密碼故事

地球上的人們正在與火星人作戰。一個致命的飛碟剛剛著陸，每個人都依靠你找到飛碟密碼，以解除飛碟自爆機制。如果你失敗了，整個地球將被炸毀。

飛碟上的電腦知道密碼是什麼。您必須鍵入您的猜測，飛碟電腦會告訴你密碼是在正確字母的前面還是後面。在飛碟爆炸之前，你有 3 次機會找到正確的字母。

7-2 執行「飛碟密碼」程式

請進入飛碟裡面，然後在飛碟的電腦上執行下列「飛碟密碼」的程式。

程式 7-1

```
import random

print('''
       _.---._
    .'  o  o  '.
 _.-~===========~-._
(__________________)
     \_______/
               ''')
print("飛碟密碼")
print()
print("請輸入一個小寫字母")
print("以解除飛碟自爆機制。")
print("您只有 3 次機會。")
print("如果你輸入錯誤的小寫字母，飛碟爆炸威力將會摧毀地球！")
print()

def guess_letter():
    return random.choice('abcdefghijklmnopqrstuvwxyz')
first_letter = guess_letter()
#print(first_letter)
no_explosion = False

def fun1():
   print("已解除飛碟自爆機制，你拯救了地球人。")
```

```
for x in range(3):
  fg = input("first_letter: ")

  if fg == first_letter:
    fun1()
    no_explosion = True
    break
  if fg < first_letter:
    print("字母還在後面")
  if fg > first_letter:
    print("字母還在前面")

if no_explosion == True:
  pass
else:
  print('''
         _ ._  _ , _ ._
       (_ ' ( `  )_  .__)
       ( (  (    )   `)  ) _)
      (__ (_   (_ . _) _) ,__)
          `~~`\ ' . /`~~`
    ''')

  print("        地球爆炸了！")
```

執行結果 1.輸入錯誤，飛碟爆炸。

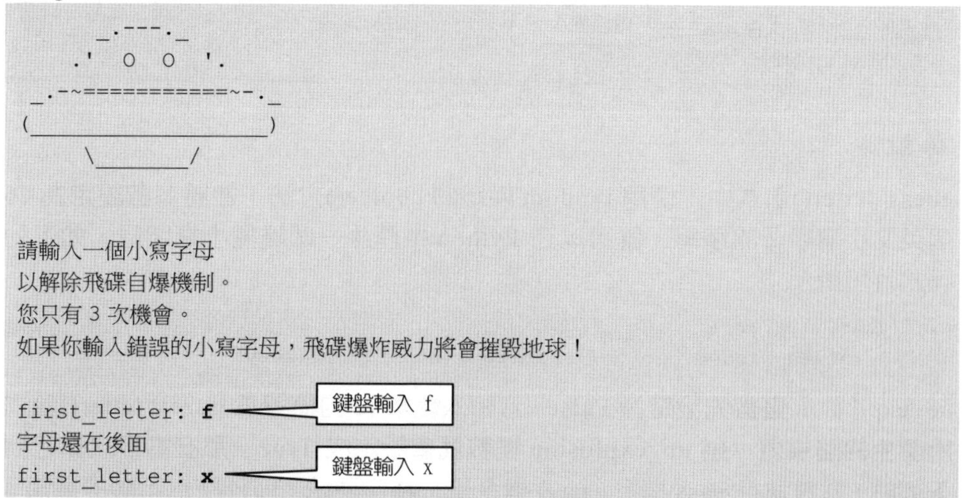

```
        _.---._
      .'  o  o  '.
  _.-~============~-._
 (____________________)
       \_________/


請輸入一個小寫字母
以解除飛碟自爆機制。
您只有 3 次機會。
如果你輸入錯誤的小寫字母，飛碟爆炸威力將會摧毀地球！

first_letter: f
字母還在後面
first_letter: x
```

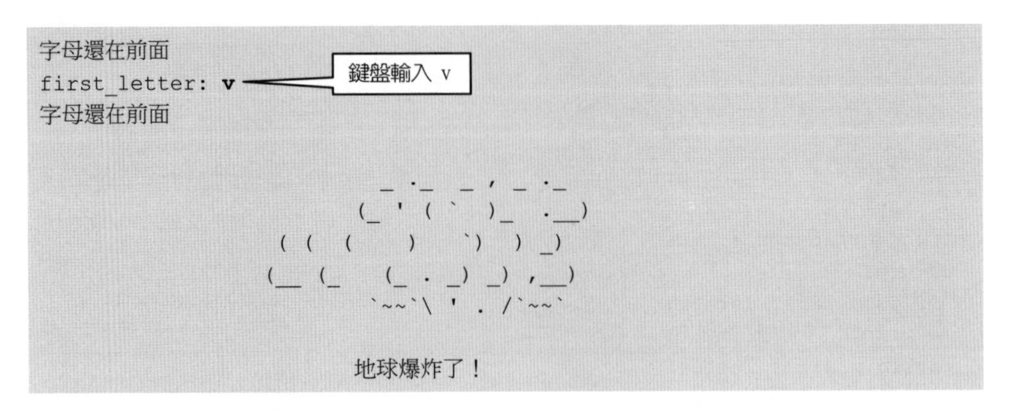

字母還在前面
first_letter: v
鍵盤輸入 v
字母還在前面
地球爆炸了！

2. 輸入正確，解除飛碟自爆機制。

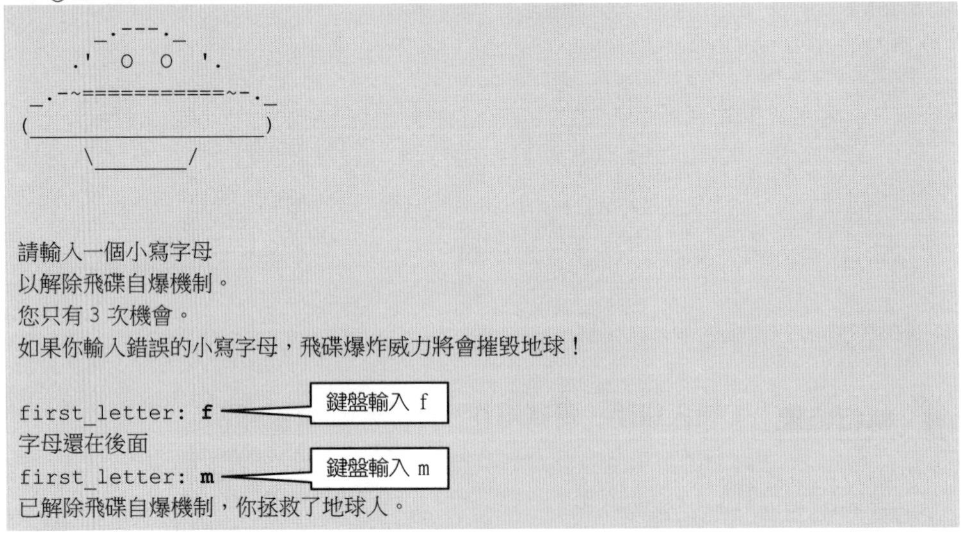

guess_letter()函式中，使用 random 模組的 choice()方法，並將參數設定為 26 個英文小寫字母的字串，就可以在 Python 中產生一個隨機小寫字母，如下列程式片段所示：

```
def guess_letter():
    return random.choice('abcdefghijklmnopqrstuvwxyz')
```

no_explosion 變數先設定為 False，若輸入變數 fg 的值等於 guess_letter()函式所產生的隨機值，則 no_explosion 變數就會設定成 True。那麼當程式執行到下列時，就會執行 pass 指令。pass 指令是一種空語法，即什麼也不做的意思。

```
if no_explosion == True:
    pass
```

 1

本程式一開始會顯示一個飛碟的文字圖，然後顯示給玩家如何玩此遊戲的簡單說明，接著定義函式 fun1()來供後面的 for 迴圈中的程式呼叫。當程式執行 fun1()時，螢幕會顯示解除飛碟自爆機制等訊息。

 2

接下來使用 for x in range(3)來構成一個迴圈，此時您有 3 次機會，讓您猜 first_letter 變數的值。若您猜錯，程式會提示您猜的字母是排列在正確字母的前面，還是後面。當您連續 3 次都猜錯，因為 no_explosion 變數預設為 False，故會跳至 else 指令，來執行顯示地球爆炸的文字圖畫面。

 3

為了讓讀者研讀本書時，增加一些新的思維，接下來，筆者將運用「狀態機」的理論，重新解釋 ch3.py 程式的原理。

此程式一開始執行的時候，會先初始化 first_letter 變數，利用 random.choice()方法來隨機任選一個小寫的英文字母。下列先大致畫出 for x in range(3)迴圈的「狀態機」模型。

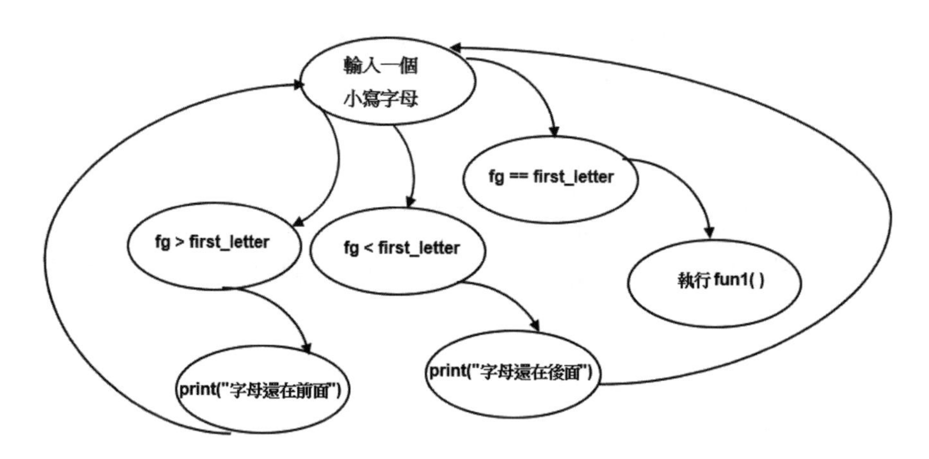

此「狀態機」模型的原理是這樣的，玩家先輸入一個小寫的英文字母，並指派給變數 fg，當 fg 變數的字母位置在 first_letter 變數的字母之前時，螢幕會列印"字母還在前面"，然後程式執行點又跳回至 fg = input("first_letter:")。當 fg 變數的字母位置在 first_letter 變數的字母之後時，螢幕會列印"字母還在後面"，然後程式執行點又跳回至 fg = input("first_letter:")。一直到 fg 變數的字母等於 first_letter 變數的字母時，程式才會執行 fun1()函式。也許，您會覺得「狀態機」模型太簡單了，怎麼可能完成電腦的複雜任務呢？問題的關鍵是如何理解這個模型。

這個「狀態機」模型可分解成輸入及輸出部分，如下表所示：

輸入	輸出
fg > first_letter	print("字母還在前面")
fg < first_letter	print("字母還在後面")
fg = first_letter	執行 fun1()

這個程式非常簡單，當 fg > first_letter 時，就顯示"字母還在前面"。當 fg < first_letter 時，就顯示"字母還在後面"。當 fg = first_letter 時，就執行 fun1()。

first_letter 是一種內部狀態，由於這個內部狀態是由 random.choice()方法產生的，程式若沒有這個內部狀態，它最後仍然會落入 for 迴圈中，然而這從本質上已經與固定不變的程式完全不同了，因為這個內部狀態是你不能預測的！當然前提是你不能知道隨機的內部狀態，那麼你所看到的就是一個不能預測的程式。如果內部狀態的個數增加，那麼程式的行為會更加的不可預測！

好了，你已經明白了「狀態機」模型的工作原理！因為從本質上來看，任何程式都是一個「狀態機」模型，您也可以把整台電腦當作是一個「狀態機」模型，甚至亦可將人類的腦抽象化為一種「狀態機」模型。換句話說，這世間的一切有智慧的東西都是由輸入、輸出、和內部狀態組成的一種程式。

7-3 如何讓程式變難一點(1)：使用兩次的 random.choice()方法

「程式 ch7-2.py」使用兩次的 random.choice()方法，除了 guess_letter() 會產生小寫的英文字母之外，guess_letter2()則是會產生大寫的英文字母。

請將程式碼修改成，如下所示：

程式 7-2

```
import random

print('''
      _.---._
    .'  O  O  '.
 _.-~=============~-._
(__________________)
     \_______/
               ''')
print()
print("飛碟密碼")
print()
print("請先輸入一個小寫字母，然後輸入一個大寫字母")
print("以解除飛碟自爆機制。")
print("您只有 3 次機會")
print()

def guess_letter():
    return random.choice('abcdefghijklmnopqrstuvwxyz')

first_letter = guess_letter()
#print(first_letter)

def guess_letter2():
    return random.choice('ABCDEFGHIJKLMNOPQRSTUVWXYZ')
second_letter = guess_letter2()
#print(second_letter)
no_explosion = False

def fun1():
   print("已解除飛碟自爆機制，你拯救了地球人。")
   no_explosion = True
   break
```

```
   if fg < first_letter:
      print("字母還在後面")
   if fg > first_letter:
      print("字母還在前面")
for x in range(3):
    fg = input("first_letter: ")
    fg2 = input("second_letter: ")
    if fg == first_letter and fg2 == second_letter:
       fun1()
if no_explosion == True:
  pass
else:
  print('''
          _ ._  _ , _ ._
        (_ ' ( `  )_  .__)
        ( (  (    )   `)  ) _)
      (__ (_   (_ . _) _) ,__)
          `~~`\ ' . /`~~`
     ''')

  print("      地球爆炸了！")
```

執行結果

```
        _.---._
      .'  O  O  '.
  _.-~============~-._
 (____________________)
      \__________/


飛碟密碼

請先輸入一個小寫字母，然後輸入一個大寫字母
以解除飛碟自爆機制。
您只有 3 次機會
first_letter: t
second_letter: g
first_letter: t
second_letter: G
已解除飛碟自爆機制，你拯救了地球人。
```

鍵盤輸入 t
鍵盤輸入 g
鍵盤輸入 t
鍵盤輸入 G

老師的叮嚀

使用注釋

對於程式師來說，注釋是一個非常有用的工具。它們有兩個目的：

•作為程式工作原理的說明

•暫停程式部分工作，以便您可以測試程式的其他部分。

由於 Python 會忽略在#符號之後的內容，以便程式師可以專注於和測試其他程式碼。

在下列程式中，#符號已加到程式行的開頭地方，以便可暫停執行此行程式。

若要解除暫停執行此行程式，只需刪除#符號，即可恢復原來會執行的狀態。

```
#print(first_letter)
#print(second_letter)。
```

7-4 如何讓程式變難一點(2)：學習「ord()」及「chr( )」函式

「程式 ch7-3.py」中，guess_letter()會要求玩家猜小寫的英文字母之外，guess_letter2()則是要求玩家猜大寫的英文字母。為了預防玩家不小心輸入小寫的英文字母以取代大寫的英文字母，本程式加了 if fg2.islower()方法來判斷玩家是否輸入小寫英文字母，如果是，首先會用函式 ord()將輸入字母轉換成對應的 ASCii 數值，剪掉 32，最後再使用 chr()函式，將減去 32 的 ASCii 數值轉換回字母。 請將程式碼修改成，如下所示：

程式 7-3

```
import random

print('''
       _.---._
     .'  o  o  '.
  _.-~===========~-._
 (___________________)
       \_______/
```

```
                    ''')
print()
print("飛碟密碼")
print()
print("請先輸入一個小寫字母，然後輸入一個大寫字母")
print("以解除飛碟自爆機制。")
print("您只有 3 次機會")
print()

def guess_letter():
    return random.choice('abcdefghijklmnopqrstuvwxyz')

first_letter = guess_letter()
#print(first_letter
def guess_letter2():
    return random.choice('ABCDEFGHIJKLMNOPQRSTUVWXYZ')
second_letter = guess_letter2()
#print(second_letter)
no_explosion = False
def fun1():
  print("已解除飛碟自爆機制，你拯救了地球人。")
for x in range(3):
    fg = input("first_letter: ")
    fg2 = input("second_letter: ")
    if fg2.islower():
      fg2 = chr(ord(fg2) - 32)
    if fg == first_letter and fg2 == second_letter:
      fun1()
      no_explosion = True
      break
    if fg < first_letter:
      print("字母還在後面")
    if fg > first_letter:
      print("字母還在前面")xx
for x in range(3):
    fg = input("first_letter: ")
    fg2 = input("second_letter: ")
    if fg == first_letter and fg2 == second_letter:
       fun1()
if no_explosion == True:
  pass
else:
  print('''
```

```
        _ ._  _ , _ ._
      (_ ' (  `  )_  .__)
      ( (  (    )   `)  ) _)
     (__ (_   (_ . _) _) ,__)
       `~~`\ ' . /`~~`
    ''')

  print("        地球爆炸了！")
```

執行結果

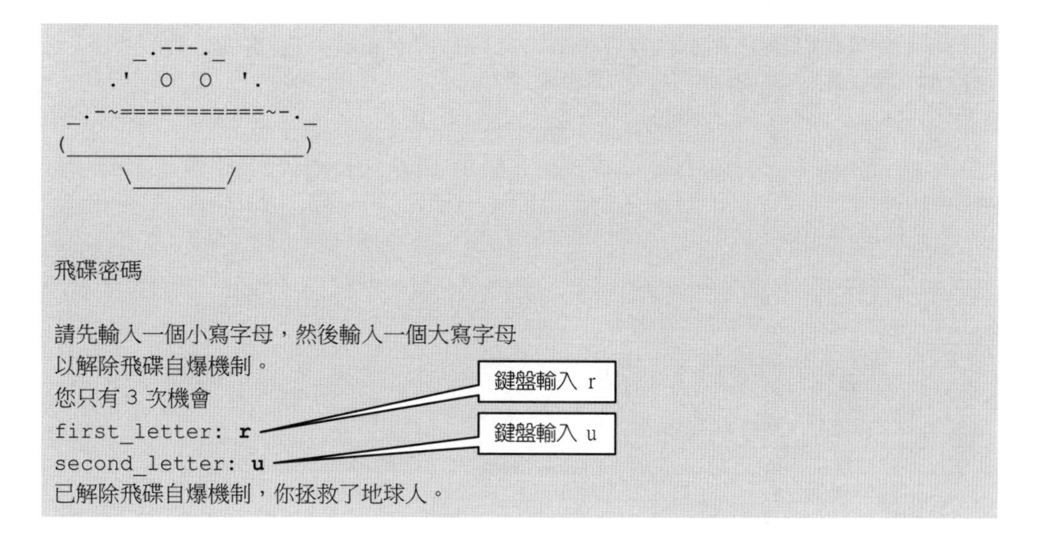

飛碟密碼
請先輸入一個小寫字母，然後輸入一個大寫字母
以解除飛碟自爆機制。
您只有 3 次機會
first_letter: r
second_letter: u
已解除飛碟自爆機制，你拯救了地球人。
鍵盤輸入 r
鍵盤輸入 u

說明

chr()函式用一個範圍在 range（256）內的（就是 0～255）整數作參數，返回一個對應的字元。ord( )函式是 chr()函式的配對函式，它以一個字元（長度為 1 的字串）作為參數，返回對應的 ASCII 數值。

例如：

```
>>>chr(65)
'A'
>>>ord('a')
97
```

7-5 如何讓程式變難一點(3)：顯示精美的一排破折號空格

「程式 ch7-4.py」是經典的遊戲，要猜的單詞由一排破折號表示。如果玩家猜出單詞中存在的字母，螢幕會顯示 "猜中了"，如下所示：

程式 7-4

```
from random import choice

word = choice(["apple","eat","milk","drink"])

print("電腦會隨機從這 4 個英文字[apple,eat,milk,drink]中，挑選一個。")
print("請注意英文字的長度將用破折號表示！")

#print(word)

out = ""

for letter in word:
    out = out + "_ "

print("請依據破折號的暗示來猜一個字母:", out)

guess = input("請輸入一個字母: ")

if guess in word:
    print("猜中了")
else:
    print("猜錯了")
```

```
電腦會隨機從這 4 個英文字[apple,eat,milk,drink]中，挑選一個。
請注意英文字的長度將用破折號表示！
請依據破折號的暗示來猜一個字母: _ _ _ _
請輸入一個字母: k
猜中了
```

鍵盤輸入 k

08

CHAPTER

電腦明信片

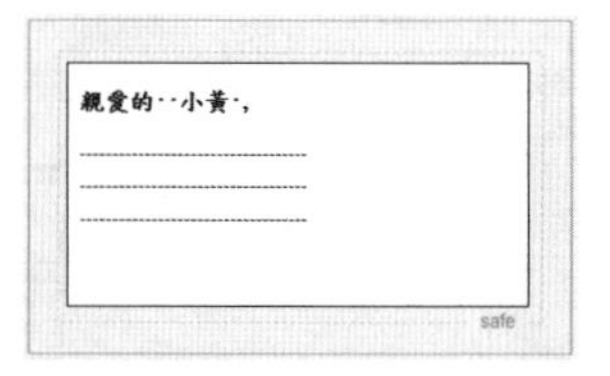

在本章中，您只要透過 input()函式輸入想要的資訊，然後電腦就可透過 print()函式來自動寫文章。

8-1 電腦自動編寫明信片

下列程式將幫助您編寫電腦明信片，你可以用它來製作笑話明信片，並將其發送給你的朋友。當執行本程式時，電腦會問您一些問題。在您回答完每一個問題之後，按下"Enter"鍵。最後電腦會先清除螢幕，並依據您的回答內容來自動編寫一封明信片。

程式 8-1

```
from os import system

p = input("您在哪裡？")
d = input("您們玩的如何？")
w = input("天氣如何？")
f = input("還有食物好吃嗎？")
n = input("您叫什麼名字？")
t = input("您在寫信給誰？")

system('cls')

print("親愛的 ",t,",")
print("我們在",p,"玩的很",d,"。")
print("天氣",w,",")
print("還有食物",f,"。")
print("希望您能來加入我們！")
print("來自",n,"的邀請！")
```

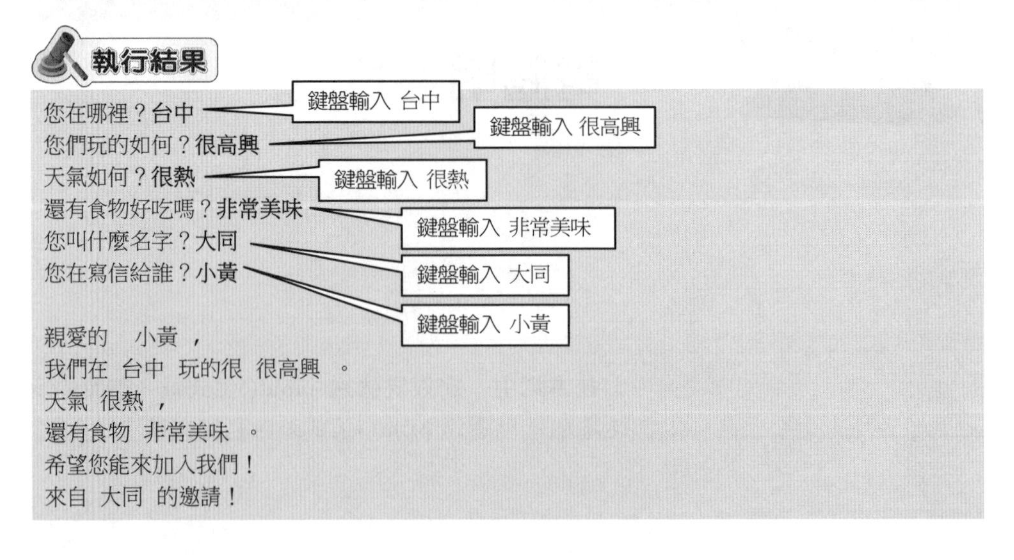

執行結果
您在哪裡？台中
鍵盤輸入 台中
您們玩的如何？很高興
鍵盤輸入 很高興
天氣如何？很熱
鍵盤輸入 很熱
還有食物好吃嗎？非常美味
鍵盤輸入 非常美味
您叫什麼名字？大同
鍵盤輸入 大同
您在寫信給誰？小黃
鍵盤輸入 小黃
親愛的　小黃 ,
我們在 台中 玩的很 很高興 。
天氣 很熱 ,
還有食物 非常美味 。
希望您能來加入我們！
來自 大同 的邀請！

說明

本程式使用 os 模組的 system 方法，並加入參數'cls'，即可刪除螢幕上程式所顯示的所有文字。

在程式中新增了 6 個變數(p,d,w,f,n,t)，以供電腦透過 input()函式來輸入所詢問的問題的回覆，如下所示：

p = input("您在哪裡？")

d = input("您們玩的如何？")

w = input("天氣如何？")

f = input("還有食物好吃嗎？")

n = input("您叫什麼名字？")

t = input("您在寫信給誰？")

接著電腦透過 system('cls')函式來輸入刪除螢幕上所顯示的文字，然後使用 6 次 print()函式，分別使用這 6 個變數(p,d,w,f,n,t)值作為 print()函式的參數，於是就構成了一個明信片的文章。

8-2 如何讓程式變難一點(1)：使用"+"運算符號來連接字串

「程式 ch8-1.py」中的 print()函式，是使用逗號來分開參數，但這樣用逗號來分開參數有一個缺點，就是從第二個參數開始，都會在參數值前面自動多增加一個空格以作為分隔符號。如果 print()裡放多個字串，預設會使用空白字串當作分隔符號，如果使用「sep」關鍵參數來變更分隔符號，則可以改變成想要的樣子，使用 sep='<你要的分隔符號>' 來達成。

例如：

```
print('1', '2', '3', sep = ':')
```

輸出：

```
1:2:3
```

您也可以使用”+”運算符號來連接字串，例如：

```
s1 = input('請輸入第一個字串: ')
s2 = input('請輸入第二個字串: ')
print('字串連接=', s1 + s2)
```

輸出：

```
請輸入第一個字串: Hi
        請輸入第一個字串: 朋友
        字串連接= Hi 朋友
```

請將程式碼修改成，如下所示：

程式 8-2

```
from os import system

p = input("您在哪裡？")
d = input("您們玩的如何？")
w = input("天氣如何？")
f = input("還有食物好吃嗎？")
n = input("您叫什麼名字？")
t = input("您在寫信給誰？")

system('cls')

print("親愛的 "+t+",")
print("我們在"+p+"玩的很"+d+"。")
print("天氣"+w+",")
print("還有食物"+f+"。")
print("希望您能來加入我們！")
print("來自"+n+"的邀請！")
```

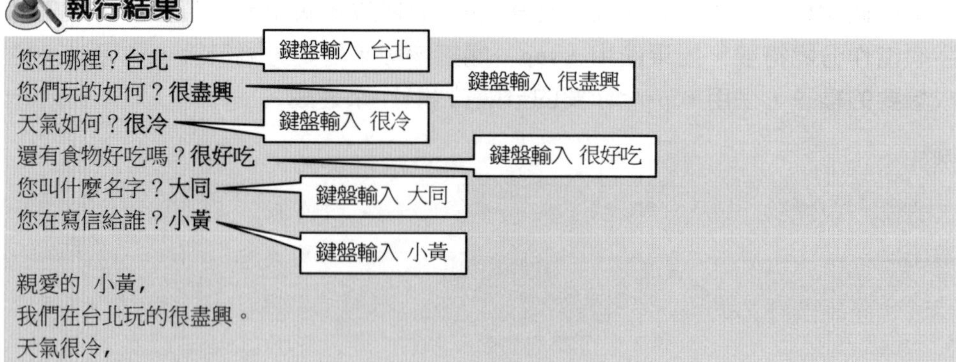

您在哪裡？台北
鍵盤輸入 台北
您們玩的如何？很盡興
鍵盤輸入 很盡興
天氣如何？很冷
鍵盤輸入 很冷
還有食物好吃嗎？很好吃
鍵盤輸入 很好吃
您叫什麼名字？大同
鍵盤輸入 大同
您在寫信給誰？小黃
鍵盤輸入 小黃
親愛的 小黃,
我們在台北玩的很盡興。
天氣很冷,

```
還有食物很好吃。
希望您能來加入我們！
來自大同的邀請！
```

8-3 如何讓程式變難一點(2)：使用名詞+動詞+受詞的順序來隨機編寫句子

我們還可以要求電腦依據人類語言的文法排列次序來編寫句子，下列程式使用名詞(nouns)、動詞(verbs)、和受詞(objects)等 3 個元組(tuple)來分類這些中文字詞，然後在 print 的參數中，使用名詞+動詞+受詞的順序來隨機編寫一個合中文文法的簡單句子。您可以更改這 3 個元組(tuple)中的字詞，以符合您期望的需求，這麼做可以讓這個小遊戲會變得更好玩。

程式 8-3

```
import random

nouns = ("我", "湯姆", "猴子", "你", "蟒蛇")
verbs = ("吃", "喜歡", "討厭", "看見", "爬")
objects = ("食物.", "蟒蛇.", "辣椒.", "烏龜.", "樹.")
num = random.randrange(0,5)
print(nouns[num] + verbs[num] + objects[num])
```

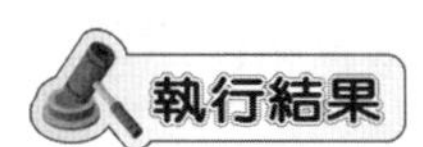


```
$ python ch8-3.py
猴子討厭辣椒.

$ python ch8-3.py
我吃食物.

$ python ch8-3.py
蟒蛇爬樹.
```

請試試看將 nouns 元組（tuple）中的字詞改成：

```
nouns = ("我", "湯姆", "蟒蛇", "你", "烏龜"),
```

輸出結果也會跟著改變，請參看下列程式 8-4。

程式 8-4

```
import random

nouns = ("我", "湯姆", "蟒蛇", "你", "烏龜")
verbs = ("吃", "喜歡", "討厭", "看見", "爬")
objects = ("食物.", "蟒蛇.", "辣椒.", "烏龜.", "樹.")
num = random.randrange(0,5)
print(nouns[num] + verbs[num] + objects[num])
```

1

```
蟒蛇討厭辣椒.
```

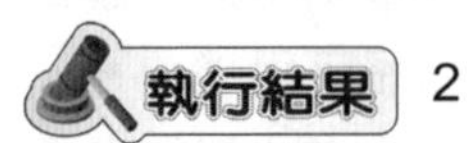

2

```
烏龜爬樹.
```

8-4 如何讓程式變難一點(3)：利用隨機選擇元組（tuple）的內容來自動編寫一封明信片

下列將電腦明信片程式改成 6 個元組（tuple），最後電腦會隨機選擇元組（tuple）的內容來自動編寫一封明信片，而不需人工輸入。

程式 8-5

```
from os import system
import random

p = ("台中", "高雄", "台北")
d = ("很高興", "很可惜", "不好玩")
w = ("很熱", "很冷", "很舒適")
f = ("很好吃", "很難吃", "很甜")
n = ("小明", "大雄", "小甜甜")
t = ("大同", "小豬", "小英")

num = random.randrange(0,3)

print("親愛的 "+t[num]+",")
print("我們在"+p[num]+"玩的"+d[num]+"。")
print("天氣"+w[num]+",")
```

```
print("還有食物"+f[num]+"。")
print("希望您能來加入我們！")
print("來自"+n[num]+"的邀請！")
```

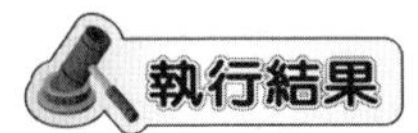

1

```
親愛的 小英,
我們在台北玩的不好玩。
天氣很舒適,
還有食物很甜。
希望您能來加入我們！
來自小甜甜的邀請！
```

2

```
親愛的 小豬,
我們在高雄玩的很可惜。
天氣很冷,
還有食物很難吃。
希望您能來加入我們！
來自大雄的邀請！
```

MEMO

星艦起飛

在本章中，您將應用物理原理於飛船起飛所需的力量，同時學習 choice()及 range()函式的應用，並注意到 input()函式傳回值可透過 int()函式將字串轉換成整數值。

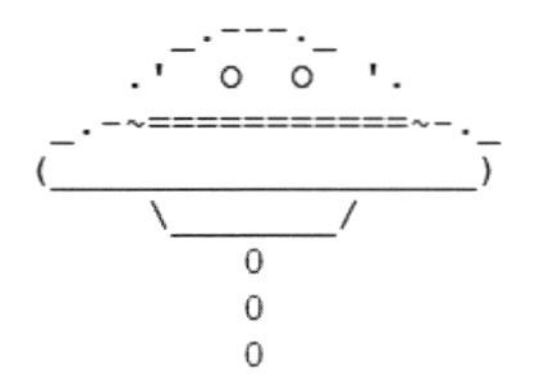

9-1 星艦起飛故事

你是星際飛船船長。您已經將飛船撞到了一個奇怪的星球上，必須在竊取到的外星飛船上迅速起飛以免被外星人逮捕。船上的電腦會告訴您星球上的重力，但不會透漏飛船的重量。您必須猜測成功起飛所需的力量，總共有 3 次機會。如果您猜得太低，船將不會升空。如果您猜得太高，該船的故障安全機制將開始運作，以防止其被燒毀。如果經過 3 次嘗試您仍然在星球上，那麼外星人將抓到您。

9-2 星艦起飛程式

程式 9-1

```
from random import choice

def success():
   print("成功起飛！")

def delay():
   print("故障安全機制將開始運作")
   print("外星人將抓到你！")

def fail():
   print("起飛失敗")
   print("外星人將抓到你！")

print("星艦起飛")
G = choice(range(1,21))
W = choice(range(1,41))
R=G*W

#print(R)

print("重力 = "+str(G))
print("輸入起飛所需的力量")

c = 0

for c in range(3):
   F = input()
```

```
    if int(F) > R:
        print("太大")
        if c == 2:
            delay()
    elif int(F) < R:
        print("太小")
        if c == 2:
            fail()
    elif int(F) == R:
        success()
        break
```

1：連續 3 次輸入錯誤，導致起飛失敗。

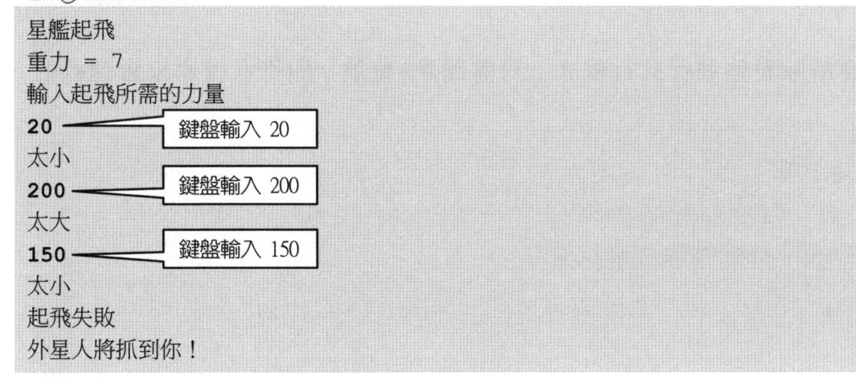

```
星艦起飛
重力 = 7
輸入起飛所需的力量
20      鍵盤輸入 20
太小
200     鍵盤輸入 200
太大
150     鍵盤輸入 150
太小
起飛失敗
外星人將抓到你！
```

2：輸入正確，成功起飛！

```
星艦起飛
重力 = 12
輸入起飛所需的力量
60      鍵盤輸入 60
太小
84      鍵盤輸入 84
成功起飛！
```

老師的叮嚀

使用注釋

對於程式師來說，注釋是一個非常有用的工具。它們有兩個目的：

•作為程式工作原理的說明

•暫停程式部分工作，以便您可以測試程式的其他部分。

由於 Python 會忽略在#符號之後的內容，以便程式師可以專注於和測試其他程式碼。

在下列程式中，#符號已加到程式行的開頭地方，以便可暫停執行此行程式。

若要解除暫停執行此行程式，只需刪除#符號，即可恢復原來會執行的狀態。

```
#print(R)
    print("重力 = "+str(G))
    print("輸入起飛所需的力量")
```

本程式先匯入 random 模組的 choice()方法，如下列程式片段所式：

```
from random import choice
```

計算外星飛船起飛所需要的動力如下列公式所示：

R = G x W

R：起飛動力

G：外星球的重力

W：外星飛船的重量

亂數產生器 choice(range(1,21))方法可產生外星球的重力，亂數範圍從1～20。

亂數產生器 choice(range(1,41))方法可產生外星飛船的重量，亂數範圍從1～40，如下列程式片段所式：

```
G = choice(range(1,21))
W = choice(range(1,41))
```

 1

您必須猜測成功起飛所需的力量，總共有 3 次機會，故本程式使用一個 for 迴圈，並用 range(3)函式來設定此迴圈的次數。

 2

使用 input()函式來輸入您猜測的 F 變數值，因為 input()函式傳回值的型別是字串，為了要和整數值 R 做比較，你必須將 F 變數值轉換為整數值，如下所示：

```
int(F)
```

 3

接著本程式會依不同的比較結果來執行自定義的函式，分別為：

```
def success():
    print("成功起飛！")
```

```
def delay():
    print("故障安全機制將開始運作")
    print("外星人將抓到你！")
```

```
def fail():
    print("起飛失敗")
    print("外星人將抓到你！")
```

若 int(F) > R 或 int(F) < R 為真時，還需要再增加一個 if 條件式來判斷 for 迴圈是否已執行 3 次了。由於 range(3)的範圍是 0,1,2，故當 c 變數值為 2 時，即表示迴圈已執行 3 次了。

當 int(F) > R 且 c=2 時，程式會先執行 delay()函式，然而當 int(F)<R 且 c=2 時，程式會先執行 fail()函式。若 int(F)==R 為真時，程式會先執行 success()函式。在程式執行完 success()函式之後，程式會執行 break 關鍵字來終止整個程式。

9-3 如何讓程式變難一點(1)：加入 break 關鍵字以終止 for 迴圈

本程式加入了一個新函式 hit()，當你輸入的衝力太大時（超過 R+10 的值），本程式會跳至 hit()函式來執行。hit()函式的定義如下所示：

```
def hit():
    print("由於衝力太大，")
    print("你撞到另一台太空飛船！")
```

當執行完 hit()函式時，會執行 break 關鍵字來跳出 for 迴圈並終止程式。請將程式碼修改成，如下所示：

程式 9-2

```
from random import choice

def success():
        print("成功起飛！")

def delay():
        print("故障安全機制將開始運作")
        print("外星人將抓到你！")

def fail():
        print("起飛失敗")
        print("外星人將抓到你！")

def hit():
        print("由於衝力太大，")
        print("你撞到另一台太空飛船！")

print("星艦起飛")
G = choice(range(1,21))
W = choice(range(1,41))
R=G*W
#print(R)
print("重力 = "+str(G))
c = 0
for c in range(3):
        F = input("輸入起飛所需的衝力: ")
        if int(F) > R:
```

```
        print("太大")
        if c == 2:
            delay()
        elif int(F) > R+10:
            hit()
            break
    elif int(F) < R:
        print("太小")
        if c == 2:
            fail()
    elif int(F) == R:
        success()
```

執行結果

```
星艦起飛
重力 = 8
輸入起飛所需的衝力: 282      鍵盤輸入 282
太大
輸入起飛所需的衝力: 291      鍵盤輸入 291
太大
由於衝力太大，
你撞到另一台太空飛船！
```

9-4 如何讓程式變難一點(2)：加入眾多的自定義函式，讓遊戲更刺激

「程式 ch9-3.py」中增加了幾個新函式，所有自定義函式，整理如下所示：

```
def success():
    print("成功起飛！")

def delay():
    print("故障安全機制將開始運作")
    print("外星人將抓到你！")

def fail():
    print("起飛失敗")
    print("外星人將抓到你！")
```

```
def hit():
    print("由於衝力太大...")
    time.sleep(2)
    print("你撞到另一台太空飛船！")

def alien():
    print("由於衝力太小...")
    time.sleep(2)
    print("一個躲在岩石後面的")
    time.sleep(2)
    print("外星人突然用雷射槍瞄準你的飛船！")
    time.sleep(2)
    print("你使飛船的輪子往右移。")

def aim():
    print("外星人有瞄準到你的飛船！")
    time.sleep(2)
    print("外星人按下射擊按鈕。")
    time.sleep(2)
    print("你的飛船是否會爆炸呢？")
    explosion = input("輸入 y 代表會爆炸，輸入 n 代表不會爆炸: ")
    time.sleep(2)
    return explosion
```

當你輸入的衝力太小時，本程式會先跳至 alien()函式來執行，然後執行 aim()函式，下列是 aim()的定義內容：

```
def aim():
    print("外星人有瞄準到你的飛船！")
    time.sleep(2)
    print("外星人按下射擊按鈕。")
    time.sleep(2)
    print("你的飛船是否會爆炸呢？")
    explosion = input("輸入 y 代表會爆炸，輸入 n 代表不會爆炸: ")
    time.sleep(2)
    return explosion
```

有上列 aim()的定義內容可知，當外星人射擊到你的飛船時，程式使用 input()函式，讓您決定這故事的劇情，若輸入 y 代表會爆炸，輸入 n 代表不會爆炸，然後本函式使用 return 指令將您的輸入結果傳回至 p 變數。接著若 p

變數值等於"y"，螢幕會顯示"你被炸傷了！"。若 p 變數值等於"n"，螢幕會顯示"你的飛船有防護罩，雷射光無法窗透您的飛船。

程式 9-3

```
from random import choice
import time
def success():
    print("成功起飛！")

def delay():
    print("故障安全機制將開始運作")
    print("外星人將抓到你！")
def fail():
    print("起飛失敗")
    print("外星人將抓到你！")
def hit():
    print("由於衝力太大...")
    time.sleep(2)
    print("你撞到另一台太空飛船！")

def alien():
    print("由於衝力太小...")
    time.sleep(2)
    print("一個躲在岩石後面的")
    time.sleep(2)
    print("外星人突然用雷射槍瞄準你的飛船！")
    time.sleep(2)
    print("你使飛船的輪子往右移。")
def aim():
    print("外星人有瞄準到你的飛船！")
    time.sleep(2)
    print("外星人按下射擊按鈕。")
    time.sleep(2)
    print("你的飛船是否會爆炸呢？")
    explosion = input("輸入 y 代表會爆炸，輸入 n 代表不會爆炸: ")
    time.sleep(2)
    return explosion
print("星艦起飛")
G = choice(range(1,21))
W = choice(range(1,41))
R=G*W

#print(R)
```

```
print("重力 = "+str(G))

c = 0

for c in range(3):
    F = input("輸入起飛所需的衝力: ")
    if int(F) > R:
        print("太大")
        if c == 2:
            delay()
        elif int(F) > R+10:
            hit()
            break
    elif int(F) < R:
        print("太小")
        if c == 2:
            fail()
        else:
            alien()
            p = aim()
            if p == "y":
                print("你被炸傷了！")
            else:
                print("你的飛船有防護罩，雷射光無法窗透您的飛船。")
    elif int(F) == R:
        success()
        break)
```

執行結果

```
星艦起飛
重力 = 17
輸入起飛所需的衝力: 300        鍵盤輸入 300
太小
由於衝力太小...
一個躲在岩石後面的
外星人突然用雷射槍瞄準你的飛船！
你使飛船的輪子往右移。
外星人有瞄準到你的飛船！
外星人按下射擊按鈕。
你的飛船是否會爆炸呢？
輸入 y 代表會爆炸，輸入 n 代表不會爆炸: n        鍵盤輸入 n
你的飛船有防護罩，雷射光無法窗透您的飛船。
```

```
輸入起飛所需的衝力: 408
成功起飛!
```

鍵盤輸入 408

9-5 如何讓程式變難一點(3)：增加顯示飛船成功起飛的畫面

「程式 ch9-4.py」會在 success()函式中增加顯示飛船成功起飛的畫面，如下 success()函式的定義所示：

```
def success():
   print("成功起飛！")
   print('''

       _.---._
    .'  O  O  '.
 _.-~============~-._
(__________________)
     \_______/
         o
         o
         0
   ''')
```

唯有當 int(F)==R 為真實，本程式才會執行 success()函式。

程式 9-4

```
from random import choice
import time

def success():
    print("成功起飛！")
    print('''

       _.---._
     .'  O  O  '.
 _.-~=============~-._
(____________________)
     \_______/
          o
          o
          0
    ''')

def delay():
    print("故障安全機制將開始運作")
    print("外星人將抓到你！")

def fail():
    print("起飛失敗")
    print("外星人將抓到你！")

def hit():
    print("由於衝力太大...")
    time.sleep(2)
    print("你撞到另一台太空飛船！")

def alien():
    print("由於衝力太小...")
    time.sleep(2)
    print("一個躲在岩石後面的")
    time.sleep(2)
    print("外星人突然用雷射槍瞄準你的飛船！")
    time.sleep(2)
    print("你使飛船的輪子往右移。")

def aim():
    print("外星人有瞄準到你的飛船！")
    time.sleep(2)
    print("外星人按下射擊按鈕。")
```

```
    time.sleep(2)
    print("你的飛船是否會爆炸呢？")
    explosion = input("輸入 y 代表會爆炸，輸入 n 代表不會爆炸: ")
    time.sleep(2)
    return explosion

print("星艦起飛")
G = choice(range(1,21))
W = choice(range(1,41))
R=G*W

#print(R)

print("重力 = "+str(G))

c = 0

for c in range(3):
    F = input("輸入起飛所需的衝力: ")
    if int(F) > R:
        print("太大")
        if c == 2:
            delay()
        elif int(F) > R+10:
            hit()
            break
    elif int(F) < R:
        print("太小")
        if c == 2:
            fail()
        else:
            alien()
            p = aim()
            if p == "y":
                print("你被炸傷了！")
            else:
                print("你的飛船有防護罩，雷射光無法窗透您的飛船。")
    elif int(F) == R:
        success()
        break
```

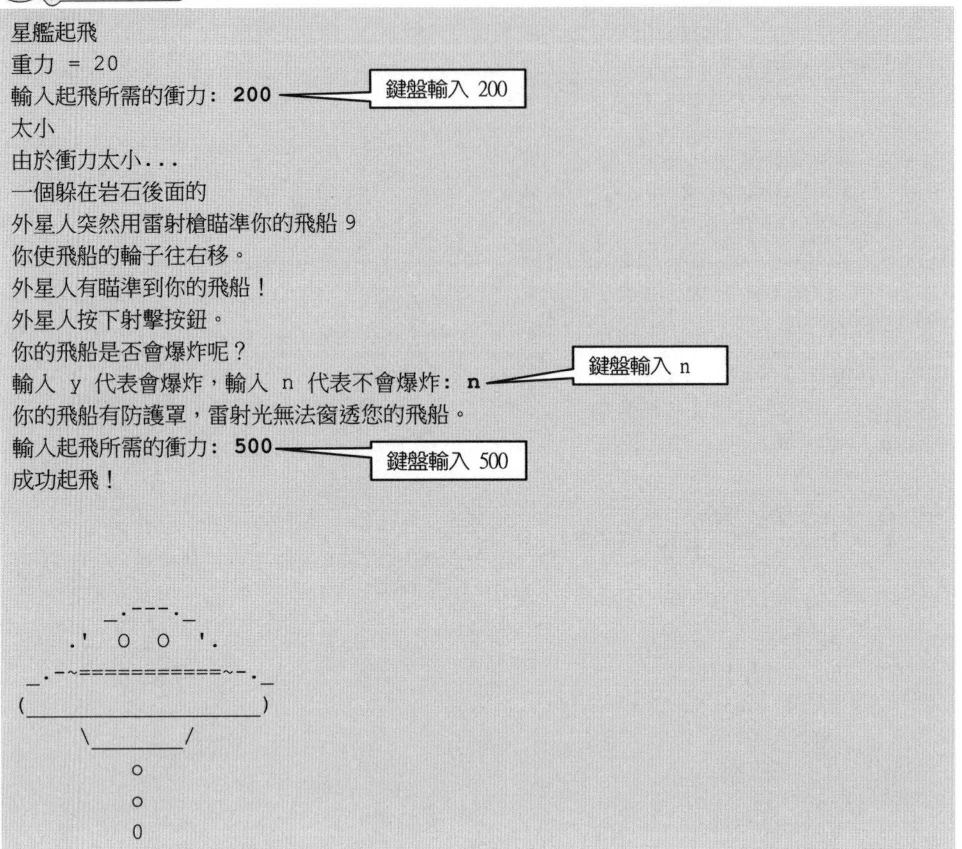

```
星艦起飛
重力 = 20
輸入起飛所需的衝力: 200
太小
由於衝力太小...
一個躲在岩石後面的
外星人突然用雷射槍瞄準你的飛船 9
你使飛船的輪子往右移。
外星人有瞄準到你的飛船！
外星人按下射擊按鈕。
你的飛船是否會爆炸呢？
輸入 y 代表會爆炸，輸入 n 代表不會爆炸: n
你的飛船有防護罩，雷射光無法窗透您的飛船。
輸入起飛所需的衝力: 500
成功起飛！




          _.---._
        .'  o  o  '.
     _.-~===========~-._
    (___________________)
          \_______/
              o
              o
              0
```

10

CHAPTER

列表與元組

10-1 列表介紹

列表是內含許多個元素，可把想要儲存的元素放在[]中括號中，列表中的元素之間是使用逗號來隔開。列表的元素是可改變的，這表示列表的內容可以在程式執行的時候改變。列表的建立非常有彈性，基本上可分成 3 種情況: 型別相同列表、型別混合列表及空列表。 我們可以透過列表的方法來新增、刪除和修改列表。

10-2 列表建立

1. 型別相同列表

mynumber = [1,2,3,4,5]

在 mynumber 列表中的元素都是整數型別。

myfruit = ['香蕉', '蘋果', '蓮霧']

在 myfruit 列表中的元素都是字串型別。

2. 型別混合列表

myfruitnumber = ['香蕉',1,'蘋果',2,'蓮霧',3]

在 myfruitnumber 列表中的元素有字串型別，也有整數型別。

3. 空列表

nothing = []

在 nothing 列表中，沒有任何元素。

4. 列表中的元素數量

len()方法：會顯示列表中的元素數量。

下面的例子顯示了 len()方法的使用:

```
list = ['x-1', 'x-2', 'x-3']
print( " list length : ", len(list))
```

程式 10-1

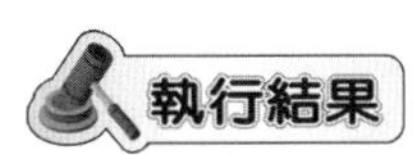


```
list length :3
```

list 中有 3 個元素，所以 len(list) = 3。

10-3 列表的讀取

想要取得列表元素的話，可以在列表名稱後面使用中括號 [] 加上想讀取元素的索引值，就可以讀取想要的元素。

我們有一個 inventory 列表，如下：

```
inventory = [‘weapon’,’car’,’submarine’,’food’]
```

我們想要從 inventory 列表中，取出'car'這個元素。

'car'是 inventory 當中的第二個元素，要輸入的索引值為 1。

當輸入 print(inventory [1])這行指令，就會在螢幕上印出 car 了！

有件需要注意的是，索引值是從 0 開始的。所以如果想要取得第一個索引值的元素，要輸入的索引值會是 0，想取得第二個元素則得輸入 1，想取得第三個元素則得輸入 2，依此類推。

若想要取得一範圍的值，使用的方式如下：

list[開始的索引值:結束的索引值]

值得注意的是，取出來的值不包含結束的索引值。

如果想要取得索引值為 0, 1, 2 的列表元素，程式碼如下所示：

```
inventory = ['weapon','car','submarine','food'
print(inventory [0:3])
```

程式 10-2

```
['weapon','car','submarine']
```

說明

因為 inventory [0] = weapon

inventory [1] = car

inventory [2] = submarine

print(inventory [0:3])表示要在螢幕上印出 0~2 索引值的內容，因為 3 是「結束的索引值」。

10-4 列表方法

列表有許多方法，允許您新增元素、刪除元素及更改元素的順序。

1. append 方法

append 方法用於將元素新增到列表中，其參數會新增到列表元素的末端。

程式：使用 append 方法

```
animal = ['dog','cat','pig']
animal.append('bat')
print(animal)
```

程式 10-3

```
['dog','cat','pig','bat']
```

2. remove 方法

remove 方法用於從列表中刪除第一個配對到的元素。

程式：使用 remove 方法。

程式 10-4

```
food = ['Pizza', 'Bread', 'Candy', 'Bread']
print('Here are the items in the food list:')
print(food)

food.remove('Bread')
print('Here is the revised list:')
print(food)
```

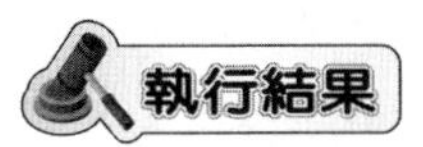


```
Here are the items in the food list:
['Pizza', 'Bread', 'Candy', 'Bread']
Here is the revised list:
['Pizza', 'Candy', 'Bread']
```

3. reverse 方法

reverse 方法用於反向列表中的元素。

程式：使用 reverse 方法

程式 10-5

```
my_list = [1, 2, 3, 4, 5]
print('原次序:', my_list)
my_list.reverse( )
print('次序反向:', my_list)
```

```
原次序: [1, 2, 3, 4, 5]
次序反向: [5, 4, 3, 2, 1]
```

4. insert 方法

insert方法用於將元素插入列表中的特定位置。您將兩個參數傳遞給insert方法：一個索引值，用於指定插入位置以及您要插入的元素。

insert 語法:

insert(索引值,元素)

程式：使用 insert 方法

程式 10-6

```
my_list = ['a', 'b', 'c', 'd','e']
print('插入前:', my_list)
my_list.insert(3,'d2')
print('插入後:', my_list)
```

```
插入前: ['a', 'b', 'c', 'd', 'e']
插入後: ['a', 'b', 'c', 'd2', 'd', 'e']
```

10-5 元組介紹

元組跟列表一樣是一個序列，也非常類似於列表。元組和列表之間的主要區別是元組是不可變的。這表示，一旦建立了元組，它就不能更改。建立元組方法是將其元素放在一對小括弧「()」中，如以下所示：

```
tuple = (' 地球' , '太陽' , '火星' )
print(tuple)
```

輸出：

```
('地球', '太陽', '火星')
```

變數 tuple 包含元素' 地球'、'太陽'、'火星'。第二行程式將 tuple 作為參數傳送到 print 函數，顯示其元素。

與列表類似，元組也支援索引值，如以下所示：

```
print(tuple[0])    輸出：地球
print(tuple[1])    輸出：太陽
print(tuple[2])    輸出：火星
```

因我們不能新增，刪除或者更新元組的元素，所以元組不支援 append、remove、insert 和 reverse 等方法。

列表和元組之間的唯一區別是「可變性 vs 不變性」，您可能想知道既然列表中的資料可以修改或不修改，為什麼還需要元組的原因。元組存在的一個原因是處理速度快。電腦處理元組比處理列表快，所以當你要處理大量的資料時，且資料不可修改，元組是不錯的選擇，

程式：測試刻意修改元組中的資料，電腦會抱怨什麼。

程式 10-7

```
input = '陳,小明,2000,5,1'
tokens = input.split(',')
lastName = tokens[0]
firstName = tokens[1]
birthdate = (tokens[2], tokens[3], tokens[4])
print('Hi ' + lastName + firstName)
print(birthdate[0])
birthdate[1] = 12
print(birthdate[1])
```

```
Hi 陳小明
2000
TypeError: 'tuple' object does not support item assignment
```

說明

當電腦執行到上列程式的第 8 行（birthdate[1] = 12）時，會顯示錯誤如下：

TypeError: 'tuple' object does not support item assignment

（型別錯誤：元組不支援項目指派）

由此可知，您不可修改元組的資料。

MEMO

太空救援

在本章中，您將會在螢幕上顯示遊戲任務說明，練習將這個敘述「若您是按下 Enter 鍵，則會跳入 while 的迴圈中，直到您不是按下 Enter 鍵為止。」，以程式邏輯表達。

11-1 太空救援故事

在電影「星際過客」劇情中，一台星艦搭載殖民者前往另一行星，這趟旅程需花費 120 年的時間。但太空船途經一個大型小行星帶時，防護罩嚴重受損，引發故障的事故。讓我們用一個 Python 程式來模擬「星際過客」的部分劇情。

您必須緊急穿越銀河系，前往需要醫療用品的移居星球。這次旅行的距離很遙遠，以至於大部分時間您都將處於深度睡眠狀態，但是在此之前，你必須先與地球上剩餘的一個外星人決戰，若您贏了，則可繼續安排旅程。電腦會詢問你想分配多少能量給引擎、維生系統和防護罩，然後讓你入睡。當您醒來時，如果一切順利，電腦會向您報告目前太空船受損的程度。如果您無法到達目的地，電腦也會列出太空船受損的原因。祝好運！

首先設計一個會顯示本遊戲故事的說明畫面，最後程式會依據您輸入的數值，來顯示一個漂亮的列表。

11-2 太空救援程式

程式 11-1

```
from random import choice
def instruction2():
    print("請在鍵盤上，按下任何一個按鍵來繼續玩本程式遊戲。")

def instruction():
    print("您即將啟程前往需要醫療用品的星球。")
    print("這次旅行的距離很遙遠，")
    print("大部分時間您都將處於深度睡眠狀態。")
    print("但是在此之前，你必須為旅程安排妥當。")
    print("電腦會詢問你想分配多少能量給引擎、維生系統和防護罩。")
    print("當您醒來時，電腦將提供旅途中發生的情況報告。")
    print("您必須成功降落到這個星球上來提供醫療用品。")
    instruction2()
print("太空救援","\n")
i = input("需要顯示任務說明嗎？(y 或 n)  ")
if i == "y":
    instruction()
```

```
    a = input()
    while a == "":
        instruction2()
        a = input("不可按 Enter 鍵！： ")
D = choice(range(100,800))
E = choice(range(400,410))
T = int(D/E + 100)
decoration_line  = "<@@@@@@@@@@@@@@@@@@@@@@@@@@@@@@@@>"

print(decoration_line)
print("這星球距離地球"+str(D)+"光年。")
print("你總共有"+str(E)+"個單位的能量")
print("及剩下"+str(T)+"天的時間。")
print(decoration_line,"\n")
```

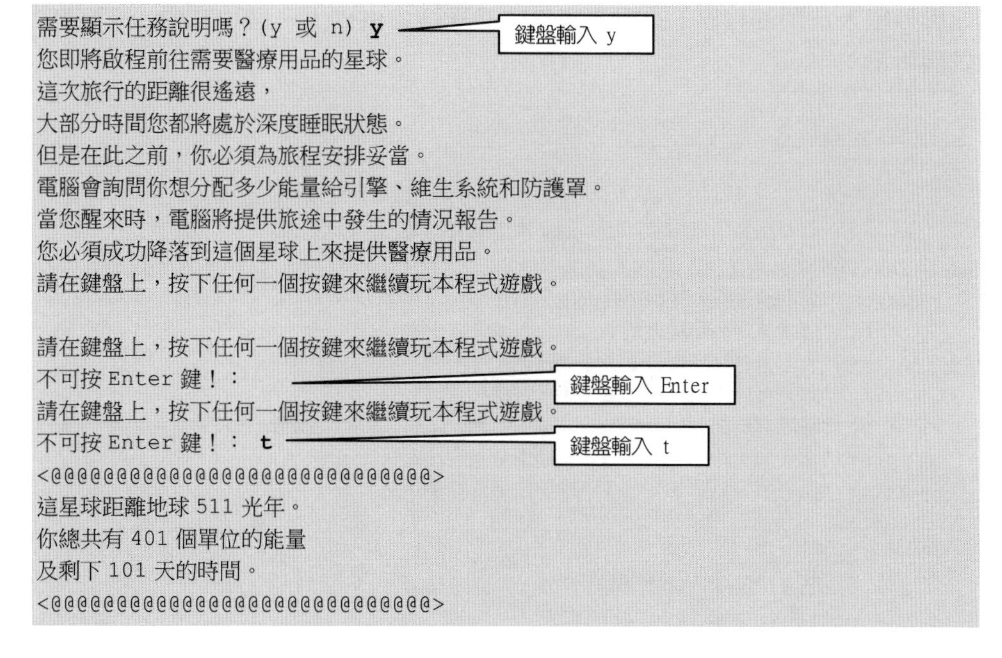

```
需要顯示任務說明嗎？(y 或 n) y
您即將啟程前往需要醫療用品的星球。
這次旅行的距離很遙遠，
大部分時間您都將處於深度睡眠狀態。
但是在此之前，你必須為旅程安排妥當。
電腦會詢問你想分配多少能量給引擎、維生系統和防護罩。
當您醒來時，電腦將提供旅途中發生的情況報告。
您必須成功降落到這個星球上來提供醫療用品。
請在鍵盤上，按下任何一個按鍵來繼續玩本程式遊戲。

請在鍵盤上，按下任何一個按鍵來繼續玩本程式遊戲。
不可按 Enter 鍵！：
請在鍵盤上，按下任何一個按鍵來繼續玩本程式遊戲。
不可按 Enter 鍵！： t
<@@@@@@@@@@@@@@@@@@@@@@@@@@@@@@@@>
這星球距離地球 511 光年。
你總共有 401 個單位的能量
及剩下 101 天的時間。
<@@@@@@@@@@@@@@@@@@@@@@@@@@@@@@@@>
```

本程式使用 input()函式詢問您是否需要顯示任務說明，如果選 y，則螢幕上會依序顯示 instruction()及 instruction2()的內容。然後本程式會要求您按下任何

一個按鍵來繼續玩本程式遊戲(除了 Enter 鍵之外)，若您是按下 Enter 鍵，則會跳入 while 的迴圈中，直到您不是按下 Enter 鍵為止，如下列片段程式所示：

```
if i == "y":
    instruction()
    a = input()
    while a == "":
        instruction2()
        a = input("不可按 Enter 鍵！： ")
```

程式顯示列表時，也會在列表開始與結尾的地方顯示一個漂亮的線條來當作裝飾程式的輸出外貌，如下列片段程式所示：

```
decoration_line = "<@@@@@@@@@@@@@@@@@@@@@@@@@@@@@@@@@@>"
```

在設計完一個會顯示本遊戲故事的說明畫面程式之後，讓我們來設計一個你與外星人決鬥的程序，並把這個決鬥的程序合併到上一個程式中，如下列程式碼所示：

程式 11-2

```
from random import choice

def instruction2():
    print("請在鍵盤上，按下任何一個按鍵來繼續玩本程式遊戲。")
def instruction():
    print("您即將啟程前往需要醫療用品的星球。")
    print("這次旅行的距離很遙遠，")
    print("大部分時間您都將處於深度睡眠狀態。")
    print("但是在此之前，你必須為旅程安排妥當。")
    print("電腦會詢問你想分配多少能量給引擎、維生系統和防護罩。")
    print("當您醒來時，電腦將提供旅途中發生的情況報告。")
    print("您必須成功降落到這個星球上來提供醫療用品。")
    instruction2()
def showlist():
    D = choice(range(100,800))
    E = choice(range(400,410))
    T = int(D/E + 100)
    decoration_line = "<@@@@@@@@@@@@@@@@@@@@@@@@@>"
    print(decoration_line)
    print("這星球距離地球"+str(D)+"光年。")
    print("你總共有"+str(E)+"個單位的能量")
    print("及剩下"+str(T)+"天的時間。")
```

```
    print(decoration_line,"\n")

print("太空救援","\n")
i = input("需要顯示任務說明嗎？(y 或 n) ")
if i == "y":
    instruction()
    a = input()
    while a == "":
        instruction2()
        a = input("不可按 Enter 鍵！： ")

myprofile = {'武器 1':"刀",'武器 2':"手槍"}
eneprofile = {'外星武器 1':"刀",'外星武器 2':"手槍"}

a,b = choice(list(myprofile.items()))

c,d = choice(list(eneprofile.items()))
#print(a,b)
#print(c,d)
if b == "刀" and d == "手槍":
    print("外星人贏!")
elif b == "手槍" and d == "刀":
    print("我贏!")
    showlist()
else:
    print("平手!")
```

1：與外星人決戰結果=>我贏!

```
需要顯示任務說明嗎？(y 或 n) y        ← 鍵盤輸入 y
您即將啟程前往需要醫療用品的星球。
這次旅行的距離很遙遠，
大部分時間您都將處於深度睡眠狀態。
但是在此之前，你必須為旅程安排妥當。
電腦會詢問你想分配多少能量給引擎、維生系統和防護罩。
當您醒來時，電腦將提供旅途中發生的情況報告。
您必須成功降落到這個星球上來提供醫療用品。
請在鍵盤上，按下任何一個按鍵來繼續玩本程式遊戲。

請在鍵盤上，按下任何一個按鍵來繼續玩本程式遊戲。
不可按 Enter 鍵！： y        ← 鍵盤輸入 y
我贏!
```

```
<@@@@@@@@@@@@@@@@@@@@@@@@@>
這星球距離地球 523 光年。
你總共有 400 個單位的能量
及剩下 101 天的時間。
<@@@@@@@@@@@@@@@@@@@@@@@@@>
```

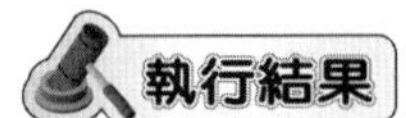

2：與外星人決戰結果=>外星人贏!

```
需要顯示任務說明嗎？(y 或 n) n      鍵盤輸入 n
外星人贏!
```

本程式增加了兩個字典(dictionary)結構，如下列所示：

```
myprofile = {'武器1':"刀",'武器2':"手槍"}
eneprofile = {'外星武器1':"刀",'外星武器2':"手槍"}
```

在 Python 字典中，每一個元素都由鍵（key）和值（value）構成，結構為 key:value。不同的元素之間會以逗號分開，整個字典是以大括號圍住。

在變數 myprofile 中含有兩組的鍵（key）和值（value），分別為'武器 1':"刀"和'武器 2':"手槍"。在變數 eneprofile 中含有兩組的鍵（key）和值（value），分別為 '外星武器 1':"刀"和'外星武器 2':"手槍"。

利用 random 的 choice 方法來隨機排序 myprofile 和 eneprofile 中的項目，如下列程式片段所示：

```
a,b = choice(list(myprofile.items()))
c,d = choice(list(eneprofile.items()))
```

choice(list(myprofile.items()))會將鍵（value）傳回給 a 變數，並將值（value）傳回給 b 變數。而 choice(list(eneprofile.items()))會將鍵（key）傳回給 c 變數，並將值（value）傳回給 d 變數。

然後讓 b 變數與 d 變數比對，若 b 變數為"刀"，d 變數為"手槍"，表示外星人用手槍，而你用刀，當然此時外星人會贏。反之，若 b 變數為"手槍"，d 變數為"刀"，表示外星人用刀，而你用手槍，當然此時你會贏。當然如果你與外星人都使用相同的武器，結果是平手囉。如下列程式片段所示：

```
if b == "刀" and d == "手槍":
    print("外星人贏!")
elif b == "手槍" and d == "刀":
    print("我贏!")
    showlist()
else:
    print("平手!")
```

現在以上一個程式為基礎，讓我們來設計分配要多少能量給引擎、維生系統和防護罩。如果一切順利，電腦會向您報告目前太空船受損的程度。如果您無法到達目的地，電腦也會列出太空船受損的原因如下列程式所示：

程式 11-3

```
from random import choice
import math

def instruction2():
    print("請在鍵盤上，按下任何一個按鍵來繼續玩本程式遊戲。")

def instruction():
    print("您即將啟程前往需要醫療用品的星球。")
    print("這次旅行的距離很遙遠，")
    print("大部分時間您都將處於深度睡眠狀態。")
    print("但是在此之前，你必須為旅程安排妥當。")
    print("電腦會詢問你想分配多少能量給引擎、維生系統和防護罩。")
    print("當您醒來時，電腦將提供旅途中發生的情況報告。")
    print("您必須成功降落到這個星球上來提供醫療用品。")
    instruction2()
D = 0
E = 0
T = 0
def showlist():
    global D
    D = choice(range(100,800))
    global E
    E = choice(range(4000,4100))
    global T
    T = int(D/E + 100)
    decoration_line = "<@@@@@@@@@@@@@@@@@@@@@@@@>"
    print(decoration_line)
    print("這星球距離地球"+str(D)+"光年。")
    print("你總共有"+str(E)+"個單位的能量")
```

```
    print("及剩下"+str(T)+"天的時間。")
    print(decoration_line,"\n")
print("太空救援","\n")
i = input("需要顯示任務說明嗎？(y 或 n) ")
if i == "y":
    instruction()
    a = input()
    while a == "":
        instruction2()
        a = input("不可按 Enter 鍵！： ")

myprofile = {'武器1':"刀",'武器2':"手槍"}
eneprofile = {'外星武器1':"刀",'外星武器2':"手槍"}

a,b = choice(list(myprofile.items()))

c,d = choice(list(eneprofile.items()))

con = False

if b == "刀" and d == "手槍":
    print("外星人贏!")
elif b == "手槍" and d == "刀":
    print("我贏!")
    showlist()
    con = True
else:
    print("平手!")

E2 = 0
L = 0
S = 0
V = 0
T1 = 0
def distributingE():
    global E2
    E2 = int(input("想分配多少能量給引擎？"))
    print(E2)
    global L
    L = int(input("想分配多少能量給維生系統？"))
    global S
    S = int(input("想分配多少能量給防護罩？"))
def fifty():
```

```
    "Return 0 or 1 with 50% chance for each"
    return random.randrange(2)
def report():
    if S < 0:
        print("防護罩被催毀。")
    if L < 0:
        print("維生系統耗盡。")
    if V < 0:
        print("引擎停止運轉。")
    if T1 > T:
        print("您飛得太久才到達。")
def die():
    print("流星雨撞擊您的太空船。")
    print("維生系統受到宇宙射線攻擊。")
    print("引擎過熱故障。")
    print("電腦當機導致延遲。")
def damage():
    global S
    S = S - choice(range(0,8))
    global L
    L = L - choice(range(10,15))
    global V
    V = V - choice(range(500,800))
    global T1
    T1 = T1 + choice(range(500,800))
if con == True:
    distributingE()

while E2+L+S > E and con == True:
    distributingE()

if con == True:
        X = E-E2-L-S
        V = int(math.sqrt(E2))
        T1 = int(D/V)
        print("您的飛行速率是:",V)
        print("預計有",T1,"天可到達")
        damage()
        if fifty() == 1:
            report()
        else:
            die()
```

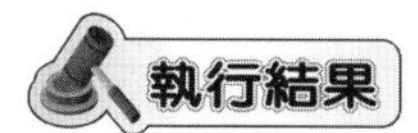

1：您只有 50%的機率生還，很不幸的遇到太空災難。

```
需要顯示任務說明嗎？(y 或 n) y    ← 鍵盤輸入 y
您即將啟程前往需要醫療用品的星球。
這次旅行的距離很遙遠，
大部分時間您都將處於深度睡眠狀態。
但是在此之前，你必須為旅程安排妥當。
電腦會詢問你想分配多少能量給引擎、維生系統和防護罩。
當您醒來時，電腦將提供旅途中發生的情況報告。
您必須成功降落到這個星球上來提供醫療用品。
請在鍵盤上，按下任何一個按鍵來繼續玩本程式遊戲。

請在鍵盤上，按下任何一個按鍵來繼續玩本程式遊戲。
不可按 Enter 鍵！： g    ← 鍵盤輸入 g
我贏!
<@@@@@@@@@@@@@@@@@@@@@@@@>
這星球距離地球 753 光年。
你總共有 4058 個單位的能量
及剩下 100 天的時間。
<@@@@@@@@@@@@@@@@@@@@@@@@>

想分配多少能量給引擎？100
100
想分配多少能量給維生系統？2
想分配多少能量給防護罩？50
您的飛行速率是: 10
預計有 75 天可到達
流星雨撞擊您的太空船。
維生系統受到宇宙射線攻擊。
引擎過熱故障。
電腦當機導致延遲。
```

本程式定義了一個 50%的機率函式，如下列片段程式所示：

```
def fifty():
    return random.randrange(2)
```

fifty()函式會產生一個 0 或 1 的亂數，所以產生一個 0 或 1 的亂數的機率為各一半的機率，為 50%。所以當 fifty()=1 時，您會生還，並且電腦會用 report()函式向您報告太空船手損的情況。report()函式定義如下所示：

```
def report():
    if S < 0:
        print("防護罩被催毀。")
    if L < 0:
        print("維生系統耗盡。")
    if V < 0:
        print("引擎停止運轉。")
    if T1 > T:
        print("您飛得太久才到達。")
```

變數 S 代表防護罩，當 S<0 時，電腦顯示防護罩被催毀。

變數 L 代表維生系統，當 L<0 時，電腦顯示維生系統耗盡。

變數 V 代表飛行速率，當 V<0 時，電腦顯示引擎停止運轉。

變數 T1 代表飛行到達時間，變數 T 代表飛行預估時間，當 T1>T 時，電腦顯示您飛得太久才到達。這些變數值的變化都是由 damage()函式所提供，damage()函式的定義如下所示：

```
def damage():
    global S
    S = S - choice(range(0,8))
    global L
    L = L - choice(range(10,15))
    global V
    V = V - choice(range(500,800))
    global T1
    T1 = T1 + choice(range(500,800))
```

在此 damage()函式的定義中，我們使用了 global 關鍵字，由於在前面已經預先定義了變數的預設值，如下列所示：

E2 = 0

L = 0

S = 0

V = 0

T1 = 0

這些是全域變數，若要在函式中更改這些預設值，您必須在函式中宣告這些變數為全域變數。在函式中宣告全域變數的方法是在變數前面加上 global 關鍵字。

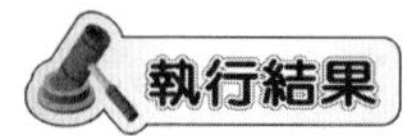

2：您只有 50%的機率生還，您生還了，電腦向您報告太空船狀況。

```
需要顯示任務說明嗎？(y 或 n) n          鍵盤輸入 n
我贏!
<@@@@@@@@@@@@@@@@@@@@@@@@@>
這星球距離地球 621 光年。
你總共有 4084 個單位的能量
及剩下 100 天的時間。
<@@@@@@@@@@@@@@@@@@@@@@@@@>

想分配多少能量給引擎？100
100
想分配多少能量給維生系統？200
想分配多少能量給防護罩？2
您的飛行速率是: 10
預計有 62 天可到達
引擎停止運轉。
您飛得太久才到達。
```

當 fifty()=0 時，本程式會執行 die()函式，die()函式的定義如下所示：

```
def die():
    print("流星雨撞擊您的太空船。")
```

```
    print("維生系統受到宇宙射線攻擊。")
    print("引擎過熱故障。")
    print("電腦當機導致延遲。")
```

你也同樣有 50% 的機率無法到達或喪生，這 4 個 print()函式顯示無法到達或喪生的原因。

 1

您必須先與外星人決鬥，若您打贏了，會執行 showlist()函式，並讓變數 con 從 False 變成 True。變數 con 代表可繼續您的太空旅程之義，如下列片段程式所示：

```
if b == "刀" and d == "手槍":
    print("外星人贏!")
elif b == "手槍" and d == "刀":
    print("我贏!")
    showlist()
    con = True
else:
    print("平手!")
```

 2

若 E2+L+S > E，則會要求您重新執行 distributingE()函式，因為變數 E 代表太空船的總能量，所以 E2+L+S 必須不可大於 E，如下列片段程式所示：

```
while E2+L+S > E and con == True:
    distributingE()
```

 3

當變數 con 從 False 變成 True 時，您之後會有 50%的機率到達該星球，若 fifty()==1 為真，表示您已到達該星球，若 fifty()==1 為假，意即 fifty()==0 為真，您未到達且有可能喪生了。反之，電腦會顯示太空船受損的報告，如下列片段程式所示：

```
if con == True:
        X = E-E2-L-S
        V = int(math.sqrt(E2))
        T1 = int(D/V)
        print("您的飛行速率是:",V)
        print("預計有",T1,"天可到達")
        damage()
        if fifty() == 1:
            report()
        else:
            die()
```

11-3 如何讓程式變難一點(1)：設計一個會傳回布林值的自定義函式

請修改「程式 ch11-3.py」，當您有機會成功到達時，若維生系統沒有耗盡，而且引擎仍可運轉，表示您可以將醫療用品拋射至星球的安全地方。若維生系統有耗盡，而且引擎不可運轉，即使您到達該星球，還是無能為力來執行救援任務。請新增加一個 con2()函式，如下所示：

```
def con2():
    if L > 0 and V > 0:
        print("維生系統沒有耗盡。")
        print("引擎仍可運轉。")
        return True
```

下列程式片段描述您有 50%的機率到達該星球，若 con2==True，則您才可以執行救援任務，將醫療用品拋射至星球的安全地方。

```
if fifty() == 1:
    report()
    if con2 == True:
        print("您可以將醫療用品拋射至星球的安全地方。")
```

程式 11-4

```
from random import choice
import math

def instruction2():
    print("請在鍵盤上，按下任何一個按鍵來繼續玩本程式遊戲。")

def instruction():
    print("您即將啟程前往需要醫療用品的星球。")
    print("這次旅行的距離很遙遠，")
    print("大部分時間您都將處於深度睡眠狀態。")
    print("但是在此之前，你必須為旅程安排妥當。")
    print("電腦會詢問你想分配多少能量給引擎、維生系統和防護罩。")
    print("當您醒來時，電腦將提供旅途中發生的情況報告。")
    print("您必須成功降落到這個星球上來提供醫療用品。")
    instruction2()
D = 0
E = 0
T = 0
def showlist():
    global D
    D = choice(range(100,800))
    global E
    E = choice(range(4000,4100))
    global T
    T = int(D/E + 100)
    decoration_line = "<@@@@@@@@@@@@@@@@@@@@@@@>"
    print(decoration_line)
    print("這星球距離地球"+str(D)+"光年。")
    print("你總共有"+str(E)+"個單位的能量")
    print("及剩下"+str(T)+"天的時間。")
    print(decoration_line,"\n")
print("太空救援","\n")
i = input("需要顯示任務說明嗎？(y 或 n) ")
if i == "y":
    instruction()
    a = input()
    while a == "":
        instruction2()
        a = input("不可按 Enter 鍵！： ")

myprofile = {'武器 1':"刀",'武器 2':"手槍"}
eneprofile = {'外星武器 1':"刀",'外星武器 2':"手槍"}
```

```
a,b = choice(list(myprofile.items()))

c,d = choice(list(eneprofile.items()))

con = False

if b == "刀" and d == "手槍":
    print("外星人贏!")
elif b == "手槍" and d == "刀":
    print("我贏!")
    showlist()
    con = True
else:
    print("平手!")

E2 = 0
L = 0
S = 0
V = 0
T1 = 0
def distributingE():
    global E2
    E2 = int(input("想分配多少能量給引擎？"))
    print(E2)
    global L
    L = int(input("想分配多少能量給維生系統？"))
    global S
    S = int(input("想分配多少能量給防護罩？"))
def fifty():
    "Return 0 or 1 with 50% chance for each"
    return random.randrange(2)
def report():
    if S < 0:
        print("防護罩被催毀。")
    if L < 0:
        print("維生系統耗盡。")
    if V < 0:
        print("引擎停止運轉。")
    if T1 > T:
        print("您飛得太久才到達。")
def die():
    print("流星雨撞擊您的太空船。")
    print("維生系統受到宇宙射線攻擊。")
```

```
    print("引擎過熱故障。")
    print("電腦當機導致延遲。")
def damage():
    global S
    S = S - choice(range(0,8))
    global L
    L = L - choice(range(10,15))
    global V
    V = V - choice(range(500,800))
    global T1
    T1 = T1 + choice(range(500,800))
def fifty():
    "Return 0 or 1 with 50% chance for each"
    return random.randrange(2)
def report():
    if S < 0:
        print("防護罩被催毀。")
    if L < 0:
        print("維生系統耗盡。")
    if V < 0:
        print("引擎停止運轉。")
    if T1 > T:
        print("您飛得太久才到達。")
def die():
    print("流星雨撞擊您的太空船。")
    print("維生系統受到宇宙射線攻擊。")
    print("引擎過熱故障。")
    print("電腦當機導致延遲。")
def damage():
    global S
    S = S - choice(range(0,8))
    global L
    L = L - choice(range(10,15))
    global V
    V = V - choice(range(500,800))
    global T1
    T1 = T1 + choice(range(500,800))
if con == True:
    distributingE()

while E2+L+S > E and con == True:
    distributingE()
```

```
def con2():
    if L > 0 and V > 0:
        print("維生系統沒有耗盡。")
        print("引擎仍可運轉。")
        return True
if con == True:
        X = E-E2-L-S
        V = int(math.sqrt(E2))
        T1 = int(D/V)
        print("您的飛行速率是:",V)
        print("預計有",T1,"天可到達")
        damage()
        if fifty() == 1:
            report()
            if con2 == True:
                print("您可以將醫療用品拋射至星球的安全地方。")
        else:
            die()
```

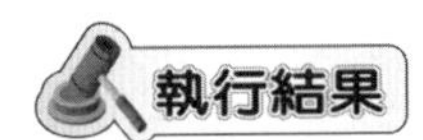

遇到引擎停止運轉，故無法執行救援。

```
太空救援

需要顯示任務說明嗎？(y 或 n) n          鍵盤輸入 n
我贏!
<@@@@@@@@@@@@@@@@@@@@@@@@>
這星球距離地球 394 光年。
你總共有 4078 個單位的能量
及剩下 100 天的時間。
<@@@@@@@@@@@@@@@@@@@@@@@@>

想分配多少能量給引擎？500
500
想分配多少能量給維生系統？500
想分配多少能量給防護罩？1
您的飛行速率是: 22
預計有 17 天可到達
引擎停止運轉。
您飛得太久才到達
```

11-4 如何讓程式變難一點(2)：顯示武器清單

請修改「程式 ch11-2.py」，無論是您打贏外星人，還是外星人打贏你，都要顯示外星人的武器名稱及你的武器名稱，如下所示：

```
if b == "刀" and d == "手槍":
    print("外星人贏!")
    print("外星人使用:",c)
    print("我使用:",a)
elif b == "手槍" and d == "刀":
    print("我贏!")
    print("外星人使用:",c)
    print("我使用:",a)
    showlist()
else:
    print("平手!")
    print("外星人使用:",c)
    print("我使用:",a)
```

本程式使用的兩個字典(dictionary)結構，如下列所示：

```
myprofile = {'武器(神刀)':"刀",'武器(霹靂核彈槍)':"手槍"}
eneprofile = {'外星武器(雷射光束刀)':"刀",'外星武器(雷射槍)':"手槍"}
```

在 Python 字典中，每一個元素都由鍵（key）和值（value）構成，結構為 key: value。不同的元素之間會以逗號分開，整個字典是以大括號圍住。

在變數 myprofile 中含有兩組的鍵（key）和值（value），分別為'武器(神刀)':"刀" 和 '武器(霹靂核彈槍)':"手槍"。在變數 eneprofile 中含有兩組的鍵（key）和值（value），分別為'外星武器(雷射光束刀)':"刀"和'外星武器(雷射槍)':"手槍"。

利用 random 的 choice 方法來隨機排序 myprofile 和 eneprofile 中的項目，如下列程式片段所示：

```
a,b = choice(list(myprofile.items()))
c,d = choice(list(eneprofile.items()))
```

choice(list(myprofile.items()))會將鍵(key)傳回給 a 變數，並將值（value）傳回給 b 變數。而 choice(list(eneprofile.items()))會將鍵（key）傳回給 c 變數，並將值（value）傳回給 d 變數。

我們只要使用 c 變數和 a 變數，就可顯示外星人的武器名稱及你的武器名稱，如下列程式片段所示：

```
print("外星人使用:",c)
print("我使用:",a)
```

程式 11-5

```
from random import choice

def instruction2():
    print("請在鍵盤上，按下任何一個按鍵來繼續玩本程式遊戲。")

def instruction():
    print("您即將啟程前往需要醫療用品的星球。")
    print("這次旅行的距離很遙遠，")
    print("大部分時間您都將處於深度睡眠狀態。")
    print("但是在此之前，你必須為旅程安排妥當。")
    print("電腦會詢問你想分配多少能量給引擎、維生系統和防護罩。")
    print("當您醒來時，電腦將提供旅途中發生的情況報告。")
    print("您必須成功降落到這個星球上來提供醫療用品。")
    instruction2()

def showlist():
    D = choice(range(100,800))
    E = choice(range(400,410))
    T = int(D/E + 100)
    decoration_line = "<@@@@@@@@@@@@@@@@@@@@@@@>"
    print(decoration_line)
    print("這星球距離地球"+str(D)+"光年。")
    print("你總共有"+str(E)+"個單位的能量")
    print("及剩下"+str(T)+"天的時間。")
    print(decoration_line,"\n")
print("太空救援","\n")
i = input("需要顯示任務說明嗎？(y 或 n) ")
if i == "y":
    instruction()
```

```
    a = input()
    while a == "":
        instruction2()
        a = input("不可按 Enter 鍵！： ")

myprofile = {'武器(神刀)':"刀",'武器(霹靂核彈槍)':"手槍"}
eneprofile = {'外星武器(雷射光束刀)':"刀",'外星武器(雷射槍)':"手槍"}

a,b = choice(list(myprofile.items()))

c,d = choice(list(eneprofile.items()))
#print(a,b)
#print(c,d)
if b == "刀" and d == "手槍":
    print("外星人贏!")
    print("外星人使用:",c)
    print("我使用:",a)
elif b == "手槍" and d == "刀":
    print("我贏!")
    print("外星人使用:",c)
    print("我使用:",a)
    showlist()
else:
    print("平手!")
    print("外星人使用:",c)
    print("我使用:",a)
```

執行結果

```
需要顯示任務說明嗎？(y 或 n) n     ← 鍵盤輸入 n
平手!
外星人使用: 外星武器(雷射槍)
我使用: 武器(霹靂核彈槍)

C:\Python 文字冒險遊戲\第 6 章 太空救援>python ch6e.py
太空救援

需要顯示任務說明嗎？(y 或 n) n     ← 鍵盤輸入 n
我贏!
外星人使用: 外星武器(雷射光束刀)
我使用: 武器(霹靂核彈槍)
<@@@@@@@@@@@@@@@@@@@@@@@@>
```

```
這星球距離地球 162 光年。
你總共有 401 個單位的能量
及剩下 100 天的時間。
<@@@@@@@@@@@@@@@@@@@@@@@@@>
```

為了讓讀者更清楚了解字典的功能,讓我們來練習如何將字典作為一組計數器。

假設您初始化一個空的字典,如下所示:

```
alientype=dict()
```

若要在 alientype 字典中的某個鍵(c)上,指定一個項目的值(1),可以寫成如下示:

```
alientype[c]=1
```

您可以建立以字元為鍵和計數器作為相應值的字典。第一次看到字元時,您將向字典中新增一個值。之後,您將累加現有項目的值。

讓我們假設您收到一個訊號字串為'MMVJSSUNP',其中字元代號的定義如下:

M=火星人

V=金星人

J=木星人

S=土星人

U=天王星人

N=海王星人

P=冥王星人

那麼您就可以利用以上的字典原理，來計算總共有多少不同種類的外星人，程式如下所示：

```
woralientype = 'MMVJSSUNP'
alientype = dict()
for c in woralientype:
    if c not in alientype:
        alientype[c] = 1
    else:
        alientype[c] = alientype[c] + 1
print(alientype)
```

輸出結果：

```
{'M': 2, 'V': 1, 'J': 1, 'S': 2, 'U': 1, 'N': 1, 'P': 1}
```

由以上可知，Python 程式以計算出：2 位火星人、1 位金星人、1 位木星人、2 位土星人、1 位天王星人、1 位海王人、和 1 位冥王星人。

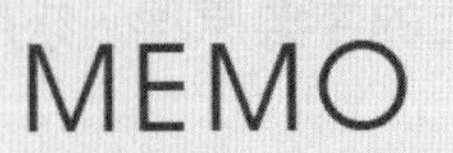
MEMO

12

CHAPTER

地圖角色扮演遊戲

在本章中，您將會利用多個 list 來產生遊戲中的地圖，調整 list 的排列方式以符合人的視覺習慣，然後將整數值放入 list 中來表示所代表人物的位置。利用兩個 for 迴圈，一個 if 條件式，即可指定人物的座標位置。

		蛇	
			島
船			

12-1 地圖角色扮演遊戲故事

無論是設計複雜的 3D 遊戲，或是簡單的經典文字遊戲，都需要設計地圖程式來放置遊戲中的人物或怪獸，以便可追蹤人物或怪獸所在的座標，方便管理遊戲的發展。

你在一個湖面上正開著一艘船，在湖面的各地方，您會遇到湖蛇和小島。當您遇到湖蛇時，您會與湖蛇決鬥，如果你輸了，湖蛇會吃掉你的一部分食物。

如果你贏了，湖蛇的屍體被你當作食物，程式會計算你剩下多少食物。

當您遇到小島時，您會登島，然後你會與島上的食人族決鬥，如果你打輸食人族，食人族搶走你的一部分食物。如果你打贏食人族，食人族的食物被你搶走。

首先讓我們了解如何利用 Python 的 list「列表」來產生遊戲中的地圖。

一個內容為空的 list，如下所示：

```
[ ]
```

這只是一對中括號，裡面什麼都沒有。如果要將兩個新 list 放在此空 list 中，可以這樣做：

```
[[ ],[ ]]
```

這個 list 現在包含兩個新的 list。我們可以將此 list 用垂直的方式調整一下，以符合人類的視覺習慣。

```
[
[ ],
[ ]
]
```

我們現在可以來製作一個湖面的地圖，0 代表湖水、1 代表小島、2 代表湖蛇、3 代表目的地。如下列用 list 做的地圖所示：

```
map =[
    [0, 2, 0, 0, 0, 3],
    [0, 0, 0, 1, 0, 0],
    [0, 1, 0, 0, 0, 0],
    [0, 0, 0, 0, 2, 0],
    [0, 2, 0, 1, 0, 0],
    [0, 0, 0, 0, 0, 0] ]:
```

0	2	0	0	0	3
0	0	0	1	0	0
0	1	0	0	0	0
0	0	0	0	2	0
0	2	0	1	0	0
0	0	0	0	0	0

有了這個湖面的地圖，我們就可寫一個小程式來顯示當您遇到這些湖面上的東西時，會發生甚麼事情。

12-2 地圖角色扮演遊戲程式

程式 12-1

```
map =[
    [0, 2, 0, 0, 0, 3],
    [0, 0, 0, 1, 0, 0],
```

```
    [0, 1, 0, 0, 0, 0],
    [0, 0, 0, 0, 2, 0],
    [0, 2, 0, 1, 0, 0],
    [0, 0, 0, 0, 0, 0]
]

WATER = 0
ISLAND = 1
SNAKE = 2
Destination = 3

ROWS = len(map)
COLUMNS = len(map[0])

for row in range(ROWS):
    for column in range(COLUMNS):
        if map[row][column] == WATER:
            print("你在湖水裡面。")
        elif map[row][column] == ISLAND:
            print("你登陸一個島上，向村民購買食物。")
        elif map[row][column] == SNAKE:
            print("你遇到湖蛇，湖蛇偷吃你的食物。")
        elif map[row][column] == Destination:
            print("你到達目地的了。")
```

執行結果

```
你在湖水裡面。
你遇到湖蛇，湖蛇偷吃你的食物。
你在湖水裡面。
你在湖水裡面。
你在湖水裡面。
你到達目地的了。
你在湖水裡面。
你在湖水裡面。
你在湖水裡面。
你登陸一個島上，向村民購買食物。
你在湖水裡面。
你在湖水裡面。
你在湖水裡面。
你登陸一個島上，向村民購買食物。
你在湖水裡面。
```

```
你在湖水裡面。
你在湖水裡面。
你在湖水裡面。
你在湖水裡面。
你在湖水裡面。
你在湖水裡面。
你在湖水裡面。
你遇到湖蛇，湖蛇偷吃你的食物。
你在湖水裡面。
你在湖水裡面。
你遇到湖蛇，湖蛇偷吃你的食物。
你在湖水裡面。
你登陸一個島上，向村民購買食物。
你在湖水裡面。
你在湖水裡面。
你在湖水裡面。
你在湖水裡面。
你在湖水裡面。
你在湖水裡面。
你在湖水裡面。
你在湖水裡面。
```

說明

本程式首先產生一個 6x6 的方形地圖，並將此地圖指派給 map 變數，此 map 變數是一個 list，在這個 list 中又包含 6 個 list。

我們增加 4 個變數（WATER、ISLAND、SNAKE、Destination），並將抽象的數字（0、1、2、3）指派給這些變數，每一個 0 代表湖水、每一個 1 代表一座島、每一個 2 代表湖蛇及 3 代表目地的。

要計算 map 變數的 list 總共有幾排，可用下列程式計算：

```
ROWS = len(map)
```

要計算 map 變數 list 的任一排有幾個項目，可用下列程式計算：

```
COLUMNS = len(map[0])
```

因為 map 變數 list 的每一排有相同個數的項目，所以只要選 map[0]來代表，就可計算出每一排的項目數量，也如同是欄位的數量。

此用 list 做成的座標系統，起始點(0,0)在左上角，如下圖所示：

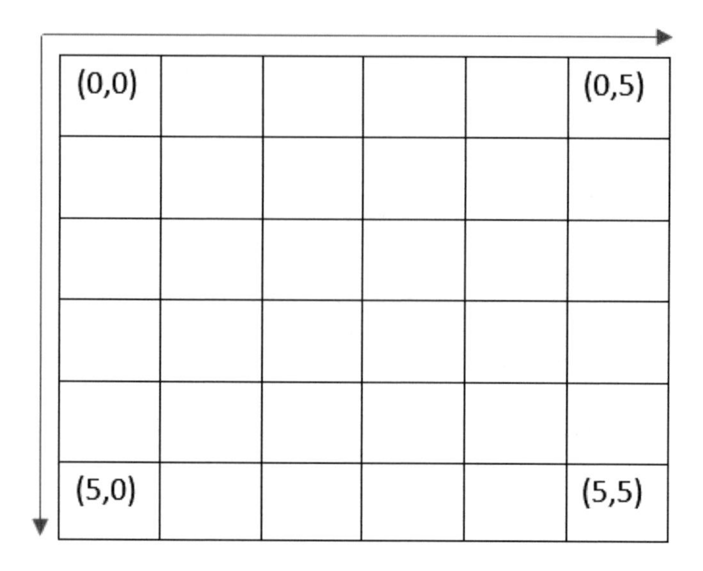

最後用兩個 for 迴圈來輪流顯示結果，如下程式片段所示：

```
for row in range(ROWS):
    for column in range(COLUMNS):
        if map[row][column] == WATER:
            print("你在湖水裡面。")
        elif map[row][column] == ISLAND:
            print("你登陸一個島上，向村民購買食物。")
        elif map[row][column] == SNAKE:
            print("你遇到湖蛇，湖蛇偷吃你的食物。")
        elif map[row][column] == DESTINATION:
            print("你到達目地的了。")
```

上面程式的第一個 for 迴圈是用來搜尋地圖的每一排，第二個 for 迴圈是用來搜尋地圖的每一欄位，如下圖所示：

總共 6 個欄位

總共 6 排

0	2	0	0	0	3
0	0	0	1	0	0
0	1	0	0	0	0
0	0	0	0	2	0
0	2	0	1	0	0
0	0	0	0	0	0

在用 list 來製作地圖時，您也可以利用上一章節所介紹的 4 種 list 方法 (append、remove、reverse 及 insert)，來動態擺放 list 中的 list，讓地圖的變化性更豐富。

下列是上個程式範例中的地圖：

```
map =[
    [0, 2, 0, 0, 0, 3],
    [0, 0, 0, 1, 0, 0],
    [0, 1, 0, 0, 0, 0],
    [0, 0, 0, 0, 2, 0],
    [0, 2, 0, 1, 0, 0],
    [0, 0, 0, 0, 0, 0]
]
```

請分別在此地圖程式的下一行，加入下列 4 種 list 方法(append、remove、reverse 或 insert)，然後分別執行整個程式以檢視地圖位置的變化。

list 方法(append)

```
map =[
    [0, 2, 0, 0, 0, 3],
    [0, 0, 0, 1, 0, 0],
    [0, 1, 0, 0, 0, 0],
    [0, 0, 0, 0, 2, 0],
    [0, 2, 0, 1, 0, 0],
    [0, 0, 0, 0, 0, 0]
]

map.append([2,0,0,0,0,0])
```

為此更改的完整程式碼，請使用本書附贈的程式(ch10-1b.py)。

list 方法(remove)

```
map =[
    [0, 2, 0, 0, 0, 3],
    [0, 0, 0, 1, 0, 0],
    [0, 1, 0, 0, 0, 0],
    [0, 0, 0, 0, 2, 0],
    [0, 2, 0, 1, 0, 0],
    [0, 0, 0, 0, 0, 0]
]

map.remove([2,0,0,0,0,0])
```

為此更改的完整程式碼，請使用本書附贈的程式(ch10-1c.py)。

list 方法(reverse)

```
map =[
    [0, 2, 0, 0, 0, 3],
    [0, 0, 0, 1, 0, 0],
    [0, 1, 0, 0, 0, 0],
    [0, 0, 0, 0, 2, 0],
    [0, 2, 0, 1, 0, 0],
    [0, 0, 0, 0, 0, 0]
]

map.reverse([2,0,0,0,0,0])
```

為此更改的完整程式碼，請使用本書附贈的程式(ch10-1d.py)。

list 方法(insert)

```
map =[
    [0, 2, 0, 0, 0, 3],
    [0, 0, 0, 1, 0, 0],
    [0, 1, 0, 0, 0, 0],
    [0, 0, 0, 0, 2, 0],
    [0, 2, 0, 1, 0, 0],
    [0, 0, 0, 0, 0, 0]
]

map.insert(2,[0, 0, 0, 3, 0, 0])
```

為此更改的完整程式碼，請使用本書附贈的程式(ch10-1e.py)。

12-3 新增船座標

為了要讓你駕駛的船可在這個地圖上行駛，我們必須另外新增船的座標，如下列程式碼所示：

程式 12-2

```
map =[
    [0, 2, 0, 0, 0, 3],
    [0, 0, 0, 1, 0, 0],
    [0, 1, 0, 0, 0, 0],
    [0, 0, 0, 0, 2, 0],
    [0, 2, 0, 1, 0, 0],
    [4, 0, 0, 0, 0, 0]
]


WATER = 0
ISLAND = 1
SNAKE = 2
DESTINATION = 3
SHIP = 4

ROWS = len(map)
```

```
COLUMNS = len(map[0])

shipRow = None
shipColumn = None

for row in range(ROWS):
    for column in range(COLUMNS):
        if map[row][column] == SHIP:
            shipRow = row
            shipColumn = column

print("船座標:",shipRow,",",shipColumn)
```

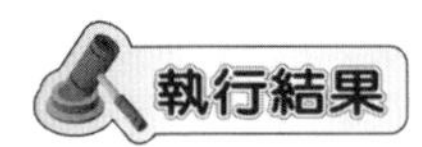


```
船座標: 5 , 0
```

在本程式中，我們新增兩個變數 shipRow 和 shipColumn，分別來代表船在地圖上的座標。再利用兩個 for 迴圈來搜尋到 SHIP 變數的值，然後將 row 值指派給 shipRow，將 column 值指派給 shipColumn，如下列程式碼所示：

```
for row in range(ROWS):
    for column in range(COLUMNS):
        if map[row][column] == SHIP:
            shipRow = row
            shipColumn = column
```

12-4 新增船移動方向按鈕

現在以上一個程式為基礎，讓我們來加入讓船移動的方向按鈕（上、下、左、右）。

程式 12-3

```
from random import choice
WATER = 0
SHIP = 4

map =[
```

```
    [WATER, WATER, WATER, WATER, WATER, WATER],
    [WATER, WATER, WATER, WATER, WATER, WATER],
    [WATER, WATER, WATER, WATER, WATER, WATER],
    [WATER, WATER, WATER, WATER, WATER, WATER],
    [WATER, WATER, WATER, WATER, WATER, WATER],
    [SHIP, WATER, WATER, WATER, WATER, WATER]
]

UP = 'w'
DOWN = 's'
RIGHT = 'd'
LEFT = 'a'

ROWS = len(map)
COLUMNS = len(map[0])

shipRow = None
shipColumn = None

for row in range(ROWS):
    for column in range(COLUMNS):
        if map[row][column] == SHIP:
            shipRow = row
            shipColumn = column




while True:
    keydown = input("按下上下左右按鍵(wsda): ")

    if keydown == UP:
        if shipRow > 0:
            map[shipRow][shipColumn] = WATER
            shipRow = shipRow -1
            map[shipRow][shipColumn] = SHIP
            print("船座標:",shipRow,",",shipColumn)
            print(map[shipRow][shipColumn])

    elif keydown == DOWN:
        if shipRow < ROWS - 1:
            map[shipRow][shipColumn] = WATER
            shipRow = shipRow + 1
```

```
            map[shipRow][shipColumn] = SHIP
            print("船座標:",shipRow,",",shipColumn)
            print(map[shipRow][shipColumn])

    elif keydown == LEFT:
        if shipColumn > 0:
            map[shipRow][shipColumn] = WATER
            shipColumn = shipColumn - 1
            map[shipRow][shipColumn] = SHIP
            print("船座標:",shipRow,",",shipColumn)
            print(map[shipRow][shipColumn])

    elif keydown == RIGHT:
        if shipColumn < COLUMNS - 1:
            map[shipRow][shipColumn] = WATER
            shipColumn = shipColumn + 1
            map[shipRow][shipColumn] = SHIP
            print("船座標:",shipRow,",",shipColumn)
            print(map[shipRow][shipColumn])
```

執行結果

```
按下上下左右按鍵(wsda): w        鍵盤輸入 w
船座標: 4 , 0
4
按下上下左右按鍵(wsda): d        鍵盤輸入 d
船座標: 4 , 1
4
按下上下左右按鍵(wsda): d        鍵盤輸入 d
船座標: 4 , 2
4
按下上下左右按鍵(wsda): a        鍵盤輸入 a
船座標: 4 , 1
4
按下上下左右按鍵(wsda): w        鍵盤輸入 w
船座標: 3 , 1
4
按下上下左右按鍵(wsda): s        鍵盤輸入 s
船座標: 4 , 1
4
按下上下左右按鍵(wsda): d        鍵盤輸入 d
船座標: 4 , 2
```

```
4
按下上下左右按鍵(wsda): d        ← 鍵盤輸入 d
船座標: 4 , 3
4
按下上下左右按鍵(wsda): d        ← 鍵盤輸入 d
船座標: 4 , 4
4
按下上下左右按鍵(wsda): s        ← 鍵盤輸入 s
船座標: 5 , 4
4
```

說明

本程式新增 4 個變數，分別代表上、下、左、右的方向鍵，如下列片段程式所示：

```
UP = 'w'
DOWN = 's'
RIGHT = 'd'
LEFT = 'a'
```

當你按下 w 鍵時，程式先會判斷 shipRow 值是否大於 0，因為第一排的座標值為 0，若 shipRow 值等於 0，程式不會允許你讓船往上移動。若 shipRow>0，船會先將目前座標位置值設為 WATER，表示船已離開這個地方，這個地方就變成湖水了。然後將 shipRow 值減去 1，表示船會移到上一排，最後再將新的座標位置指定為 SHIP。

如下列片段程式碼所示：

```
if shipRow > 0:
   map[shipRow][shipColumn] = WATER
   shipRow = shipRow -1
   map[shipRow][shipColumn] = SHIP
```

當你按下 S 鍵時，程式先會判斷 shipRow 值是否小於 ROWS-1，因為 list 的計數是從 0 開始，故 ROWS – 1 為最後一排位置。若 shipRow 值等於 ROWS-1，程式不會允許你讓船往下移動。若 shipRow<ROWS – 1，船會先將目前座標位置值設為 WATER，表示船已離開這個地方，這個地方就變成湖水了。然後將 shipRow 值加 1，表示船會移到下一排，最後再將新的座標位置指定為 SHIP。

如下列片段程式碼所示：

```
if shipRow < ROWS - 1:
    map[shipRow][shipColumn] = WATER
    shipRow = shipRow + 1
    map[shipRow][shipColumn] = SHIP
```

當你按下 a 鍵時，程式先會判斷 shipColumn 值是否大於 0，因為第一列的座標值為 0，若 shipColumn 值等於 0，程式不會允許你讓船往左移動。若 shipColumn>0，船會先將目前座標位置值設為 WATER，表示船已離開這個地方，這個地方就變成湖水了。然後將 shipColumn 值減去 1，表示船會移到左一列，最後再將新的座標位置指定為 SHIP。

如下列片段程式碼所示：

```
if shipColumn > 0:
    map[shipRow][shipColumn] = WATER
    shipColumn = shipColumn - 1
    map[shipRow][shipColumn] = SHIP
```

當你按下 d 鍵時，程式先會判斷 shipColumn 值是否小於 COLUMNS-1，因為 list 的計數是從 0 開始，故 COLUMNS-1 為最後一列位置。若 shipRow 值等於 ROWS-1，程式不會允許你讓船往下移動。若 shipColumn<COLUMNS-1，船會先將目前座標位置值設為 WATER，表示船已離開這個地方，這個地方就變成湖水了。然後將 shipColumn 值加 1，表示船會移到右一列，最後再將新的座標位置指定為 SHIP。

如下列片段程式碼所示：

```
if shipColumn < COLUMNS - 1:
    map[shipRow][shipColumn] = WATER
    shipColumn = shipColumn + 1
    map[shipRow][shipColumn] = SHIP
```

下面是船隻的所有移動過程示意圖，讀者需要留意的一點是在船隻移動至新的位置之後，原來的位置座標值就變成 0 了。

當你按下 w 鍵時，船往上移動一格

```
  [0, 2, 0, 0, 0, 3]
  [0, 0, 0, 1, 0, 0]
  [0, 1, 0, 0, 0, 0]
  [0, 0, 0, 0, 2, 0]
↑ [0, 2, 0, 1, 0, 0]
| [4, 0, 0, 0, 0, 0]
```

執行結果

```
[0, 2, 0, 0, 0, 3]
[0, 0, 0, 1, 0, 0]
[0, 1, 0, 0, 0, 0]
[0, 0, 0, 0, 2, 0]
[4, 2, 0, 1, 0, 0]
[0, 0, 0, 0, 0, 0]
```

當你按下 d 鍵時，船往右移動一格

```
[0, 2, 0, 0, 0, 3]
[0, 0, 0, 1, 0, 0]
[0, 1, 0, 0, 0, 0]
[0, 0, 0, 0, 2, 0]
[4, 0, 0, 1, 0, 0]
[0, 0, 0, 0, 0, 0]
```

執行結果

```
[0, 2, 0, 0, 0, 3]
[0, 0, 0, 1, 0, 0]
[0, 1, 0, 0, 0, 0]
[0, 0, 0, 0, 2, 0]
[0, 4, 0, 1, 0, 0]
[0, 0, 0, 0, 0, 0]
```

→

當你按下 a 鍵時，船往左移動一格

```
[0, 2, 0, 0, 0, 3]
[0, 0, 0, 1, 0, 0]
[0, 1, 0, 0, 0, 0]
[0, 0, 0, 0, 2, 0]
[0, 4, 0, 1, 0, 0]
[0, 0, 0, 0, 0, 0]
```

←

執行結果

```
[0, 2, 0, 0, 0, 3]
[0, 0, 0, 1, 0, 0]
[0, 1, 0, 0, 0, 0]
[0, 0, 0, 0, 2, 0]
[4, 0, 0, 1, 0, 0]
[0, 0, 0, 0, 0, 0]
```

當你按下 s 鍵時，船往下移動一格

```
[0, 2, 0, 0, 0, 3]
[0, 0, 0, 1, 0, 0]
[0, 1, 0, 0, 0, 0]
[0, 0, 0, 0, 2, 0]
[4, 0, 0, 1, 0, 0]
[0, 0, 0, 0, 0, 0]
```

執行結果

```
[0, 2, 0, 0, 0, 3]
[0, 0, 0, 1, 0, 0]
[0, 1, 0, 0, 0, 0]
[0, 0, 0, 0, 2, 0]
[0, 0, 0, 1, 0, 0]
[4, 0, 0, 0, 0, 0]
```

老師的叮嚀

在 ch12-3.py 程式中，當船已經游到地圖的邊界時，可以補充加上程式碼，讓輸出顯示"船現在不可繼續往該方向移動"。請參考 ch12-3b.py 程式。

12-5 新增 4 種物體的情境

當船移動至下一個座標，遇見這 4 種物體（水、小島、湖蛇、目的地）時，會有不同的情境，請加入一自訂函式來表達這 4 種情況。

程式 12-4

```
WATER = 0
ISLAND = 1
SNAKE = 2
HOME = 3
```

```
SHIP = 4

map =[
    [WATER, SNAKE, WATER, WATER, WATER, HOME],
    [WATER, WATER, WATER, ISLAND, WATER, WATER],
    [WATER, ISLAND, WATER, WATER, WATER, WATER],
    [WATER, WATER, WATER, WATER, SNAKE, WATER],
    [SNAKE, SNAKE, WATER, ISLAND, WATER, WATER],
    [SHIP, WATER, WATER, WATER, WATER, WATER]
]


UP = 'w'
DOWN = 's'
RIGHT = 'd'
LEFT = 'a'

ROWS = len(map)
COLUMNS = len(map[0])

shipRow = None
shipColumn = None

for row in range(ROWS):
    for column in range(COLUMNS):
        if map[row][column] == SHIP:
            shipRow = row
            shipColumn = column
def pathcondition():
    if map[shipRow][shipColumn] == WATER:
        print("你在湖水上航行。")
    elif map[shipRow][shipColumn] == SNAKE:
        print("你遇到湖蛇，湖蛇偷吃你的食物。")
    elif map[shipRow][shipColumn] == ISLAND:
        print("你登陸一個島上，向村民購買食物。")
    elif map[shipRow][shipColumn] == HOME:
        print("你到達目地的了。")

while True:
    keydown = input("按下上下左右按鍵(wsda): ")

    if keydown == UP:
        if shipRow > 0:
```

```
            map[shipRow][shipColumn] = WATER
            shipRow = shipRow -1
            pathcondition()
            map[shipRow][shipColumn] = SHIP
            print(shipRow, " ", shipColumn)
            print(map[shipRow][shipColumn])

    elif keydown == DOWN:
        if shipRow < ROWS - 1:
            map[shipRow][shipColumn] = WATER
            shipRow = shipRow + 1
            pathcondition()
            map[shipRow][shipColumn] = SHIP
            print(shipRow, " ", shipColumn)
            print(map[shipRow][shipColumn])

    elif keydown == LEFT:
        if shipColumn > 0:
            map[shipRow][shipColumn] = WATER
            shipColumn = shipColumn - 1
            pathcondition()
            map[shipRow][shipColumn] = SHIP
            print(shipRow, " ", shipColumn)
            print(map[shipRow][shipColumn])

    elif keydown == RIGHT:
        if shipColumn < COLUMNS - 1:
            map[shipRow][shipColumn] = WATER
            shipColumn = shipColumn + 1
            pathcondition()
            map[shipRow][shipColumn] = SHIP
            print(shipRow, " ", shipColumn)
            print(map[shipRow][shipColumn])
```

```
按下上下左右按鍵(wsda): w      ← 鍵盤輸入 w
你遇到湖蛇，湖蛇偷吃你的食物。
4   0
4
按下上下左右按鍵(wsda): s      ← 鍵盤輸入 s
你在湖水上航行。
```

```
5    0
4
按下上下左右按鍵(wsda): w        鍵盤輸入 w
你在湖水上航行。
4    0
4
按下上下左右按鍵(wsda): d        鍵盤輸入 d
你遇到湖蛇，湖蛇偷吃你的食物。
4    1
4
按下上下左右按鍵(wsda): d        鍵盤輸入 d
你在湖水上航行。
4    2
4
按下上下左右按鍵(wsda): d        鍵盤輸入 d
你登陸一個島上，向村民購買食物。
4    3
4
按下上下左右按鍵(wsda): w        鍵盤輸入 w
你在湖水上航行。
3    3
4
按下上下左右按鍵(wsda): w        鍵盤輸入 w
你在湖水上航行。
2    3
4
按下上下左右按鍵(wsda): w        鍵盤輸入 w
你登陸一個島上，向村民購買食物。
1    3
4
按下上下左右按鍵(wsda): w        鍵盤輸入 w
你在湖水上航行。
0    3
4
按下上下左右按鍵(wsda): d        鍵盤輸入 d
你在湖水上航行。
0    4
4
按下上下左右按鍵(wsda): d        鍵盤輸入 d
你到達目地的了。
0    5
4
```

說明

這個程式增加了 WATER、ISLAND、和 HOME 變數，分別代表湖水、小島和目的地。下列是在地圖上的物體，所代表的號碼。

```
WATER = 0
ISLAND = 1
SNAKE = 2
HOME = 3
SHIP = 4
```

當我們按下方向鍵，然後遇到不同的物體，程式會執行 pathcondition() 函式，如下所示：

```
def pathcondition():
    if map[shipRow][shipColumn] == WATER:
        print("你在湖水上航行。")
    elif map[shipRow][shipColumn] == SNAKE:
        print("你遇到湖蛇，湖蛇偷吃你的食物。")
    elif map[shipRow][shipColumn] == ISLAND:
        print("你登陸一個島上，向村民購買食物。")
    elif map[shipRow][shipColumn] == HOME:
        print("你到達目地的了。")
```

當船遇到湖水時，螢幕上會顯示「你在湖水上航行。」

當船遇到湖蛇時，螢幕上會顯示「你遇到湖蛇，湖蛇偷吃你的食物。。」

當船遇到小島時，螢幕上會顯示「你登陸一個島上，向村民購買食物。」

當船到達目地時，螢幕上會顯示「你到達目地的了。」

本程式的架構大致分為如下所示：

<1> 設定地圖上的物體變數。

<2> 在地圖上擺放物體。

<3> 指定方向鍵以供船隻移動。

<4> 計算地圖的長寬。

<5> 搜尋船隻的初始座標。

<6> 判斷船隻是否在地圖邊界。

<7> 執行遇到不同的物體的函式。

12-6 如何讓程式變難一點(1)：建立自訂函式 fight()、climb()及 GameOver()

本程式將新增 3 個自訂函式，分別為 fight()、climb()及 GameOver()，這 3 個自訂函式的定義如下列所示：

```
def fight():
    shipenergy = choice(range(1, 10))
    snakeenergy = choice(range(1, 10))
    global food
    if snakeenergy > shipenergy:
        food = food -1
        print("你打輸水蛇，水蛇吃掉你的一部分食物。")
    elif shipenergy > snakeenergy:
        food = food + 1
        print("你打贏水蛇，水蛇的屍體被你當作食物。")

def climb():
    shipenergy = choice(range(1, 10))
    snakeenergy = choice(range(1, 10))
    global food
    if snakeenergy > shipenergy:
        food = food - 5
        print("你打輸食人族，食人族搶走你的一部分食物。")
    elif shipenergy > snakeenergy:
        food = food + 10
        print("你打贏食人族，食人族的食物被你搶走。")

def GameOver():
    print("你到達目地的了。")
    print("你剩餘的食物為:",food)
```

當船隻遇到湖蛇時，會執行 fight()，在 fight()函式中，用 choice(range(1, 10))來隨機給船隻和湖蛇不同的數值(代表能量)，若 snakeenergy(湖蛇能量)>shipenergy(船隻能量)，則船隻上的食物(food 變數)會減少 1 個單位。若 shipenergy(船隻能)>snakeenergy(湖蛇能量)，則船隻上的食物(food 變數)會增加 1 個單位。

如下列程式碼所示：

```
def pathcondition():
    if map[shipRow][shipColumn] == WATER:
        print("你在湖水上航行。")
    elif map[shipRow][shipColumn] == SNAKE:
        fight()
    elif map[shipRow][shipColumn] == ISLAND:
        climb()
    elif map[shipRow][shipColumn] == Destination:
        GameOver()

def fight():
    shipenergy = choice(range(1, 10))
    snakeenergy = choice(range(1, 10))
    global food
    if snakeenergy > shipenergy:
        food = food -1
        print("你打輸水蛇，水蛇吃掉你的一部分食物。")
    elif shipenergy > snakeenergy:
        food = food + 1
        print("你打贏水蛇，水蛇的屍體被你當作食物。")
```

當船隻遇到達小島時，會執行 climb()，在 climb()函式中，用 choice(range(1, 10))來隨機給船隻和湖蛇不同的數值(代表能量)，若 snakeenergy(湖蛇能量)>shipenergy(船隻能量)，則船隻上的食物(food 變數)會減少 5 個單位。若 shipenergy(船隻能量)>snakeenergy(湖蛇能量)，則船隻上的食物(food 變數)會增加 10 個單位。如下列程式碼所示：

```
def pathcondition():
    if map[shipRow][shipColumn] == WATER:
        print("你在湖水上航行。")
    elif map[shipRow][shipColumn] == SNAKE:
        fight()
    elif map[shipRow][shipColumn] == ISLAND:
        climb()
    elif map[shipRow][shipColumn] == Destination:
        GameOver()

def climb():
    shipenergy = choice(range(1, 10))
    snakeenergy = choice(range(1, 10))
    global food
    if snakeenergy > shipenergy:
```

```
        food = food - 5
        print("你打輸食人族，食人族搶走你的一部分食物。")
    elif shipenergy > snakeenergy:
        food = food + 10
        print("你打贏食人族，食人族的食物被你搶走。")
```

程式 12-5

```
from random import choice

WATER = 0
ISLAND = 1
SNAKE = 2
Destination = 3
SHIP = 4

map =[
    [0, 2, 0, 0, 0, 3],
    [0, 0, 0, 1, 0, 0],
    [0, 1, 0, 0, 0, 0],
    [0, 0, 0, 0, 2, 0],
    [2, 2, 0, 1, 0, 0],
    [4, 0, 0, 0, 0, 0]
]

map2 =[
     [WATER, SNAKE, WATER, WATER, WATER, Destination],
     [WATER, WATER, WATER, ISLAND, WATER, WATER],
     [WATER, ISLAND, WATER, WATER, WATER, WATER],
     [WATER, WATER, WATER, WATER, SNAKE, WATER],
     [SNAKE, SNAKE, WATER, ISLAND, WATER, WATER],
     [SHIP, WATER, WATER, WATER, WATER, WATER]
]

#print(map)


UP = 'w'
DOWN = 's'
RIGHT = 'd'
LEFT = 'a'

ROWS = len(map)
```

```
COLUMNS = len(map[0])

shipRow = None
shipColumn = None

for row in range(ROWS):
    for column in range(COLUMNS):
        if map[row][column] == SHIP:
            shipRow = row
            shipColumn = column
food = 2

def fight():
    shipenergy = choice(range(1, 10))
    snakeenergy = choice(range(1, 10))
    global food
    if snakeenergy > shipenergy:
        food = food -1
        print("你打輸水蛇，水蛇吃掉你的一部分食物。")
    elif shipenergy > snakeenergy:
        food = food + 1
        print("你打贏水蛇，水蛇的屍體被你當作食物。")

def climb():
    shipenergy = choice(range(1, 10))
    snakeenergy = choice(range(1, 10))
    global food
    if snakeenergy > shipenergy:
        food = food - 5
        print("你打輸食人族，食人族搶走你的一部分食物。")
    elif shipenergy > snakeenergy:
        food = food + 10
        print("你打贏食人族，食人族的食物被你搶走。")

def GameOver():
    print("你到達目地的了。")
    print("你剩餘的食物為:",food)

def pathcondition():
    if map[shipRow][shipColumn] == WATER:
        print("你在湖水上航行。")
    elif map[shipRow][shipColumn] == SNAKE:
        fight()
```

```
    elif map[shipRow][shipColumn] == ISLAND:
        climb()
    elif map[shipRow][shipColumn] == Destination:
        GameOver()
while True:

    keydown = input("按下上下左右按鍵(wsda): ")

    if keydown == UP:
        if shipRow > 0:
            map[shipRow][shipColumn] = WATER
            shipRow = shipRow -1
            pathcondition()
            map[shipRow][shipColumn] = SHIP
            print(shipRow, " ", shipColumn)
            print(map[shipRow][shipColumn])

    elif keydown == DOWN:
        if shipRow < ROWS - 1:
            map[shipRow][shipColumn] = WATER
            shipRow = shipRow + 1
            pathcondition()
            map[shipRow][shipColumn] = SHIP
            print(shipRow, " ", shipColumn)
            print(map[shipRow][shipColumn])

elif keydown == LEFT:
        if shipColumn > 0:
            map[shipRow][shipColumn] = WATER
            shipColumn = shipColumn - 1
            pathcondition()
            map[shipRow][shipColumn] = SHIP
            print(shipRow, " ", shipColumn)
            print(map[shipRow][shipColumn])

    elif keydown == RIGHT:
        if shipColumn < COLUMNS - 1:
            map[shipRow][shipColumn] = WATER
            shipColumn = shipColumn + 1
            pathcondition()
            map[shipRow][shipColumn] = SHIP
            print(shipRow, " ", shipColumn)
            print(map[shipRow][shipColumn])
```

執行結果

```
按下上下左右按鍵(wsda): w        鍵盤輸入 w
你打贏水蛇，水蛇的屍體被你當作食物。
4    0
4
按下上下左右按鍵(wsda): d        鍵盤輸入 d
你打贏水蛇，水蛇的屍體被你當作食物。
4    1
4
按下上下左右按鍵(wsda): d        鍵盤輸入 d
你在湖水上航行。
4    2
4
按下上下左右按鍵(wsda): d        鍵盤輸入 d
你打贏食人族，食人族的食物被你搶走。
4    3
4
按下上下左右按鍵(wsda): w        鍵盤輸入 w
你在湖水上航行。
3    3
4
按下上下左右按鍵(wsda): d        鍵盤輸入 d
你打輸水蛇，水蛇吃掉你的一部分食物。
3    4
4
按下上下左右按鍵(wsda): d        鍵盤輸入 d
你在湖水上航行。
3    5
4
按下上下左右按鍵(wsda): w        鍵盤輸入 w
你在湖水上航行。
2    5
4
按下上下左右按鍵(wsda): w        鍵盤輸入 w
你在湖水上航行。
1    5
4
按下上下左右按鍵(wsda): w        鍵盤輸入 w
你到達目地的了。
你剩餘的食物為: 13
0    5
4
```

12-7 如何讓程式變難一點(2)：設計湖蛇會判斷是否必須逃走或攻擊船隻

此程式新增了一個變數 k，用手動方式來指定 k 的值，若假設船隻上的人吃到了大力果，則蛇可從經驗中得知，這種情況必須逃走，但若一旦蛇發現船隻上的人用盡了大力果的能量，蛇會反過來攻擊船隻。

當 k 等於 False 時，湖蛇會追船隻，下面是一個湖蛇會追船隻的輸出範例：

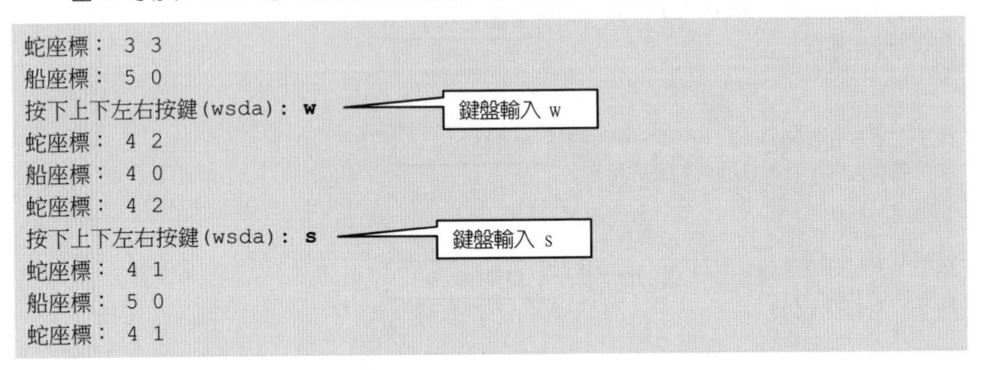

蛇座標： 3 3
船座標： 5 0
按下上下左右按鍵(wsda)： w
鍵盤輸入 w
蛇座標： 4 2
船座標： 4 0
蛇座標： 4 2
按下上下左右按鍵(wsda)： s
鍵盤輸入 s
蛇座標： 4 1
船座標： 5 0
蛇座標： 4 1

由上列輸出範例得知，船的原始座標為(5,0)，蛇的原始座標為(3,3)，當按下 w 鍵，船隻向上移動至座標(4,0)，蛇則向下移動至座標(4,2)，如下圖所示：

```
[0, 0, 0, 0, 0, 0]
[0, 0, 0, 0, 0, 0]
[0, 0, 0, 0, 0, 0]
[0, 0, 0, 2, 0, 0]
[0, 0, 0, 0, 0, 0]
[4, 0, 0, 0, 0, 0]
```

```
[0, 0, 0, 0, 0, 0]
[0, 0, 0, 0, 0, 0]
[0, 0, 0, 0, 0, 0]
[0, 0, 0, 0, 0, 0]
[4, 0, 2, 0, 0, 0]
[0, 0, 0, 0, 0, 0]
```

此時當按下 s 鍵，船隻向下移動至座標(5,0)，蛇則向左移動至座標(4,1)，如下圖所示：

```
[0, 0, 0, 0, 0, 0]
[0, 0, 0, 0, 0, 0]
[0, 0, 0, 0, 0, 0]
[0, 0, 0, 0, 0, 0]
[4, 0, 2, 0, 0, 0]
[0, 0, 0, 0, 0, 0]

[0, 0, 0, 0, 0, 0]
[0, 0, 0, 0, 0, 0]
[0, 0, 0, 0, 0, 0]
[0, 0, 0, 0, 0, 0]
[0, 2, 0, 0, 0, 0]
[4, 0, 0, 0, 0, 0]
```

當筆者把 k 值設定為 True 時，湖蛇會逃離船隻，下面是一個湖蛇會逃離船隻的輸出範例：

```
蛇座標： 3 3
船座標： 5 0
按下上下左右按鍵(wsda): d        鍵盤輸入 d
蛇座標： 2 4
船座標： 5 1
蛇座標： 2 4
按下上下左右按鍵(wsda): w        鍵盤輸入 w
蛇座標： 1 5
船座標： 4 1
蛇座標： 1 5
```

由上列輸出範例得知，船的原始座標為(5,0)，蛇的原始座標為(3,3)，當按下 d 鍵，船隻向右移動至座標(5,1)，蛇則向上移動至座標(2,4)，如下圖所示：

```
[0, 0, 0, 0, 0, 0]
[0, 0, 0, 0, 0, 0]
[0, 0, 0, 0, 0, 0]
[0, 0, 0, 2, 0, 0]
[0, 0, 0, 0, 0, 0]
[4, 0, 0, 0, 0, 0]

[0, 0, 0, 0, 0, 0]
[0, 0, 0, 0, 0, 0]
[0, 0, 0, 0, 2, 0]
[0, 0, 0, 0, 0, 0]
[0, 0, 0, 0, 0, 0]
[0, 4, 0, 0, 0, 0]
```

此時當按下 w 鍵，船隻向上移動至座標(4,1)，蛇則向上移動至座標(1,5)，如下圖所示：

```
[0, 0, 0, 0, 0, 0]
[0, 0, 0, 0, 2, 0]
[0, 0, 0, 0, 0, 0]
[0, 0, 0, 0, 0, 0]
[0, 4, 0, 0, 0, 0]
```

```
[0, 0, 0, 0, 0, 0]
[0, 0, 0, 0, 0, 2]
[0, 0, 0, 0, 0, 0]
[0, 0, 0, 0, 0, 0]
[0, 4, 0, 0, 0, 0]
[0, 0, 0, 0, 0, 0]
```

程式 12-6

```
from random import choice

k = False

WATER = 0
SNAKE = 2
SHIP = 4

map =[
    [0, 0, 0, 0, 0, 0],
    [0, 0, 0, 0, 0, 0],
    [0, 0, 0, 0, 0, 0],
    [0, 0, 0, 2, 0, 0],
    [0, 0, 0, 0, 0, 0],
    [4, 0, 0, 0, 0, 0]
]


UP = 'w'
DOWN = 's'
RIGHT = 'd'
LEFT = 'a'
```

```
ROWS = len(map)
COLUMNS = len(map[0])

shipRow = None
shipColumn = None

snakeRow = None
snakeColumn = None

for row in range(ROWS):
   for column in range(COLUMNS):
      if map[row][column] == SHIP:
         shipRow = row
         shipColumn = column

for row in range(ROWS):
   for column in range(COLUMNS):
      if map[row][column] == SNAKE:
         snakeRow = row
         snakeColumn = column

def collision():
   if map[shipRow][shipColumn] == map[snakeRow][snakeColumn]:
      print("船撞到水蛇。")
      print("蛇座標：", snakeRow, snakeColumn)
      print("船座標：", shipRow, shipColumn)
      return True

def updatesnake():
   global snakeRow
   global snakeColumn
   map[snakeRow][snakeColumn] = WATER

   if k == False:
      if snakeRow < shipRow:
         snakeRow = snakeRow + 1
      elif snakeRow > shipRow:
         snakeRow = snakeRow - 1
      if snakeColumn < shipColumn:
         snakeColumn = snakeColumn + 1
      elif snakeColumn > shipColumn:
         snakeColumn = snakeColumn - 1
```

```
else:
      if snakeRow < shipRow:
         snakeRow = snakeRow - 1
         if snakeRow < 0:
            snakeRow = ROWS -1
      elif snakeRow > shipRow:
         snakeRow = snakeRow + 1
         if snakeRow > 0:
            snakeRow = 0
      if snakeColumn < shipColumn:
         snakeColumn = snakeColumn - 1
         if snakeColumn < 0:
            snakeColumn = COLUMNS - 1
      elif snakeColumn > shipColumn:
         snakeColumn = snakeColumn + 1
         if snakeColumn > COLUMNS - 1:
            snakeColumn = 0

   map[snakeRow][snakeColumn] = SNAKE
   print("蛇座標：", snakeRow, snakeColumn)

print("蛇座標：", snakeRow, snakeColumn)
print("船座標：",shipRow,shipColumn)

elif keydown == DOWN:
      updatesnake()
      if shipRow < ROWS - 1:
         map[shipRow][shipColumn] = WATER
         shipRow = shipRow + 1
         # pathcondition()
         map[shipRow][shipColumn] = SHIP
         if collision():
            break
         print("船座標：", shipRow, shipColumn)
         print("蛇座標：", snakeRow, snakeColumn)
      else:
         print("您已超過地圖下方邊界。")

   elif keydown == LEFT:
      updatesnake()
      if shipColumn > 0:
         map[shipRow][shipColumn] = WATER
```

```
            shipColumn = shipColumn - 1
            map[shipRow][shipColumn] = SHIP
            if collision():
                break
            print("船座標：", shipRow, shipColumn)
            print("蛇座標：", snakeRow, snakeColumn)
        else:
            print("您已超過地圖左方邊界。")

elif keydown == RIGHT:
        updatesnake()
        if shipColumn < COLUMNS - 1:
            map[shipRow][shipColumn] = WATER
            shipColumn = shipColumn + 1
            map[shipRow][shipColumn] = SHIP
            if collision():
                break
            print("船座標：", shipRow, shipColumn)
            print("蛇座標：", snakeRow, snakeColumn)
        else:
            print("您已超過地圖右方邊界。")
```

執行結果 1：湖蛇追船隻。

```
座標： 3 3
船座標： 5 0
按下上下左右按鍵(wsda)： w        鍵盤輸入 w
蛇座標： 4 2
船座標： 4 0
蛇座標： 4 2
按下上下左右按鍵(wsda)： d        鍵盤輸入 d
蛇座標： 4 1
船撞到水蛇。
蛇座標： 4 1
船座標： 4 1
```

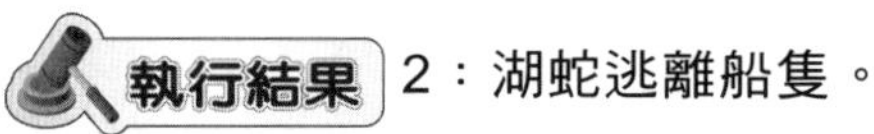

2：湖蛇逃離船隻。

```
蛇座標： 3 3
船座標： 5 0
按下上下左右按鍵(wsda)： w
蛇座標： 2 4
船座標： 4 0
蛇座標： 2 4
按下上下左右按鍵(wsda)： d
蛇座標： 1 5
船座標： 4 1
蛇座標： 1 5
```

鍵盤輸入 w

鍵盤輸入 d

12-8 如何讓程式變難一點(3)：每次移動後，讓螢幕立即顯示新的地圖

在這個程式中，要加入一個新功能，就是在主角使用方向鍵來移動之後，使用者無法用視覺方式看到變更後的新地圖，這個程式會在每次移動後，讓螢幕立即顯示新的地圖。

程式 12-7

```
FOREST = 0
CAVE = 1
FOX = 2
HOME = 3
YOU = 4

map = [
    [0, 2, 0, 0, 0, 3],
    [0, 0, 0, 1, 0, 0],
    [0, 1, 0, 0, 0, 0],
    [0, 0, 0, 0, 2, 0],
    [0, 2, 0, 1, 0, 0],
    [4, 0, 0, 0, 0, 0]
]


def printmap():
    for a in map:
```

```
        print(a)

printmap()
UP = 'w'
DOWN = 's'
RIGHT = 'd'
LEFT = 'a'

ROWS = len(map)
COLUMNS = len(map[0])

shipRow = None
shipColumn = None

for row in range(ROWS):
    for column in range(COLUMNS):
        if map[row][column] == YOU:
            shipRow = row
            shipColumn = column


def pathcondition():
    if map[shipRow][shipColumn] == FOREST:
        print("你在深林裡行走。")
    elif map[shipRow][shipColumn] == FOX:
        print("你遇到狐狸，狐狸偷吃你的食物。")
        print("狐狸逃走了！")
    elif map[shipRow][shipColumn] == CAVE:
        print("你進入一個山洞。")
    elif map[shipRow][shipColumn] == HOME:
        print("你到達目地的了。")

while True:

    keydown = input("按下上下左右按鍵(wsda): ")

    if keydown == UP:
        if shipRow > 0:
            map[shipRow][shipColumn] = FOREST
            shipRow = shipRow - 1
            pathcondition()
            map[shipRow][shipColumn] = YOU
            print(shipRow, " ", shipColumn)
```

```
            print(map[shipRow][shipColumn])
            printmap()

    elif keydown == DOWN:
        if shipRow < ROWS - 1:
            map[shipRow][shipColumn] = FOREST
            shipRow = shipRow + 1
            pathcondition()
            map[shipRow][shipColumn] = YOU
            print(shipRow, " ", shipColumn)
            print(map[shipRow][shipColumn])
            printmap()
elif keydown == LEFT:
    if shipColumn > 0:
        map[shipRow][shipColumn] = FOREST
        shipColumn = shipColumn - 1
        pathcondition()
        map[shipRow][shipColumn] = YOU
        print(shipRow, " ", shipColumn)
        print(map[shipRow][shipColumn])
        printmap()

elif keydown == RIGHT:
    if shipColumn < COLUMNS - 1:
        map[shipRow][shipColumn] = FOREST
        shipColumn = shipColumn + 1
        pathcondition()
        map[shipRow][shipColumn] = YOU
        print(shipRow, " ", shipColumn)
        print(map[shipRow][shipColumn])
        printmap()
```

執行結果

```
[0, 2, 0, 0, 0, 3]
[0, 0, 0, 1, 0, 0]
[0, 1, 0, 0, 0, 0]
[0, 0, 0, 0, 2, 0]
[0, 2, 0, 1, 0, 0]
[4, 0, 0, 0, 0, 0]
按下上下左右按鍵(wsda): w
你在深林裡行走。
```

鍵盤輸入 w

```
4    0
4
[0, 2, 0, 0, 0, 3]
[0, 0, 0, 1, 0, 0]
[0, 1, 0, 0, 0, 0]
[0, 0, 0, 0, 2, 0]
[4, 2, 0, 1, 0, 0]
[0, 0, 0, 0, 0, 0]
按下上下左右按鍵(wsda): w        鍵盤輸入 w
你在深林裡行走。
3    0
4
[0, 2, 0, 0, 0, 3]
[0, 0, 0, 1, 0, 0]
[0, 1, 0, 0, 0, 0]
[4, 0, 0, 0, 2, 0]
[0, 2, 0, 1, 0, 0]
[0, 0, 0, 0, 0, 0]
按下上下左右按鍵(wsda): s        鍵盤輸入 s
你在深林裡行走。
4    0
4
[0, 2, 0, 0, 0, 3]
[0, 0, 0, 1, 0, 0]
[0, 1, 0, 0, 0, 0]
[0, 0, 0, 0, 2, 0]
[4, 2, 0, 1, 0, 0]
[0, 0, 0, 0, 0, 0]
按下上下左右按鍵(wsda): d        鍵盤輸入 d
你遇到狐狸，狐狸偷吃你的食物。
狐狸逃走了！
4    1
4
[0, 2, 0, 0, 0, 3]
[0, 0, 0, 1, 0, 0]
[0, 1, 0, 0, 0, 0]
[0, 0, 0, 0, 2, 0]
[0, 4, 0, 1, 0, 0]
[0, 0, 0, 0, 0, 0]
按下上下左右按鍵(wsda): a        鍵盤輸入 a
你在深林裡行走。
4    0
4
```

```
[0, 2, 0, 0, 0, 3]
[0, 0, 0, 1, 0, 0]
[0, 1, 0, 0, 0, 0]
[0, 0, 0, 0, 2, 0]
[4, 0, 0, 1, 0, 0]
[0, 0, 0, 0, 0, 0]
按下上下左右按鍵(wsda): d        鍵盤輸入 d
你在深林裡行走。
4   1
4
[0, 2, 0, 0, 0, 3]
[0, 0, 0, 1, 0, 0]
[0, 1, 0, 0, 0, 0]
[0, 0, 0, 0, 2, 0]
[0, 4, 0, 1, 0, 0]
[0, 0, 0, 0, 0, 0]
按下上下左右按鍵(wsda): d        鍵盤輸入 d
你在深林裡行走。
4   2
4
[0, 2, 0, 0, 0, 3]
[0, 0, 0, 1, 0, 0]
[0, 1, 0, 0, 0, 0]
[0, 0, 0, 0, 2, 0]
[0, 0, 4, 1, 0, 0]
[0, 0, 0, 0, 0, 0]
按下上下左右按鍵(wsda): d        鍵盤輸入 d
你進入一個山洞。
4   3
4
[0, 2, 0, 0, 0, 3]
[0, 0, 0, 1, 0, 0]
[0, 1, 0, 0, 0, 0]
[0, 0, 0, 0, 2, 0]
[0, 0, 0, 4, 0, 0]
[0, 0, 0, 0, 0, 0]
按下上下左右按鍵(wsda): d        鍵盤輸入 d
你在深林裡行走。
4   4
4
[0, 2, 0, 0, 0, 3]
[0, 0, 0, 1, 0, 0]
[0, 1, 0, 0, 0, 0]
```

```
[0, 0, 0, 0, 2, 0]
[0, 0, 0, 0, 4, 0]
[0, 0, 0, 0, 0, 0]
按下上下左右按鍵(wsda): w
你遇到狐狸，狐狸偷吃你的食物。
狐狸逃走了！
3   4
4
[0, 2, 0, 0, 0, 3]
[0, 0, 0, 1, 0, 0]
[0, 1, 0, 0, 0, 0]
[0, 0, 0, 0, 4, 0]
[0, 0, 0, 0, 0, 0]
[0, 0, 0, 0, 0, 0]
```

鍵盤輸入 w

說明

在此新的程式中，新增加了一個自訂函式 printmap()，其定義如下所示：

```
def printmap():
    for a in map:
        print(a)
```

在函式 printmap()中，使用一個 for 迴圈來顯示 map list 中的每排的 list 內容，直到顯示完最後一個 list 為止。

12-9 如何讓程式變難一點(4)：模擬平行宇宙世界

讓我們來利用 list 設計兩個地圖，一個是「我存在的宇宙世界」，另一個則是「平行宇宙世界」。平行宇宙是美國物理科學家的新發現，認為宇宙是由無限多個相同的世界所構成，但其中的相同角色會有不同的命運結果。下列程式試圖模擬平行宇宙世界，我們建立兩個地圖，讓我們來看看不同世界的你，命運也是不相同的。

程式 12-8

```
import time

FOREST = 0
CAVE = 1
```

```
FOX = 2
HOME = 3
YOU = 4

map = [
    [0, 2, 0, 0, 0, 3],
    [0, 0, 0, 1, 0, 0],
    [0, 1, 0, 0, 0, 0],
    [0, 0, 0, 0, 2, 0],
    [0, 2, 0, 1, 0, 0],
    [4, 0, 0, 0, 0, 0]
]

map2 = [
    [0, 0, 0, 0, 2, 3],
    [0, 0, 0, 0, 0, 0],
    [0, 0, 0, 0, 0, 0],
    [0, 0, 0, 0, 0, 0],
    [0, 0, 0, 0, 0, 0],
    [0, 0, 1, 0, 0, 4]
]

def printmap():
    print("顯示我存在的宇宙世界:")
    for a in map:
        time.sleep(0.2)
        print(a)

def printmap2():
    print("顯示平行宇宙世界:")
    for a in map2:
        time.sleep(0.2)
        print(a)

printmap()
print()
printmap2()

UP = 'w'
DOWN = 's'
RIGHT = 'd'
LEFT = 'a'
PORTAL = 'p'
```

```
ROWS = len(map)
COLUMNS = len(map[0])

ROWS2 = len(map2)
COLUMNS2 = len(map2[0])

shipRow = None
shipColumn = None

shipRow2 = None
shipColumn2 = None

for row in range(ROWS):
    for column in range(COLUMNS):
        if map[row][column] == YOU:
            shipRow = row
            shipColumn = column
for row2 in range(ROWS2):
    for column2 in range(COLUMNS2):
        if map2[row2][column2] == YOU:
            shipRow2 = row2
            shipColumn2 = column2

def pathcondition():
    if map[shipRow][shipColumn] == FOREST:
        print("你在深林裡行走。")
    elif map[shipRow][shipColumn] == FOX:
        print("你遇到狐狸，狐狸偷吃你的食物。")
        print("狐狸逃走了！")
    elif map[shipRow][shipColumn] == CAVE:
        print("你進入一個山洞。")
    elif map[shipRow][shipColumn] == HOME:
        print("你到達目地的了。")

def pathcondition2():
    if map2[shipRow2][shipColumn2] == FOREST:
        print("你在深林裡行走。")
    elif map2[shipRow2][shipColumn2] == FOX:
        print("你遇到狐狸，狐狸偷吃你的食物。")
        print("狐狸逃走了！")
    elif map2[shipRow2][shipColumn2] == CAVE:
        print("你進入一個山洞。")
    elif map2[shipRow2][shipColumn2] == HOME:
```

```
        print("你到達目地的了。")

while True:
    print()
    keydown = input("按 p 進入平行宇宙: ")

    if keydown == PORTAL:
        keydown２ = input("按下上下左右按鍵(wsda): ")
        if keydown２ == UP:
            if shipRow2 > 0:
                map2[shipRow2][shipColumn2] = FOREST
                shipRow2 = shipRow2 - 1
                pathcondition2()
                map2[shipRow2][shipColumn2] = YOU
                print(shipRow2, " ", shipColumn2)
                print(map2[shipRow2][shipColumn2])
                printmap2()
elif keydown２ == DOWN:
    if shipRow2 < ROWS - 1:
        map2[shipRow2][shipColumn2] = FOREST
        shipRow2 = shipRow2 + 1
        pathcondition2()
        map2[shipRow2][shipColumn2] = YOU
        print(shipRow2, " ", shipColumn2)
        print(map2[shipRow2][shipColumn2])
        printmap2()
elif keydown２ == LEFT:
        if shipColumn2 > 0:
            map2[shipRow2][shipColumn2] = FOREST
            shipColumn2 = shipColumn2 - 1
            pathcondition2()
            map2[shipRow2][shipColumn2] = YOU
            print(shipRow2, " ", shipColumn2)
            print(map2[shipRow2][shipColumn2])
            printmap2()

    elif keydown２ == RIGHT:
        if shipColumn2 < COLUMNS2 - 1:
            map2[shipRow2][shipColumn2] = FOREST
            shipColumn2 = shipColumn2 + 1
            pathcondition2()
            map2[shipRow2][shipColumn2] = YOU
            print(shipRow2, " ", shipColumn2)
```

```
            print(map2[shipRow2][shipColumn2])
            printmap2()

else:

    keydown2 = input("按下上下左右按鍵(wsda): ")
    if keydown2 == UP:
        if shipRow > 0:
            map[shipRow][shipColumn] = FOREST
            shipRow = shipRow - 1
            pathcondition()
            map[shipRow][shipColumn] = YOU
            print(shipRow, " ", shipColumn)
            print(map[shipRow][shipColumn])
            printmap()

elif keydown2 == DOWN:
    if shipRow < ROWS - 1:
        map[shipRow][shipColumn] = FOREST
        shipRow = shipRow + 1
        pathcondition()
        map[shipRow][shipColumn] = YOU
        print(shipRow, " ", shipColumn)
        print(map[shipRow][shipColumn])
        printmap()

elif keydown2 == LEFT:
    if shipColumn > 0:
        map[shipRow][shipColumn] = FOREST
        shipColumn = shipColumn - 1
        pathcondition()
        map[shipRow][shipColumn] = YOU
        print(shipRow, " ", shipColumn)
        print(map[shipRow][shipColumn])
        printmap()

elif keydown2 == RIGHT:
    if shipColumn < COLUMNS - 1:
        map[shipRow][shipColumn] = FOREST
        shipColumn = shipColumn + 1
        pathcondition()
        map[shipRow][shipColumn] = YOU
        print(shipRow, " ", shipColumn)
```

```
        print(map[shipRow][shipColumn])
        printmap()
```

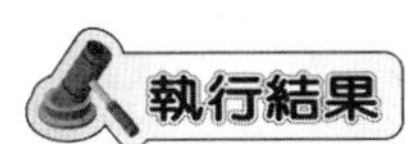


```
顯示我存在的宇宙世界:
[0, 2, 0, 0, 0, 3]
[0, 0, 0, 1, 0, 0]
[0, 1, 0, 0, 0, 0]
[0, 0, 0, 0, 2, 0]
[0, 2, 0, 1, 0, 0]
[4, 0, 0, 0, 0, 0]

顯示平行宇宙世界:
[0, 0, 0, 0, 2, 3]
[0, 0, 0, 0, 0, 0]
[0, 0, 0, 0, 0, 0]
[0, 0, 0, 0, 0, 0]
[0, 0, 0, 0, 0, 0]
[0, 0, 1, 0, 0, 4]
                                        鍵盤輸入 p
按 p 進入平行宇宙: p
按下上下左右按鍵(wsda): w               鍵盤輸入 w
你在深林裡行走。
4   5
4
顯示平行宇宙世界:
[0, 0, 0, 0, 2, 3]
[0, 0, 0, 0, 0, 0]
[0, 0, 0, 0, 0, 0]
[0, 0, 0, 0, 0, 0]
[0, 0, 0, 0, 0, 4]
[0, 0, 1, 0, 0, 0]
                                        鍵盤輸入 e
按 p 進入平行宇宙: e
按下上下左右按鍵(wsda): w               鍵盤輸入 w
你在深林裡行走。
4   0
4
顯示我存在的宇宙世界:
[0, 2, 0, 0, 0, 3]
[0, 0, 0, 1, 0, 0]
[0, 1, 0, 0, 0, 0]
```

```
[0, 0, 0, 0, 2, 0]
[4, 2, 0, 1, 0, 0]
[0, 0, 0, 0, 0, 0]

按 p 進入平行宇宙: p          鍵盤輸入 p
按下上下左右按鍵(wsda): a    鍵盤輸入 a
你在深林裡行走。
4   4
4
顯示平行宇宙世界:
[0, 0, 0, 0, 2, 3]
[0, 0, 0, 0, 0, 0]
[0, 0, 0, 0, 0, 0]
[0, 0, 0, 0, 0, 0]
[0, 0, 0, 0, 4, 0]
[0, 0, 1, 0, 0, 0]
```

說明

在此新的程式中，新增加了一個按鍵變數(PORTAL)，如下列所有按鍵所示：

```
UP = 'w'
DOWN = 's'
RIGHT = 'd'
LEFT = 'a'
PORTAL = 'p'
```

若使用者按下 p 鍵，則程式會進入 map2 的平行宇宙世界，但若按下任何除了 p 之外的按鍵，則會到我存在的宇宙世界裡，程式會依據您在不同地圖的預設座標，來分別執行出不同的結果。下面列出這兩個世界的初始地圖

```
map = [
    [0, 2, 0, 0, 0, 3],
    [0, 0, 0, 1, 0, 0],
    [0, 1, 0, 0, 0, 0],
    [0, 0, 0, 0, 2, 0],
    [0, 2, 0, 1, 0, 0],
    [4, 0, 0, 0, 0, 0]
]

map2 = [
    [0, 0, 0, 0, 2, 3],
    [0, 0, 0, 0, 0, 0],
```

```
    [0, 0, 0, 0, 0, 0],
    [0, 0, 0, 0, 0, 0],
    [0, 0, 0, 0, 0, 0],
    [0, 0, 1, 0, 0, 4]
]
```

我們也定義兩個不同的 printmap()函式，來顯示不同的地圖內容，下面是兩個不同的 printmap()函式，讀者可自行比對。

```
def printmap():
    print("顯示我存在的宇宙世界:")
    for a in map:
        time.sleep(0.2)
        print(a)

def printmap2():
    print("顯示平行宇宙世界:")
    for a in map2:
        time.sleep(0.2)
        print(a)
```

12-10 如何讓程式變難一點(5)：讓船隻自動判斷湖水，才可朝該方向行駛

再舉一個程式範例。本程式會讓船隻自動移動，並判斷哪裡可以移動，哪裡不允許移動。下面程式新增加了一個 list 變數（valid），並將一個空 list 指派給它。當船隻的前後左右的任一方為湖水時，才可以讓船隻朝該方向行駛。

程式 12-9

```
from random import choice
WATER = 0
ISLAND = 1
Destination = 3
SHIP = 5
map =[
   [0, 1, 0, 0, 0, 3],
   [0, 0, 0, 1, 0, 0],
   [0, 1, 0, 0, 0, 0],
```

```
    [0, 0, 1, 0, 1, 0],
    [0, 1, 5, 1, 0, 0],
    [0, 1, 0, 0, 0, 0]
]
UP = 8
DOWN = 2
RIGHT = 6
LEFT = 4

ROWS = len(map)
COLUMNS = len(map[0])

shipRow = None
shipColumn = None

for row in range(ROWS):
    for column in range(COLUMNS):
        if map[row][column] == SHIP:
            shipRow = row
            shipColumn = column
valid = []
button = [4,6,8,2]
direction = None

while True:
    if shipRow > 0:
        if map[shipRow - 1][shipColumn] == WATER:
            valid.append(8)
    if shipRow < ROWS - 1:
        if map[shipRow + 1][shipColumn] == WATER:
            valid.append(2)
    if shipColumn > 0:
        if map[shipRow][shipColumn - 1] == WATER:
            valid.append(4)
    if shipColumn < COLUMNS - 1:
        if map[shipRow][shipColumn + 1] == WATER:
            valid.append(6)

    if valid != []:
        direction = choice(valid)

    if direction == UP:
        if shipRow > 0:
```

```
            print("向上移動")
            map[shipRow][shipColumn] = WATER
            shipRow = shipRow - 1
            map[shipRow][shipColumn] = SHIP
            print(shipRow, " ", shipColumn)
            print(map[shipRow][shipColumn])
elif direction == DOWN:
    if shipRow < ROWS - 1:
        print("向下移動")
        map[shipRow][shipColumn] = WATER
        shipRow = shipRow + 1
        map[shipRow][shipColumn] = SHIP
        print(shipRow, " ", shipColumn)
        print(map[shipRow][shipColumn])

elif direction == LEFT:
    if shipColumn > 0:
        print("向左移動")
        map[shipRow][shipColumn] = WATER
        shipColumn = shipColumn - 1
        map[shipRow][shipColumn] = SHIP
        print(shipRow, " ", shipColumn)
        print(map[shipRow][shipColumn])

elif direction == RIGHT:
    if shipColumn < COLUMNS - 1:
        print("向右移動")
        map[shipRow][shipColumn] = WATER
        shipColumn = shipColumn + 1
        map[shipRow][shipColumn] = SHIP
        print(shipRow, " ", shipColumn)
        print(map[shipRow][shipColumn])

valid.clear()
```

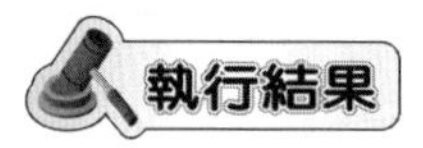

```
向下移動
5	2
5
向右移動
5	3
5
向右移動
5	4
5
向左移動
5	3
5
向左移動
5	2
5
向上移動
4	2
5
向下移動
5	2
5
向上移動
4	2
5
向下移動
5	2
5
向上移動
4	2
5
向下移動
5	2
5
向上移動
4	2
5
向下移動
5	2
5
向右移動
```

```
5    3
5
向左移動
5    2
5
向右移動
5    3
5
向左移動
5    2
5
向右移動
5    3
5
向左移動
5    2
5
向右移動
5    3
5
向右移動
5    4
5
向上移動
4    4
5
向右移動
4    5
5
向下移動
5    5
5
向上移動
4    5
```

說明

此程式將所有可以移動的方向，都用 valid.append()來將其新增至 valid 的 list 裡面。下面是相關的程式片段：

```
if shipRow > 0:
    if map[shipRow - 1][shipColumn] == WATER:
        valid.append(8)
```

```
if shipRow < ROWS - 1:
    if map[shipRow + 1][shipColumn] == WATER:
        valid.append(2)
if shipColumn > 0:
    if map[shipRow][shipColumn - 1] == WATER:
        valid.append(4)
if shipColumn < COLUMNS - 1:
    if map[shipRow][shipColumn + 1] == WATER:
        valid.append(6)
```

然後以 choice 方法，隨機選擇一個可以移動的方向，如下所示：

```
if valid != []:
    direction = choice(valid)
```

最後根據這個 direction 變數值，來移動船隻。為了讓 valid 不會在這個 while 無限回圈中，重複加入相同的方向值，請在程式最後一行加上 valid.clear() 方法將 valid 的 list 清除乾淨。

13

CHAPTER

氣泡隧道

在本章中，您將會產生氣泡的地圖程式，使用 list 功能來模擬這些氣泡的座標，並學習連接氣泡的資料結構及限制不重複連接相同氣泡的程式設計技巧。

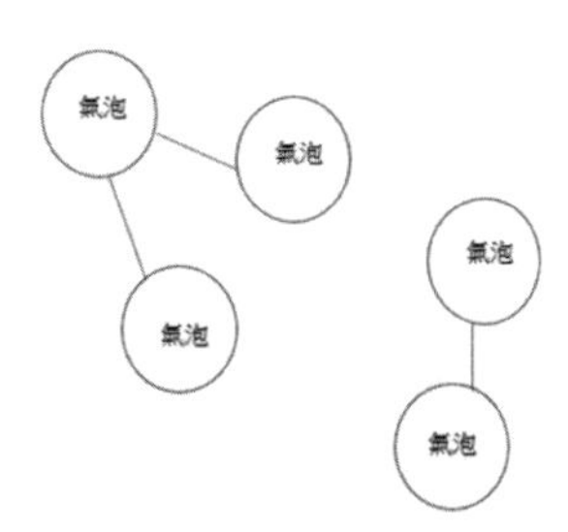

13-1 氣泡隧道故事

有一天般傍晚當您在一個偏遠山區旅行的時候，天空突然出現許多的大型氣泡，有的連接在一起，有的各自獨立分開漂浮在空中。由於好奇心，您爬上一棵大樹，並用釣竿將魚線甩至其中一個氣泡上，結果您被莫名的吸引力，拖拉至您打中的氣泡中。很不幸的其中有一個氣泡中有怪物，若它發現你，會把你吃掉，你需要在其他的氣泡中找到武器-神刀，就可以殺掉怪物。好把！讓我們來用 Python 程式的 List 功能來模擬這些氣泡的座標位置，還有你可以通往連接的氣泡房間，尋找神刀與怪物。讓我們透過這個故事的情境，因為您的好奇心，會在不知不覺中學會程式設計。

首先設計一個產生氣泡的地圖程式，並判斷你的氣泡是否可看見怪物。

13-2 氣泡產生器程式

本程式是一個氣泡產生器。

程式 13-1

```
from random import choice

bubble_numbers = range(0, 5)
bubbles = []
for i in bubble_numbers:
    bubbles.append([])
print(bubbles)

prelink = None

for i in bubble_numbers:
    for j in range(2):
        link = choice(bubble_numbers)
        while link == prelink:
            link = choice(bubble_numbers)
        bubbles[i].append(link)
        prelink = link

a = len(bubbles)
for b in range(a):
    print("產生氣泡", b)
    print(b,bubbles[b])
```

執行結果

```
[[], [], [], [], []]
產生氣泡 0
0 [2, 0]
產生氣泡 1
1 [4, 3]
產生氣泡 2
2 [2, 4]
產生氣泡 3
3 [0, 2]
產生氣泡 4
4 [3, 2]
```

說明

本程式首先產生 5 個氣泡，如下圖所示：

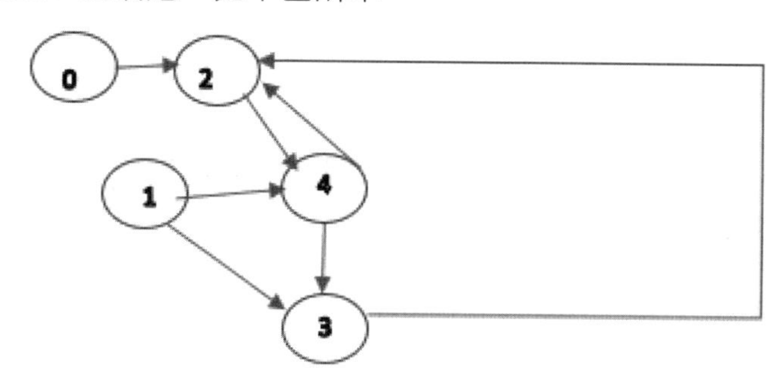

在上列輸出結果中，“0 [2, 0]”表示「氣泡 0」與「氣泡 2」連接，以及「氣泡 0」與「氣泡 0」連接。下圖中，您可以看到有一個箭頭線從「氣泡 0」連接到「氣泡 2」，至於為何沒有有一個箭頭線從「氣泡 0」連接到「氣泡 0」，是因為「氣泡 0」連接到「氣泡 0」等於「氣泡 0」，故省略箭頭線。其他氣泡號碼的連接箭頭線依此類推，就是一個完整的 5 個氣泡連接圖。

首先設定產生 5 個氣泡，如下列片段程式所示：

```
bubble_numbers = range(0, 5)
```

變數 bubbles 的初始值先預設為一個空的 list，並用一個 for 迴圈產生 5 個空的 list，如下所示：

```
bubbles = [ ]
for i in bubble_numbers:
    bubbles.append([])
print(bubbles)
```

每個產生的氣泡會與另外兩個氣泡相連接，如下所示：

```
for j in range(2):
    link = choice(bubble_numbers)
    bubbles[i].append(link)
```

上列 bubbles[i].append(link)是使用 List 中的 append()方法，可將元素加到列表的末端，如下列簡單範例所示：

```
>>>lst=[1,2,3]
>>>lst.append(4)
>>>lst
[1,2,3,4]
```

list(列表)還有一個方法可以用來刪除元素。

remove(x)刪除第一個其值相等於 x 的元素。如果整個 list 都沒有這個元素，那就會產生一個錯誤。

為了讓每梯次的氣泡連接不會重複相同的氣泡，我們先設定變數 prelink 為 None，若產生相同的氣泡號碼，則利用 choice()重新隨機產生新氣泡號碼，直到不相同，就會退出 while 迴圈，如下列片段程式所示：

```
prelink = None
while link == prelink:
    link = choice(bubble_numbers)
```

連接氣泡的程式如下所示：

```
link = choice(bubble_numbers)

bubbles[i].append(link)
```

變數 bubbles 原本是一個空的 list，bubbles[i].append(link)就是在每個空 list 中，新增子 list。

利用 len( )函式來計算 bubbles 中有幾個子 list，如下所示：

```
a = len(bubbles)
```

最後利用 for 迴圈，將每個子 list 顯示出來，如下列片段程式所示：

```
for b in range(a):
    print("產生氣泡",b)
    print(b,bubbles[b])
```

在設計完一個氣泡產生器之後，本程式讓一個怪獸藏匿在某個氣泡位置，若您與怪獸在同一個氣泡內，你就會被怪獸吃掉，如下列程式碼所示：

程式 13-2

```
from random import choice

bubble_numbers = range(0, 5)
bubbles = []
for i in bubble_numbers:
    bubbles.append([])
print(bubbles)

prelink = None

for i in bubble_numbers:
    for j in range(2):
        link = choice(bubble_numbers)
        while link == prelink:
            link = choice(bubble_numbers)
        bubbles[i].append(link)
        prelink = link

a = len(bubbles)
for b in range(a):
    print("產生氣泡", b)
    print(b,bubbles[b])

monster = choice(bubble_numbers)
man = choice(bubble_numbers)
print("怪獸位置:", monster)
print("你的位置:", man)
```

```
while man == monster:
    man = choice(bubble_numbers)

while True:
    print("你在氣泡"+str(man)+"裡面。")
    print("你可通往的氣泡位置是:", bubbles[man])
    if monster in bubbles[man]:
        print("小心，怪獸在附近！")

    newposition = input("你要去的氣泡新位置為：")
    if (int(newposition) not in bubbles[man]):
        print("此氣泡位置",newposition,"無法到達。")
        continue

    man = int(newposition)

    if man == monster:
        print("你居然跑到怪獸藏匿的氣泡位置！")
        print("怪獸把你吃掉了!")
        break
```

執行結果

```
[[], [], [], [], []]
產生氣泡 0
0 [0, 4]
產生氣泡 1
1 [1, 3]
產生氣泡 2
2 [1, 0]
產生氣泡 3
3 [4, 2]
產生氣泡 4
4 [3, 1]
怪獸位置: 4
你的位置: 3
你在氣泡 3 裡面。
你可通往的氣泡位置是: [4, 2]
小心，怪獸在附近！
你要去的氣泡新位置為：2        ← 鍵盤輸入 2
你在氣泡 2 裡面。
你可通往的氣泡位置是: [1, 0]
```

```
你要去的氣泡新位置為：0          鍵盤輸入 0
你在氣泡 0 裡面。
你可通往的氣泡位置是: [0, 4]
小心，怪獸在附近！
你要去的氣泡新位置為：4          鍵盤輸入 4
你居然跑到怪獸藏匿的氣泡位置！
怪獸把你吃掉了！
```

說明

本程式用 choice()函式，隨機產生 monster(怪獸) 與 man(人)的氣泡位置。若 monster(怪獸)與 man(人)的氣泡初始位置相同，則再用 choice()函式重新產生 man(人)的氣泡初始位置，這樣就不會程式在一開始時，man(人)就被 monster(怪獸)吃掉，如下列程式片段所示：

```
monster = choice(bubble_numbers)
man = choice(bubble_numbers)
while man == monster:
    man = choice(bubble_numbers)
```

在下列 while 迴圈中，螢幕會顯示你在哪個氣泡裡面。str(man)是要將整數型別的 man 轉為字串。我們利用 bubbles[man]來顯示你的氣泡號碼可以與哪兩個氣泡號碼連接，如果 monster(怪獸)氣泡號碼在 bubbles[man]的列表中，則螢幕會顯示"小心，怪獸在附近！"，如下列程式片段所示：

```
print("你在氣泡"+str(man)+"裡面。")
    print("你可通往的氣泡位置是:", bubbles[man])
    if monster in bubbles[man]:
        print("小心，怪獸在附近！")
```

現在 bubbles[man]列表中會顯示兩個氣泡號碼，請選擇你要通往哪個氣泡。若您輸入的氣泡新位置並不在 bubbles[man]列表中，則螢幕會顯示"此氣泡位置無法到達"，並透過 continue 關鍵字，重新要求你輸入新的氣泡位置，如下列程式片段所示：

```
newposition = input("你要去的氣泡新位置為：")
    if (int(newposition) not in bubbles[man]):
        print("此氣泡位置",newposition,"無法到達。")
continue
```

若重新輸入的氣泡位置在 bubbles[man]列表中，且也等於 monster(怪獸)位置，螢幕會顯示" 怪獸把你吃掉了!"，最後在透過 break 關鍵字，跳出迴圈來結束程式，如下列程式片段所示：

```
man = int(newposition)
    if man == monster:
        print("你居然跑到怪獸藏匿的氣泡位置！")
        print("怪獸把你吃掉了！")
        break
```

現在以上一個程式為基礎，讓我們來新增一個武器(神刀)，你必須先取得神刀，然後才能殺掉怪獸，如下列程式所示：

程式 13-3

```
from random import choice

bubble_numbers = range(0, 5)
bubbles = []
for i in bubble_numbers:
    bubbles.append([])
print(bubbles)

prelink = None

for i in bubble_numbers:
    for j in range(2):
        link = choice(bubble_numbers)
        while link == prelink:
            link = choice(bubble_numbers)
        bubbles[i].append(link)
        prelink = link

a = len(bubbles)
for b in range(a):
    print("產生氣泡", b)
    print(b,bubbles[b])

monster = choice(bubble_numbers)
man = choice(bubble_numbers)
knife = choice(bubble_numbers)
while man == monster:
    man = choice(bubble_numbers)
```

```
while knife == monster:
    knife = choice(bubble_numbers)

while knife == man:
    knife = choice(bubble_numbers)
print("怪獸位置:", monster)
print("你的位置:", man)
print("神刀位置:", knife)

pickup = False
while True:
    print("你在氣泡"+str(man)+"裡面。")
    print("你可通往的氣泡位置是:", bubbles[man])

    if monster in bubbles[man]:
        print("小心，怪獸在附近！")

    if knife in bubbles[man]:
        print("趕快去拿神刀！")

    newposition = input("你要去的氣泡新位置為：")
    if (int(newposition) not in bubbles[man]):
        print("此氣泡位置",newposition,"無法到達。")
        continue

    man = int(newposition)

    if man == knife:
        print("你已拾取神刀！")
        print("怪獸將完蛋了!")
        pickup = True

    if man == monster and pickup == False:
        print("你居然跑到怪獸藏匿的氣泡位置！")
        print("怪獸把你吃掉了!")
        break

    if man == monster and pickup == True:
        print("你用神刀把怪獸殺死了！")
        break
```

執行結果

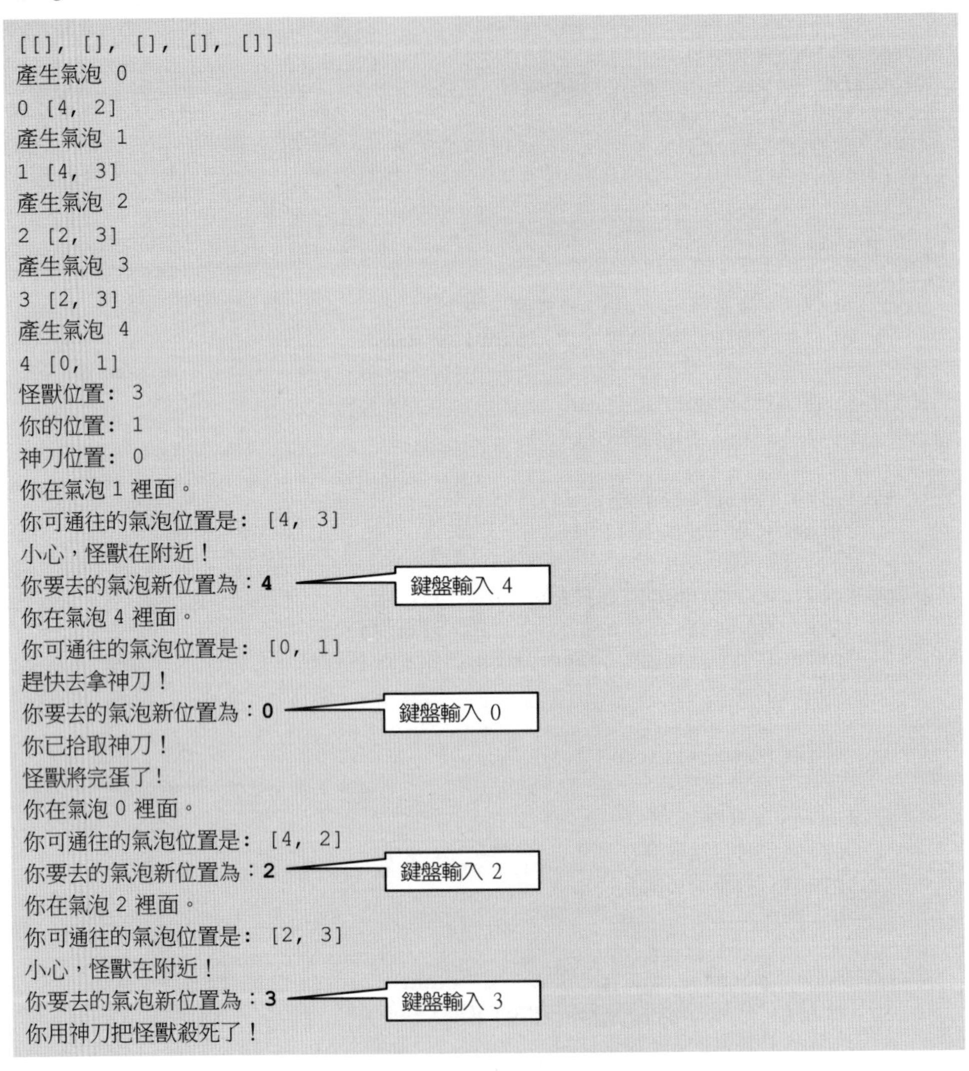

```
[[], [], [], [], []]
產生氣泡 0
0 [4, 2]
產生氣泡 1
1 [4, 3]
產生氣泡 2
2 [2, 3]
產生氣泡 3
3 [2, 3]
產生氣泡 4
4 [0, 1]
怪獸位置: 3
你的位置: 1
神刀位置: 0
你在氣泡 1 裡面。
你可通往的氣泡位置是: [4, 3]
小心，怪獸在附近！
你要去的氣泡新位置為：4
你在氣泡 4 裡面。
你可通往的氣泡位置是: [0, 1]
趕快去拿神刀！
你要去的氣泡新位置為：0
你已拾取神刀！
怪獸將完蛋了！
你在氣泡 0 裡面。
你可通往的氣泡位置是: [4, 2]
你要去的氣泡新位置為：2
你在氣泡 2 裡面。
你可通往的氣泡位置是: [2, 3]
小心，怪獸在附近！
你要去的氣泡新位置為：3
你用神刀把怪獸殺死了！
```


說明

本程式新增一個 if 條件式，如下列片段程式所示：

```
if knife in bubbles[man]:
    print("趕快去拿神刀！")
```

如果武器(神刀)在 bubbles[man]的列表中，螢幕會顯示"趕快去拿神刀！"。

若變數 pickup 為 False，表示您未取得武器(神刀)，此時若您在 monster(怪獸)位置，螢幕會顯示”怪獸把你吃掉了!"，最後在透過 break 關鍵字，跳出迴圈來結束程式，如下列程式片段所示：

```
if man == monster and pickup == False:
    print("你居然跑到怪獸藏匿的氣泡位置！")
    print("怪獸把你吃掉了！")
    break
```

下列程式片段表示，當變數 pickup 為 True 時，且您也在 monster(怪獸)位置上，您就可以用神刀把 monster(怪獸)殺死了。

```
if man == monster and pickup == True:
    print("你用神刀把怪獸殺死了！")
    break
```

現在以上一個程式為基礎，若神刀已拿，則螢幕不會重複顯示"趕快去拿神刀！"，如下列程式所示：

程式 13-4

```
from random import choice

bubble_numbers = range(0, 5)
bubbles = []
for i in bubble_numbers:
    bubbles.append([])
print(bubbles)

prelink = None

for i in bubble_numbers:
    for j in range(2):
        link = choice(bubble_numbers)
        while link == prelink:
            link = choice(bubble_numbers)
        bubbles[i].append(link)
        prelink = link

a = len(bubbles)
```

```
for b in range(a):
    print("產生氣泡", b)
    print(b,bubbles[b])

monster = choice(bubble_numbers)
man = choice(bubble_numbers)
knife = choice(bubble_numbers)
while man == monster:
    man = choice(bubble_numbers)

while knife == monster:
    knife = choice(bubble_numbers)

while knife == man:
    knife = choice(bubble_numbers)

print("怪獸位置:", monster)
print("你的位置:", man)
print("神刀位置:", knife)

pickup = False

while True:
    print("你在氣泡"+str(man)+"裡面。")
    print("你可通往的氣泡位置是:", bubbles[man])

    if monster in bubbles[man]:
        print("小心，怪獸在附近！")

    if knife in bubbles[man] and pickup == False: #若神刀已拿，則不執行
        print("趕快去拿神刀！")

    newposition = input("你要去的氣泡新位置為：")
    if (int(newposition) not in bubbles[man]):
        print("此氣泡位置",newposition,"無法到達。")
        continue
man = int(newposition)

if man == knife:
    print("你已拾取神刀！")
    print("怪獸將完蛋了!")
    pickup = True
```

```
if man == monster and pickup == False:
    print("你居然跑到怪獸藏匿的氣泡位置！")
    print("怪獸把你吃掉了!")
    break

if man == monster and pickup == True:
    print("你用神刀把怪獸殺死了！")
    break
```

執行結果

```
[[], [], [], [], []]
產生氣泡 0
0 [2, 3]
產生氣泡 1
1 [1, 3]
產生氣泡 2
2 [2, 4]
產生氣泡 3
3 [3, 0]
產生氣泡 4
4 [4, 1]
怪獸位置: 1
你的位置: 3
神刀位置: 2
你在氣泡 3 裡面。
你可通往的氣泡位置是: [3, 0]
你要去的氣泡新位置為：0        鍵盤輸入 0
你在氣泡 0 裡面。
你可通往的氣泡位置是: [2, 3]
趕快去拿神刀！
你要去的氣泡新位置為：2        鍵盤輸入 2
你已拾取神刀！
怪獸將完蛋了!
你在氣泡 2 裡面。
你可通往的氣泡位置是: [2, 4]
你要去的氣泡新位置為：2        鍵盤輸入 2
你已拾取神刀！
怪獸將完蛋了!
你在氣泡 2 裡面。
你可通往的氣泡位置是: [2, 4]
你要去的氣泡新位置為：4        鍵盤輸入 4
```

```
你在氣泡 4 裡面。
你可通往的氣泡位置是: [4, 1]
小心，怪獸在附近！


你要去的氣泡新位置為：1
你用神刀把怪獸殺死了！
```

本程式新增一個變數 pickup，如下列片段程式所示：

```
pickup = False
```

因本程式一開始時，pickup 設為 False，故會執行下列條件式：

```
if knife in bubbles[man] and pickup == False:#若神刀已拿，則不執行
        print("趕快去拿神刀！")
```

但當你拿到神刀時，程式會執行下列條件式：

```
if man == knife:
        print("你已拾取神刀！")
        print("怪獸將完蛋了!")
        pickup = True
```

當您再次進入神刀原本的氣泡位置時，此時因程式已經知道您之前有取過神刀，因為 pickup = True，所以就不會重覆執行下列條件式：

```
if knife in bubbles[man] and pickup == False:#若神刀已拿，則不執行
        print("趕快去拿神刀！")
```

 1

本程式先產生氣泡，並讓氣泡隨機互相連接，如下列片段程式所示：

```
bubble_numbers = range(0, 5)
bubbles = []
for i in bubble_numbers:
    bubbles.append([])
print(bubbles)
```

```
prelink = None

for i in bubble_numbers:
    for j in range(2):
        link = choice(bubble_numbers)
        while link == prelink:
            link = choice(bubble_numbers)
        bubbles[i].append(link)
        prelink = link
```

 2

本程式顯示下列變數的氣泡位置，如下列片段程式所示：

```
print("怪獸位置:", monster)
print("你的位置:", man)
print("神刀位置:", knife)
```

讀者可自行在第一個 print 函式前面加上#號，來使得這部分程式變成註釋，程式就不會執行這部分，所以這可以讓玩家去猜測怪獸位置，增加遊戲的刺激感。

 3

用一個 while 無限迴圈，來判斷你的氣泡位置是否與怪獸位置相同，你是否記得已經取得神刀，然後才能故意到怪獸氣泡位置，將怪獸殺死。

如下列片段程式所示：

```
while True:
    print("你在氣泡"+str(man)+"裡面。")
    print("你可通往的氣泡位置是:", bubbles[man])

    if monster in bubbles[man]:
        print("小心，怪獸在附近！")

    if knife in bubbles[man] and pickup == False: #若神刀已拿，則不執行
        print("趕快去拿神刀！")

    newposition = input("你要去的氣泡新位置為：")
```

```
    if (int(newposition) not in bubbles[man]):
        print("此氣泡位置",newposition,"無法到達。")
        continue

    man = int(newposition)

    if man == knife:
        print("你已拾取神刀！")
        print("怪獸將完蛋了!")
        pickup = True

    if man == monster and pickup == False:
        print("你居然跑到怪獸藏匿的氣泡位置！")
        print("怪獸把你吃掉了!")
        break

    if man == monster and pickup == True:
        print("你用神刀把怪獸殺死了！")
        break
```

13-3 如何讓程式變難一點(1)：使用全域變數

本程式將新增一個 testknife()自訂函式，並也在此自訂函式中使用全域變數 pickup，在函式中，宣告全域變數的方式是在變數前面加上 global 關鍵字，如下列片段程式所示：

```
def testknife():
    global pickup
    pickup = True

pickup = False
```

因本程式一開始時，pickup 設為 False，故會執行下列條件式：

```
if knife in bubbles[man] and pickup == False: #若神刀已拿，則不執行
        print("趕快去拿神刀！")
```

但當你拿到神刀時，程式會透過 testknife()函式，將 pickup 設為 True，故會執行下列條件式：

```
if man == knife:
        print("你已拾取神刀！")
        print("怪獸將完蛋了！")
        testknife()
```

當您再次進入神刀原本的氣泡位置時，此時因程式已經知道您之前有取過神刀，因為 pickup=True，所以就不會重覆執行下列條件式：

```
if knife in bubbles[man] and pickup == False:#若神刀已拿，則不執行
        print("趕快去拿神刀！")
```

關鍵字 global 用來在函式中，宣告函式自訂義外的全域變數，使該全域變數可以在函式中進行處理。基本上，函式內只要沒有定義跟外部全域變數相同的變數名稱，就可以直接取得外部全域變數的數值，如下列範例程式所示：

```
pickup = False
def test( ):
    print(pickup)
 test()
```

輸出結果：False

然而可以取得並不代表可以修改，如下列範例程式所示：

```
pickup = False
def test( ):
   pickup = not pickup
    print(pickup)
 test( )
```

此函式 test( )直接將 pickup 變數值修改為 not pickup，結果在呼叫 test() 的時候發生錯誤，下列是錯誤訊息:

UnboundLocalError: local variable 'pickup' referenced before assignment

因為在函式內預設可以修改的是區域變數，而非全域變數。此時如果要修改全域變數值，就要在函式內，利用關鍵字 global 宣告全域變數名稱，如下列範例程式所示：

```
pickup = False
def test( ):
    global pickup
    pickup = not pickup
    print(pickup)
test()
```

輸出結果：True

程式 13-5

```
from random import choice

bubble_numbers = range(0, 5)
bubbles = []
for i in bubble_numbers:
    bubbles.append([])
print(bubbles)

prelink = None


for i in bubble_numbers:
    for j in range(2):
        link = choice(bubble_numbers)
        while link == prelink:
            link = choice(bubble_numbers)
        bubbles[i].append(link)
        prelink = link

a = len(bubbles)
for b in range(a):
    print("產生氣泡", b)
    print(b,bubbles[b])

monster = choice(bubble_numbers)
man = choice(bubble_numbers)
knife = choice(bubble_numbers)
while man == monster:
    man = choice(bubble_numbers)

while knife == monster:
```

```
    knife = choice(bubble_numbers)

while knife == man:
    knife = choice(bubble_numbers)

print("怪獸位置:", monster)
print("你的位置:", man)
print("神刀位置:", knife)

pickup = False

def testknife():
    global pickup
    pickup = True
while True:
    print("你在氣泡"+str(man)+"裡面。")
    print("你可通往的氣泡位置是:", bubbles[man])

    if monster in bubbles[man]:
        print("小心，怪獸在附近！")

    if knife in bubbles[man] and pickup == False: #若神刀已拿，則不執行
        print("趕快去拿神刀！")

    newposition = input("你要去的氣泡新位置為：")
    if (int(newposition) not in bubbles[man]):
        print("此氣泡位置",newposition,"無法到達。")
        continue

    man = int(newposition)

    if man == knife:
        print("你已拾取神刀！")
        print("怪獸將完蛋了!")
        testknife()
    if man == monster and pickup == False:
        print("你居然跑到怪獸藏匿的氣泡位置！")
        print("怪獸把你吃掉了!")
        break

    if man == monster and pickup == True:
        print("你用神刀把怪獸殺死了！")
        break
```

執行結果

```
[[], [], [], [], []]
產生氣泡 0
0 [2, 3]
產生氣泡 1
1 [0, 4]
產生氣泡 2
2 [0, 1]
產生氣泡 3
3 [2, 4]
產生氣泡 4
4 [1, 2]
怪獸位置: 3
你的位置: 0
神刀位置: 1
你在氣泡 0 裡面。
你可通往的氣泡位置是: [2, 3]
小心，怪獸在附近！
你要去的氣泡新位置為：2        鍵盤輸入 2
你在氣泡 2 裡面。
你可通往的氣泡位置是: [0, 1]
趕快去拿神刀！
你要去的氣泡新位置為：1        鍵盤輸入 1
你已拾取神刀！
怪獸將完蛋了！
你在氣泡 1 裡面。
你可通往的氣泡位置是: [0, 4]
你要去的氣泡新位置為：4        鍵盤輸入 4
你在氣泡 4 裡面。
你可通往的氣泡位置是: [1, 2]
你要去的氣泡新位置為：1        鍵盤輸入 1
你已拾取神刀！
怪獸將完蛋了！
你在氣泡 1 裡面。
你可通往的氣泡位置是: [0, 4]
你要去的氣泡新位置為：0        鍵盤輸入 0
你在氣泡 0 裡面。
你可通往的氣泡位置是: [2, 3]
小心，怪獸在附近！
你要去的氣泡新位置為：3        鍵盤輸入 3
你用神刀把怪獸殺死了！
```

13-4 如何讓程式變難一點(2)：改良為雙向通行的氣泡隧道

到目前為止，所產生的氣泡都是單向連接的，例如：若你只能從氣泡 1 走到氣泡 2，那麼你就無法從氣泡 2 走回到氣泡 1。為了要讓您能在不同氣泡間雙向通行，請使用下列程式碼：

```
bubbles[i].append(link)
bubbles[link].append(i)
```

下列是一種有 3 個氣泡的雙向連接方式，供您參考：

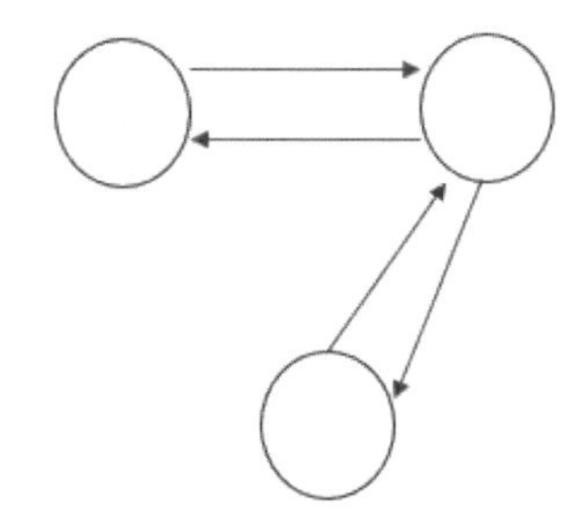

請修改「程式 ch13-3.py」如下所示：

程式 13-6

```
from random import choice

bubble_numbers = range(0, 5)
bubbles = []
for i in bubble_numbers:
    bubbles.append([])
print(bubbles)

prelink = None

for i in bubble_numbers:
    for j in range(2):
        link = choice(bubble_numbers)

        while link == prelink:
            link = choice(bubble_numbers)
```

```
        bubbles[i].append(link)
        bubbles[link].append(i)

        prelink = link


a = len(bubbles)
for b in range(a):
    print("產生氣泡", b)
    print(b,bubbles[b])


monster = choice(bubble_numbers)
man = choice(bubble_numbers)
knife = choice(bubble_numbers)
print("怪獸位置:", monster)
print("你的位置:", man)
print("神刀位置:", knife)

pickup = False

while man == monster:
    man = choice(bubble_numbers)

while knife == man or knife == monster:
    knife = choice(bubble_numbers)

while True:
    print("你在氣泡"+str(man)+"裡面。")
    print("你可通往的氣泡位置是:", bubbles[man])
    if monster in bubbles[man]:
        print("小心，怪獸在附近！")

    newposition = input("你要去的氣泡新位置為：")
    if (int(newposition) not in bubbles[man]):
        print("此氣泡位置",newposition,"無法到達。")
        continue

    man = int(newposition)

    if man == knife:
        print("你拿到神刀了！")
```

```
        pickup = True

    if man == monster and pickup == False:
        print("你居然跑到怪獸藏匿的氣泡位置！")
        print("怪獸把你吃掉了！")
        break

    if man == monster and pickup == True:
        print("你用神刀把怪獸殺死了！")
        break
```

執行結果

```
[], [], [], [], []]
產生氣泡 0
0 [4, 1, 2, 4]
產生氣泡 1
1 [0, 4, 3, 2, 3, 4]
產生氣泡 2
2 [1, 0]
產生氣泡 3
3 [1, 4, 1]
產生氣泡 4
4 [0, 1, 3, 0, 1]
怪獸位置: 2
你的位置: 0
神刀位置: 4
你在氣泡 0 裡面。
你可通往的氣泡位置是: [4, 1, 2, 4]
小心，怪獸在附近！
你要去的氣泡新位置為：4        鍵盤輸入 4
你拿到神刀了！
你在氣泡 4 裡面。
你可通往的氣泡位置是: [0, 1, 3, 0, 1]
你要去的氣泡新位置為：0        鍵盤輸入 0
你在氣泡 0 裡面。
你可通往的氣泡位置是: [4, 1, 2, 4]
小心，怪獸在附近！
你要去的氣泡新位置為：2        鍵盤輸入 2
你用神刀把怪獸殺死了！
```

MEMO

CHAPTER

類別與物件

至目前為止，本書的 Python 程式還未有任何物件導向功能。因此，你在前面幾章所學的是程序性的程式設計，而非物件導向程式設計。Python 物件導向程式跟 C++或 Java 一樣，需要使用類別(class)。類別可用來建立物件。

類別可以想像成是一種容器，裡面有資料的變數及運用此資料的方法。您可將數個資料匯聚成一個單元，並提供一個函式來運用這些資料。

14-1 類別基本知識

類別是定義物件形態的模板，物件是類別的實例。因此，一個類別實質上是規範如何建立物件的一套計劃。直到一個類別的物件被建立時，該類別的實體才存在於電腦記憶體中。

物件導向的程式設計有很多術語，其中大多數顯然會混淆不謹慎的讀者。您會聽到像類別、物件、實例、方法及函式。類別可視為一個動物的靈魂，它只是一個抽象概念，並沒有實體。要讓動物靈魂下降到凡間，成為一個有形體的動物，那麼這個有形體的動物就是動物靈魂的一個物件。天上的神明可以用同一個動物靈魂，分梯次將這些動物靈魂的物件下降到凡間，於是在凡間就有這些同一種動物的形體了。有時候，有人將「物件」稱為「實例」，而上面所說的動物靈魂的「實體」與「實例」是相通的意思。在類別裡面定義的「函式」稱為「方法」。

14-2 類別一般式(1)

類別是使用 class 關鍵字建立的。下列是類別宣告的一般式:

```
class 類別名稱 :
  def __init__(self):
    屬性 1
    屬性 2
def 方法名稱 :
```

其中，「class」關鍵字用來定義一個類別，「類別名稱」是類別的名稱。這類別名稱可用於建立類別物件。類別裡可包含「屬性」及「方法」。屬性可視為是變數，方法可視為是函式。

一但類別定義完成，我們就可以使用 「類別名稱()」 當作建構子來建立物件，並指派給一個變數名稱。

讓我們來開發一個模擬拋硬幣類別。在程式中，我們需要反覆拋硬幣，然後每次都會好奇想知道，螢幕上顯示硬幣「正面朝上」還是「反面朝上」的結果。我們將編寫一個名為 Coin 的類別(通常第一個字母是大寫的英文字母)，這類別可以執行硬幣的行為。

程式 14-1

```
import random

class Coin:
  def __init__(self):
    self.sideup = '正面朝上'
  def toss(self):
    if random.randint(0, 1) == 1:
      self.sideup = '正面朝上'
    else:
      self.sideup = '反面朝上'
  def get_sideup(self):
    return self.sideup

my_coin = Coin()
print(my_coin.get_sideup())
print('拋硬幣中...')
my_coin.toss()
print(my_coin.get_sideup())
```

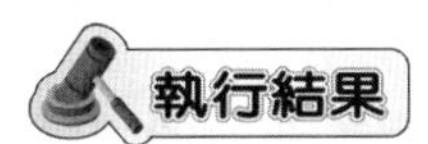


```
正面朝上
拋硬幣中...
反面朝上
```

說明

「模擬拋硬幣」程式定義一個屬性：sideup，預設值為「正面朝上」。

「模擬拋硬幣」程式定義一個方法 toss():用來產生硬幣正反面,有個參數 self。

在方法中存取物件屬性需在屬性名稱前加上 self.。

在類別名稱後加上一對小括號，並指派給一個變數即可產生一個實例。

此 Coin 類別產生一個名為 my_coin 的實例：

```
my_coin = Coin()
```

執行方法需在實例名稱後使用點號：

```
my_coin.get_sideup()
```

在產生物件時可以一併設定屬性：在類別裡加上 __init__(self) 初始方法，在產生實例時就會自動執行__init__(self)函式。

14-3 類別一般式(2)

下列是類別宣告的另一種一般式:

```
class 類別名稱 :
    屬性 1
    屬性 2
```

其中，「class」用來定義一個類別，「類別名稱」是類別的名稱。這類別名稱可用於建立類別物件。

類別裡可僅包含「屬性」。屬性可視為是變數。一但類別定義完成，我們就可以使用「類別名稱( )」當作建構子來建立物件，並指派給一個變數名稱。

讓我們來開發一個模擬外星人殺傷力類別。在程式中，我們需要殺傷力屬性，然後取得每個外星人的殺傷力屬性來計算總殺傷力。

程式 14-2

```
class Alien:
    hit_point = 20
    name = "天王星人"

total = [Alien(), Alien()]
sum = 0
for each in total:
    sum = sum + each.hit_point
print(total[0].name+"的平均殺傷力為: " + str(sum / len(total)))
```

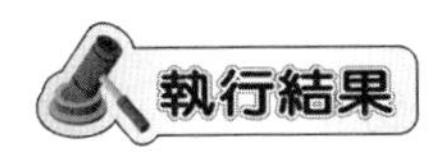


```
天王星人的平均殺傷力為: 20.0
```

說明

請注意，要存取物件中的屬性，我們使用點運算子，就像我們在上一範例存取函式時一樣。hit_point 及 name 都是 Alien 類別的屬性。

在此範例中，我們建立了 2 個相同的外星人。但是，若用它來建立多個不同類型和殺傷力的外星人才會有用。

下列是 3 個外星人殺傷力程式示範：

程式 14-3

```
class Alien:
    hit_point = 20
    name = "天王星人"
total = [Alien(),Alien(), Alien()]
total[0].name = "火星人"
total[0].hit_point = 20
total[1].name = "金星人"
total[1].hit_point = 30
total[2].name = "天王星人"
total[2].hit_point = 40

sum = 0
for each in total:
    sum = sum + each.hit_point
print("平均殺傷力為: " + str(sum / len(total)))
print("外星人名稱如下所示: ")
for each in total:
   print(each.name)
```

執行結果

```
平均殺傷力為: 30.0
外星人名稱如下所示:
火星人
金星人
天王星人
```

大家會發現這是程式相當冗長和乏味，因為要輸入下列程式片段：

```
total[0].name = "火星人"
total[0].hit_point = 20
total[1].name = "金星人"
total[1].hit_point = 30
total[2].name = "天王星人"
total[2].hit_point = 40
```

讀者現在應可以體會為何 Python 類別喜歡使用__init__(self)的方法。

現在讓我們來將此範例的類別加入__init__(self)方法，您將會發現程式變短而且更優雅了。

程式 14-4

```
class Alien:
def __init__(self, name, hit_point):
self.name = name
self. hit_point = hit_point

total = [Alien("火星人",20),Alien("金星人",30),Alien("天王星人",40)]

sum = 0
for each in total:
    sum = sum + each.hit_point
print("平均殺傷力為: " + str(sum / len(total)))
print("外星人名稱如下所示: ")
for each in total:
   print(each.name)
```

```
平均殺傷力為: 30.0
外星人名稱如下所示:
火星人
金星人
天王星人
```

說明

大家會發現這是程式相當冗長和乏味，因為要輸入下列程式片段：

```
total[0].name = "火星人"
total[0].hit_point = 20
total[1].name = "金星人"
total[1].hit_point = 30
total[2].name = "天王星人"
total[2].hit_point = 40
```

當__init__(self)方法獲取傳入的參數時，會將它們分配給剛剛建立的物件。讀者可能已經注意到__init__(self)方法中有 self 關鍵字，此關鍵字指的是自己存在的這個物件。

在用初始化方法「__init__(self)」定義了類別後，我們就可以像這樣，一次建立 3 個物件：

```
total = [Alien("火星人",20),Alien("金星人",30),Alien("天王星人",40)]
```

因為我們不必一個接一個地設定每個類的屬性，這加入初始化的方法方便多了。

14-4 類別觀念深入探討及應用

現在讓我們再舉例說明，以讓讀者徹底浸泡在類別原理的實際應用中，我們將開發一個類別，可把車輛的資訊(諸如像：汽車，貨車，與卡車的資訊)封裝在一個類別裡，此類別稱為 Vehicle，且會儲存三項車輛的資訊: 乘載人數，燃料容量，與其平均耗燃量。passenger，fuelcap 及 mpg 就是 Vehicle 類別的 3 個成員。

下列是第一版本的 Vehicle 類別。它定義了三種變數：passenger(乘載人數)、felcap(燃料容量)及 mpg(平均耗燃量)。請注意 Vehicle 並無包含任何函式。因此，它只是個僅含資料的類別。

```
class Vehicle:
    def __init__(self):
        self.passengers = 10
        self.fuelcap = 20
        self.mpg = 30
```

Vehicle 定義的變數是用「__init__(self)」初始化變數。下列是宣佈初始化變數的一般式:

```
self. var-name = value
```

Python 的變數不需要設定型態，這 3 個變數(passenger，fuelcap 及 mpg)是整數型態。「self」代表這個類別本身，「var-name」是變數的名稱，「value」是指定的變數值。Vehicle 也可以視為是新的資料型態，就像「整數」是一種內建的資料型態一樣。在建立了 Vehicle 類別(新資料型態)之後，你將可使用這 Vehicle 類別名稱來建立物件。請記得一個類別的建立只不過是某種資料型態的描述，並無實際建立物件。因此，上面的類別程式碼並無 Vehicle 型態的任何物件存在。

若要實際建立一個 Vehicle 物件，請使用如下的宣告式:

```
minivan = Vehicle()
```

於以上列程式執行之後，minivan 將會是 Vehicle 的一個物件。因此，Vehicle 將有一個實體。每當你建立一個類別的物件時，你是在建立一個物件，且此物件會複製一份該類別中所定義的每一個初始變數。所以，每一個 Vehicle 物件會分別複製一份自己的三個初始變數(passenger，fuelcap 及 mpg)。

為了要使用這些變數，你將會使用點(.)運算子。「點運算子」會將物件名稱與成員名稱聯繫在一起。下列是點運算子的一般式:

```
objectname.member
```

物件名（objectname）放在點的左邊，而成員（member）名放在點的右邊。例如，於下列程式中，minivan 的 fuelcap 變數被指定為 100。

```
minivan.fuelcap = 100
```

一般而言，你可使用點運算子存取物件的變數及函式。

下列是使用 Vehicle 類別的完整程式：

程式 14-5

```
class Vehicle:
    def __init__(self):
        self.passengers = 10
        self.fuelcap = 20
        self.mpg = 30

minivan = Vehicle()

range = minivan.fuelcap * minivan.mpg
print("Minivan can carry ", minivan.passengers ," with a range of ",range )
```

執行結果

```
Minivan can carry  10  with a range of  600
100
```

在繼續討論前，讓我們複習一下基本原理: 每一個物件皆有其自己類別所定義的變數副本。因此，在一個物件中的變數內容可異於另一個物件中的變數內容。兩個物件間是相互不關聯的，除了它們是屬相同的資料型態外。例如，若你有兩個 Vehicle 物件，每一個物件皆複製自己的變數 passengers，fuelcap，與 mpg，並且在這兩物件間的三個變數內容是不一樣的。下列程式示範以同一個 Vehicle 類別來分別建立 minivan 及 sportscar 物件：

程式 14-6

```
class Vehicle:
    def __init__(self):
        self.passengers = 10
        self.fuelcap = 20
        self.mpg = 30
```

```
minivan = Vehicle()
sportscar = Vehicle()

minivan.passengers = 8
minivan.fuelcap = 50
minivan.mpg = 30

sportscar.passengers = 3
sportscar.fuelcap = 10
sportscar.mpg = 15

range1 = minivan.fuelcap * minivan.mpg;
range2 = sportscar.fuelcap * sportscar.mpg;
print("Minivan can carry ",minivan.passengers," with a range of ",range1)
print("Sportscar can carry ",sportscar.passengers," with a range of
",range2)
```

執行結果

```
Minivan can carry  8  with a range of  1500
Sportscar can carry  3  with a range of  150
```

如你所見，minivan 的資料是與 sportscar 內的資料完全分開的。

14-5 類別觀念圖解化

在第零章「安裝 PYTHON」中，有說明「OnlinePythonTutor」的 Python 軟體編輯器的操作流程及圖形視覺化的優點。現在讓我們來實際操作上一個範例，讓「OnlinePythonTutor」以圖形視覺化的方式，幫助我們理解類別在執行期的內部運作方式。

Step 1 首先在「OnlinePythonTutor」編輯器上，撰寫或複製此程式，如下圖所示：

```
1  class Vehicle:
2      def __init__(self):
3          self.passengers = 10
4          self.fuelcap = 20
5          self.mpg = 30
6
7  minivan = Vehicle()
8  sportscar = Vehicle()
9
10 minivan.passengers = 8
11 minivan.fuelcap = 50
12 minivan.mpg = 30
13
14 sportscar.passengers = 3
15 sportscar.fuelcap = 10
16 sportscar.mpg = 15
17
18 range1 = minivan.fuelcap * minivan.mpg;
19 range2 = sportscar.fuelcap * sportscar.mpg;
20 print("Minivan can carry ",minivan.passengers," with a range of ",range1)
21 print("Sportscar can carry ",sportscar.passengers," with a range of ",ran
22
23
```

Help improve this tool by completing a short user survey

Visualize Execution　Live Programming Mode

Step 2 按一下「Visualize Execution」按鍵來執行此程式，螢幕上會顯示下列畫面：

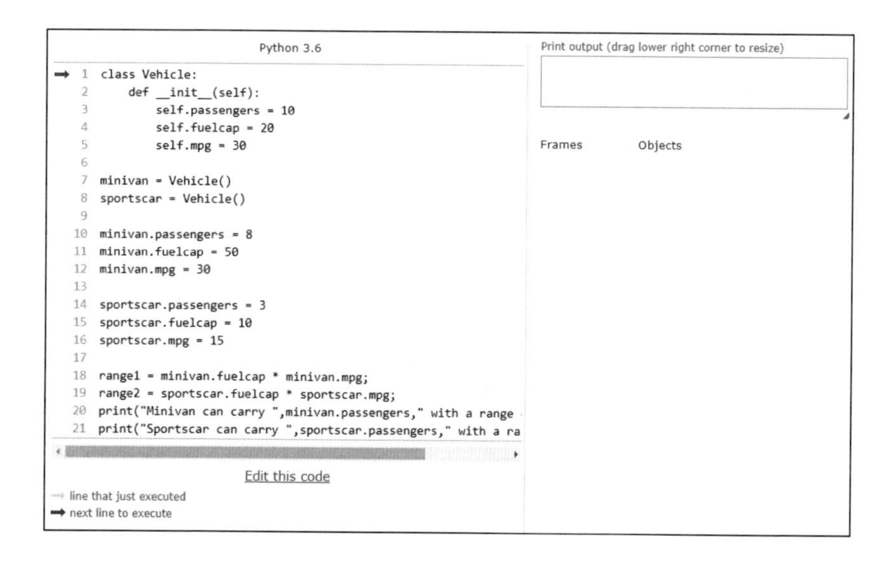

Step 3 按一下「Next>」按鍵，螢幕上會顯示下列畫面：

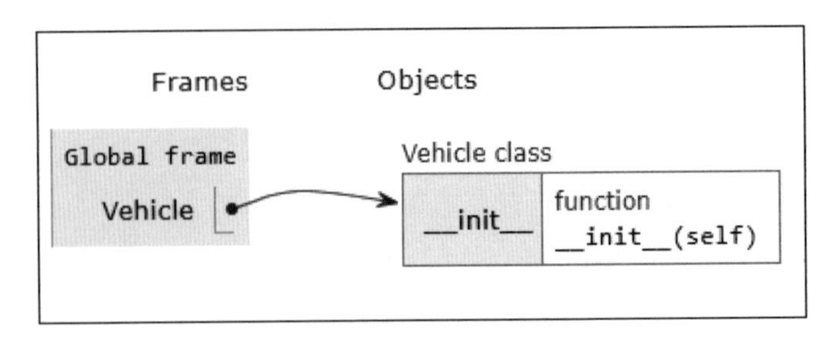

此時，右邊視窗將 Vehicle 類別放置於全域區域的藍色方框中，然後再從此類別節點上展開「_init_」初始化函式。

Step 4 繼續按一下「Next>」按鍵，一直到螢幕上顯示下列畫面為止：

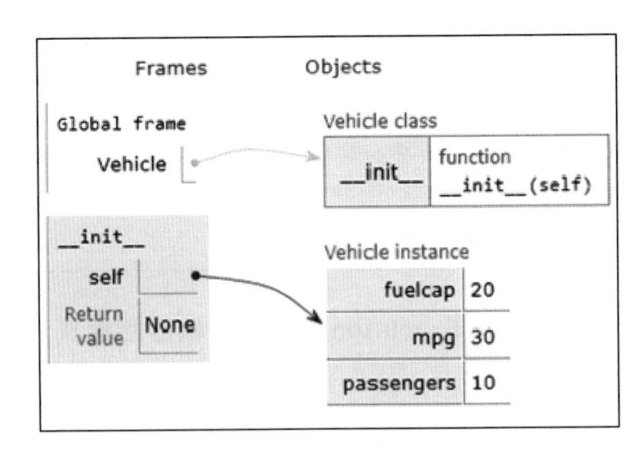

此時，右邊視窗將 Vehicle 類別中的「_init_」初始化函式繼續展開，讓使用者理解這個函式中有包含 3 個變數，而且也指定了整數值。

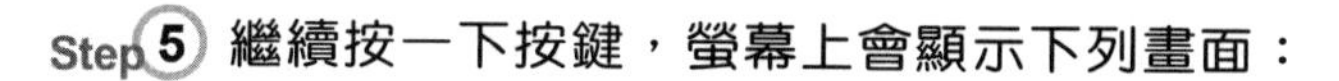

Step 5 繼續按一下按鍵，螢幕上會顯示下列畫面：

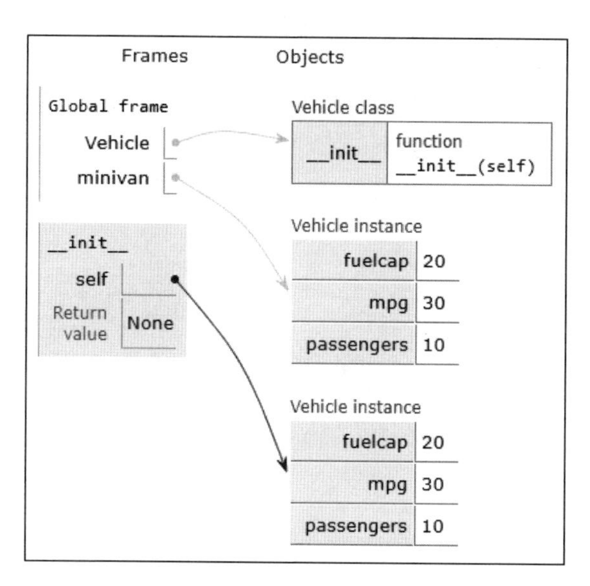

minivan 物件也放置於全域區域的藍色方框中，然後再從此類別節點上展開「_init_」初始化函式的 3 個變數。

Step 6 繼續按一下按鍵，螢幕上會顯示下列畫面：

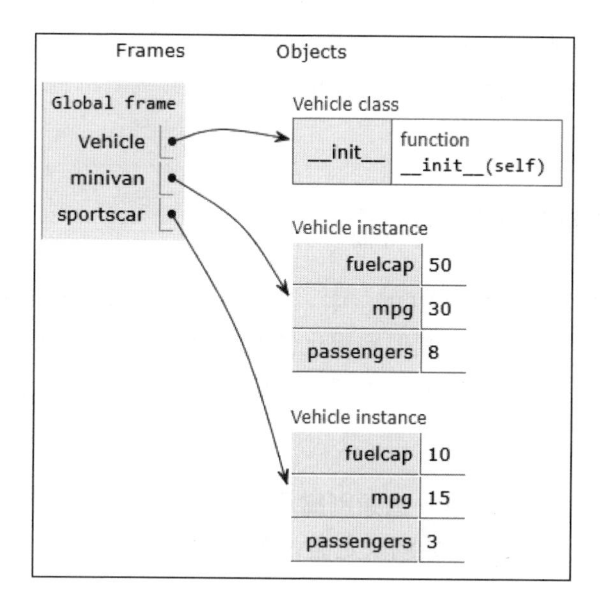

此時，右邊視窗展開 minivan 物件及 sportscar 物件的相異初始值，好讓使用者在此執行階段，可讓腦袋做個整理比較。

Step 7 按一下「Last>>」按鍵，會直接快速執行完整個剩餘的程式，螢幕上會顯示下列最終畫面：

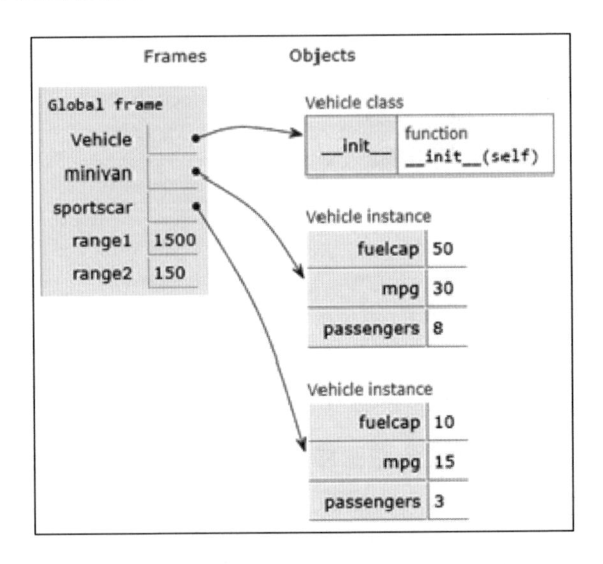

此時，全域區域的藍色方框中，增加了變數 range1 及 range2，因為 range1 及 range2 並不是屬於 Vehicle 類別中的變數，所以不會出現在由藍色箭頭指向的物件（minivan 及 sportscar）表格中。

14-6 類別之繼承論

在第零章「安裝 PYTHON」中，有說明「OnlinePythonTutor」的 Python 軟體編輯器的操作流程及圖形視覺化的優點。現在讓我們來實際操作上一個範例，讓「OnlinePythonTutor」以圖形視覺化的方式，幫助我們理解類別在執行期的內部運作方式。

所謂繼承之意就是讓一個類別繼承另一個類別的各種特性。藉由繼承的觀念，您可建立一個公眾的類別來定義一套相關成員的共通特性。此公眾類別然後便可由其它較具體的類別所繼承，我們可為這些較具體的類別分別新增其專屬的特性。

由此可知，一個被繼承的類別稱為父類別，相反的一個繼承人家的類別稱為子類別。一個子類別就是該父類別的特殊翻版，因為子類別不但繼承了來自父類別的所有成員而且還另新增其獨有的元素。

Python 類別的繼承可以很簡單！讓我們從下列繼承的一般式開始。下列是繼承的一般式：

父類別名

```
class 父類別名:
    屬性 1
    屬性 2
    屬性 3
      :
    def __init__(self, 屬性 1=值, 屬性 2=值, 屬性 3=值):
      :
```

子類別名(父類別名)

```
class 子類別名(父類別名)
    屬性 1
    屬性 2
    屬性 3
      :
    def __init__(self):
      :
```

現在讓我們將上一個範例，改成繼承方式。

```
class Car:                                                    程式 14-7
    passengers = 0
    fuelcap = 0
    mpg  = 0
    def __init__(self, passengers=1, fuelcap =2, mpg=3):
        self.passengers = passengers
        self.fuelcap = fuelcap
```

```
        self.mpg = mpg

class Sportscar(Car):
    brand_name = ""
    air_bag = 2
    sunroof = True
    def __init__(self):
        self.passengers = 1
        self.fuelcap = 2
        self.mpg = 3

    def getDetails(self):
        print("==== Details ====")
        print("passengers:", self.passengers)
        print("fuelcap:", self.fuelcap)
        print("mpg:", self.mpg)

car1 = Sportscar()
car1.getDetails()
if car1.sunroof == True:
    print("It is a good car.")
```

執行結果

```
==== Details ====
passengers: 1
fuelcap: 2
mpg: 3
It is a good car.
```

說明

如你所見，我們先建立一個父類別「Car」，在這個類別中有 3 個屬性，分別為：passengers、fuelcap 及 mpg。此類別的初始化函式（C++或 Java 語言稱為建構子），如下所示：

```
def __init__(self, passengers=1, fuelcap =2, mpg=3):
        self.passengers = passengers
        self.fuelcap = fuelcap
        self.mpg = mpg
```

我們再建立一個繼承父類別「Car」的子類別「Sportscar」，記得在子類別名後面加一對小括號，然後寫入父類別名於此小括號內。

現在您可以在子類別內用點運算子來存取父類別的屬性了。在子類別「Sportscar」中，我們先定義屬於子類別本身的屬性(brand_name、air_bag、sunroof)，然後用建構子「__init__(self)」來取用父類別的屬性（passengers、fuelcap 及 mpg），如下列程式片段所示：

```
class Sportscar(Car):
    brand_name = ""
    air_bag = 2
    sunroof = True
    def __init__(self):
        self.passengers = 1
        self.fuelcap = 2
        self.mpg = 3
```

接著我們將 Sportscar 物件，以這樣的形式「Sportscar()」指定給一個代理變數「car1」，於是 car1 就可以存取父類別的屬性，亦可以存取子類別的屬性了，如下列程式片段所示：

```
car1 = Sportscar()
car1.getDetails()
if car1.sunroof == True:
    print("It is a good car.")
```

14-7 類別之多型論

對於物件導向程式設計而言，多型論是一個不可或缺的技術。因為多型論讓一公眾類別設定所有衍生類別共享的函式，於各衍生類別中又將這共享函式皆重新定義為較具體的函式，也就是說，父類別先指定一共用界面，所有繼承自該父類別的衍生類別皆會共享此界面，而每一個衍生類別皆可定義各自的方法來實作該界面。應用多型論的關鍵在於了解父類別與子類別會組成一個從抽象至具體的類別階層體系。父類別提供所有成員讓父類別直接使用，父類別亦定義一些函式以使其子類別必須實作這些函式。如此的原理給予子類別有相當的彈性定義自己的方法且又可維持統一的界面。

我換一個角度再說清楚多型論的好處。您僅需新增您的程式所要的特質即可而不需要浪費一背子的光陰重複研發微軟的程式庫或 Python 的開放源碼等，尤其當您設計龐大的程式時，就可省去很多時間呀!

下列是多型的一般式:

```
class 父類別名:
      :
    def 共享函式( ):
     :
class 子類別名1(父類別名)
      :
    def 共享函式1( ):
     :
class 子類別名2(父類別名)
      :
    def 共享函式2( ):
     :
```

現在讓我們將上一個範例，改成多型論方式。

程式 14-8

```
class Car:
    passengers = 0
    fuelcap = 0
    mpg  = 0
    def __init__(self, passengers=1, fuelcap =2, mpg=3):
        self.passengers = passengers
        self.fuelcap = fuelcap
        self.mpg = mpg

    def drive(self):
        print("")

class Sportscar(Car):
    brand_name = ""
    air_bag = 2
    sunroof = True
    def __init__(self,brand_name):
        self.passengers = 1
        self.fuelcap = 20
        self.mpg = 3000
        self.brand_name = brand_name
```

```
    def getDetails(self):
        print("==== Details ====")
        print("passengers:", self.passengers)
        print("fuelcap:", self.fuelcap)
        print("mpg:", self.mpg)

    def drive(self):
        print("I have this",self.brand_name)

class Truck(Car):
    brand_name = ""
    air_bag = 2
    sunroof = True
    def __init__(self,brand_name):
        self.passengers = 10
        self.fuelcap = 30
        self.mpg = 200
        self.brand_name = brand_name

    def getDetails(self):
        print("==== Details ====")
        print("passengers:", self.passengers)
        print("fuelcap:", self.fuelcap)
        print("mpg:", self.mpg)

    def drive(self):
        print("I have this",self.brand_name)
        print("The number of passengers are:",self.passengers)


car1 = Sportscar("Speedy Model")
car1.getDetails()

car2 = Truck("Big Model")
car2.getDetails()

def select(cars):
    for car in cars:
        print()
        car.drive()

select([car1,car2])
```

```
==== Details ====
passengers: 1
fuelcap: 20
mpg: 3000
==== Details ====
passengers: 10
fuelcap: 30
mpg: 200

I have this Speedy Model

I have this Big Model
The number of passengers are: 10
```

說明

如你所見，我們利用上一個範例中的父類別「Car」與子類別「Sportscar」，來做「多型」及「覆載」的觀念練習，以為本書最後一章節「第 16 章 會聊天的邪惡飛龍」鋪路。在最後一章中，我們將親自利用本章的基礎觀念，實際把開放源碼（NLTK 套件）的類別，當作父類別使用，自行修改 NLTK 類別中的原始函式，然後利用「覆載」的原理，將子類別中的自行修改的 NLTK 函式，覆蓋過 NLTK 類別中的原始函式，於是我們得到了一個比原始開放源碼（NLTK 套件），還要強大的開放源碼，同時還保留了原來的開放源碼的功能，因為我們僅在我們建立的子類別中，利用「多型」擴充源碼功能，所以我們不需要浪費半背子的時間重複研發 NLTK 套件的開放源碼。

我們先沿用了父類別「Car」，並在其中新增一個共享函式「drive(self)」，亦稱為虛擬函式（C++風格的術語）。這個函式的內容一般是空的、或放入預設值。這樣定義函式的方式，是為了等待讓各子類別「Sportscar」及「Truck」將這共享函式，重新定義為較具體的函式。

請看下列 3 個 drive(self)函式定義和輸出的差異。

下列是子類別「Sportscar」重新定義的函式：

```
def drive(self):
    print("I have this",self.brand_name)
```

下列是子類別「Truck」重新定義的函式：

```
    def drive(self):
        print("I have this",self.brand_name)
        print("The number of passengers are:",self.passengers)
```

下列是父類別「Car」原始定義的函式：

```
  def drive(self):
        print("")
```

「Sportscar」類別的 drive(self)函式輸出為：

```
I have this Speedy Model
```

「Truck」類別的 drive(self)函式輸出為：

```
I have this Big Model
The number of passengers are: 10
```

「OnlinePythonTutor」的圖形視覺化優點，可協助我們一步一步地理解多型論，下列讓我們來測試圖形視覺化的威力：

Step 1 首先在「OnlinePythonTutor」編輯器上，撰寫或複製此程式，並按一下「Visualize Execution」按鍵來執行，螢幕上會顯示下列畫面：

```
➡ 1  class Car:
   2      passengers = 0
   3      fuelcap = 0
   4      mpg  = 0
   5      def __init__(self, passengers=1, fuelcap =2, mpg=
   6          self.passengers = passengers
   7          self.fuelcap = fuelcap
   8          self.mpg = mpg
   9
  10      def drive(self):
  11          print("")
  12
  13  class Sportscar(Car):
  14      brand_name = ""
  15      air_bag = 2
  16      sunroof = True
  17      def __init__(self,brand_name):
  18          self.passengers = 1
  19          self.fuelcap = 20
  20          self.mpg = 3000
  21          self.brand_name = brand_name
  22
```

line that just executed
next line to execute

<< First | < Prev | Next > | Last >>

Step 1 of 49

Step 2 按一下「Next>」按鍵，螢幕上會顯示下列畫面：

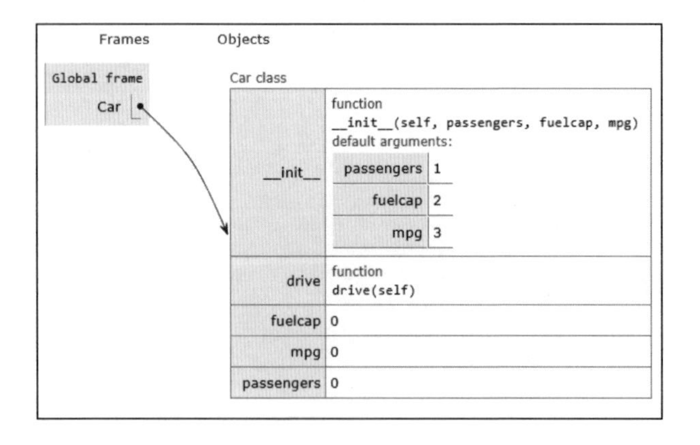

此時，右邊視窗將父類別「Car」放置於全域區域的藍色方框中，然後再從此類別節點上展開此類別的所有內容。

Step 3 繼續按一下「Next>」按鍵，螢幕上會顯示下列畫面：

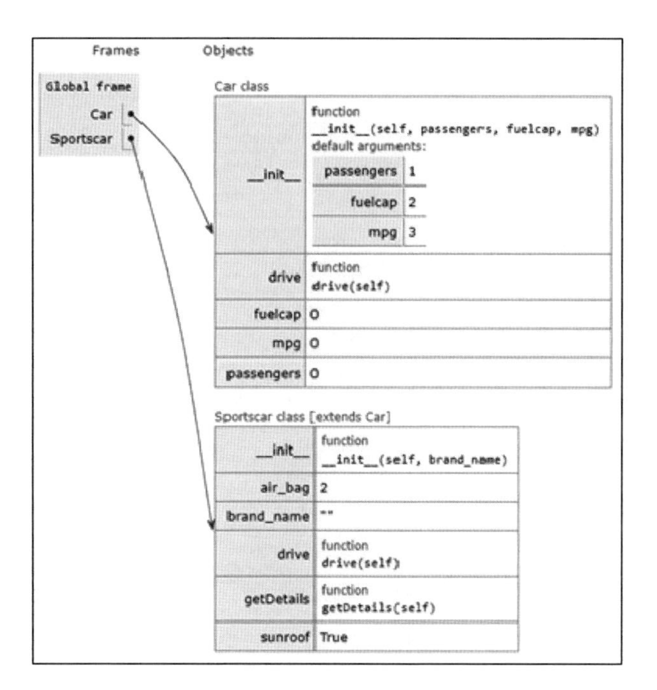

此時，右邊視窗將繼續顯示子類別「Sportscar」的所有內容。

Step 4 繼續按一下按鍵，螢幕上會顯示下列畫面：

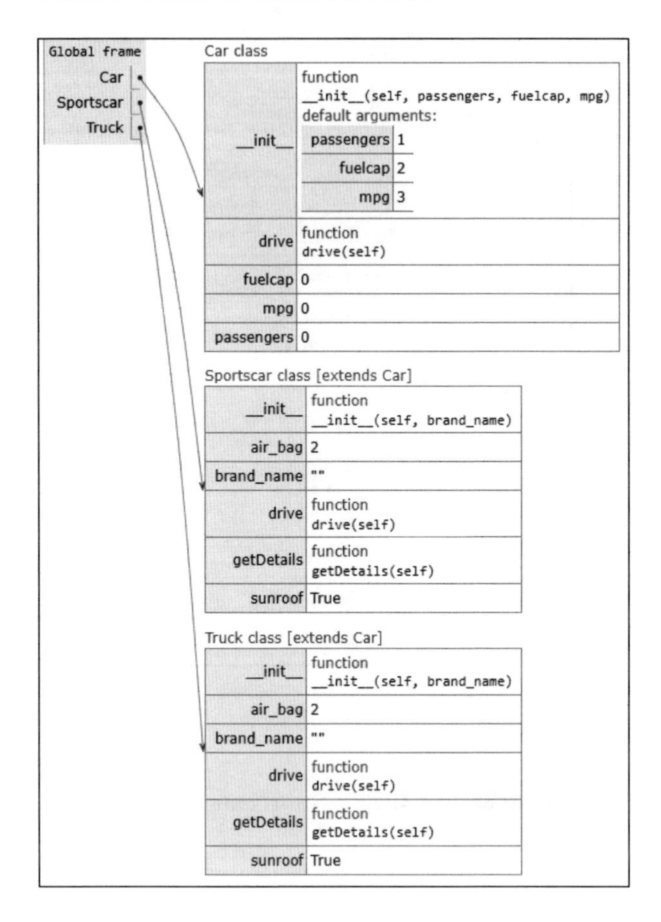

此時，右邊視窗含有父類別及 2 個子類別內容，以表格呈現，讓您的腦袋清楚他們之間的關連。

Step 5 繼續按一下按鍵，直到紅色箭頭執行至 select(cars)為止，我們要來看看多型函式「car.drive()」在螢幕上的顯示過程：

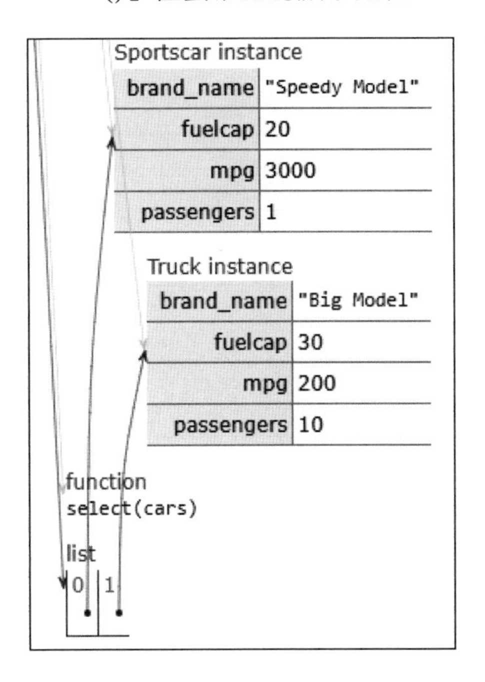

說明

此時，可知「cars」list 內含有兩個 list，分別為「Sportscar」及「Truck」物件。

Step 6 按一下「Last>>」按鍵，會直接快速執行完整個剩餘的程式，由於圖形畫面愈來愈長，在此不在附上－請自行在瀏覽器上瀏覽，並注意看藍色箭頭每一步驟的指向位置。

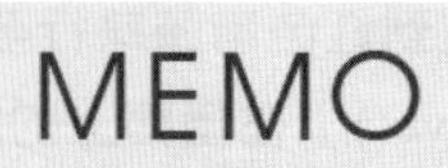

15

C H A P T E R

聊天機器人

在本章中，您將會學習模擬機器人聊天的基本原理。此款聊天機器人設計原理能夠陪你聊天、還能同步學習"Python 程式+英文文法"，一書三用。原本就不善於交際的讀者想要想練習聊天使口才更好，是件困難的事。現在讓我們來自行設計聊天機器人程式，只要你想聊天它就能隨時跟你聊！

15-1 聊天機器人模擬人類對話

聊天機器人是經由文字進行交談的 Python 程式，依據對話的內容可分成不同的主題來進行模擬人類的對話。聊天機器人可用於許多的用途，例如：客服人員或心理諮詢。本章後半段會搭載自然語言處理系統，也就是 Python 的 NLTK 套件。Python 語言之所以這麼受歡迎的原因，是因為有眾多的免費套件，而筆者認為 NLTK 套件和 Tensorflow 套件是目前電腦科學的突破。這兩個套件是機器學習的關鍵技術所在，是人類的未來。

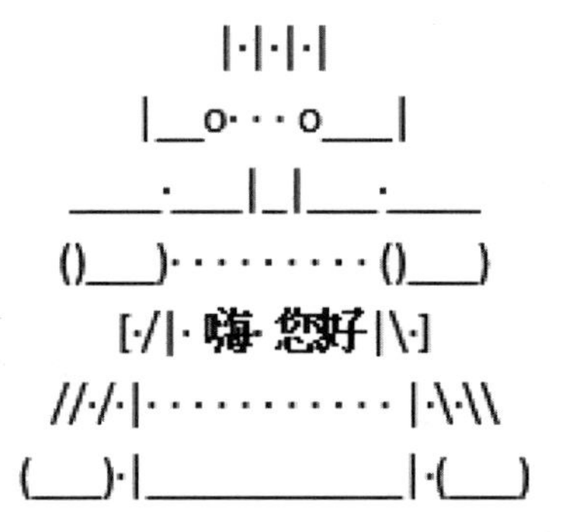

首先讓我們來用 Python 程式來設計一個簡單的你與機器人聊天的程式。

15-2 聊天機器人程式

程式 15-1

```
import random
import time

greetings = ['嗨', '您好', '你記得我嗎']

question = ['什麼是聊天機器人？','你知道人工智慧嗎？', '機器人會自我學習嗎？']
responses = ['這是一個很深奧的學問。','我想想看...', '機器人有人工智慧，當然會學
習及聊天。']

while True:

    for a in range(2):
```

```
        print(random.choice(greetings))
        time.sleep(2)

    print(random.choice(question))
    time.sleep(2)
    print(random.choice(responses))
    time.sleep(2)
```

執行結果

```
您好
您好
機器人會自我學習嗎？
我想想看...
您好
您好
你知道人工智慧嗎？
這是一個很深奧的學問。
你記得我嗎
你記得我嗎
你知道人工智慧嗎？
我想想看...
嗨
嗨
什麼是聊天機器人？
機器人有人工智慧，當然會學習及聊天。
嗨
嗨
什麼是聊天機器人？
機器人有人工智慧，當然會學習及聊天。
嗨
你記得我嗎
機器人會自我學習嗎？
機器人有人工智慧，當然會學習及聊天。
你記得我嗎
嗨
機器人會自我學習嗎？
機器人有人工智慧，當然會學習及聊天。
```

本程式使用 3 個 list，第一個 list 的內容是有關於朋友見面打招呼的文字、第二個和第三個 list 的內容是有關於問題的對答內容，如下列所示：

list1：

```
greetings = ['嗨', '您好', '你記得我嗎']
```

list2：

```
question = ['什麼是聊天機器人？','你知道人工智慧嗎？', '機器人會自我學習嗎？']
```

list3：

```
responses = ['這是一個很深奧的學問。','我想想看...', '機器人有人工智慧，當然會學習及聊天。']
```

接著本程式先模擬你與聊天機器人打招呼的情境，故將 range( )的參數設為 2，如下列片段程式所示：

```
for a in range(2):
   print(random.choice(greetings))
   time.sleep(2)
```

例如上列程式會先讓您對聊天機器人說：您好，然後使用 time.sleep()來停頓一下，接著換聊天機器人對您說：您好。

在 question 變數的 list 中，我們放入一些可能會詢問聊天機器人的問題，而 responses 變數的 list 是用以回應 question 變數的內容。每個詢問或回應都使用 time.sleep()來停頓一下，以模擬人類對話的停頓方式，如下列片段程式所示：

```
for a in range(2):
    print(random.choice(greetings))
    time.sleep(2)

print(random.choice(question))
```

```
time.sleep(2)
print(random.choice(responses))
time.sleep(2)
```

15-3 模擬兩個機器人互相聊天

下列程式是模擬兩個機器人互相聊天的基本原理。

程式 15-2

```
import random
import time

greetings = ['嗨', '您好', '你記得我嗎']

question = ['什麼是聊天機器人？','你知道人工智慧嗎？', '機器人會自我學習嗎？']
responses = ['這是一個很深奧的學問。','我想想看...', '機器人有人工智慧，當然會學
習及聊天。']
robot = ["機器人 1:","機器人 2:"]
b = 1
robotman = robot[0]

while True:
    for a in range(2):
        print(robotman,random.choice(greetings))
        b = b * -1
        if b > 0:
            robotman = robot[0]
        else:
            robotman = robot[1]
        time.sleep(2)

    print(robot[0],":",random.choice(question))
    time.sleep(2)
    print(robot[1],":",random.choice(responses))
    time.sleep(2)
```

執行結果

```
機器人 1: 你記得我嗎
機器人 2: 您好
機器人 1: : 你知道人工智慧嗎?
機器人 2: : 機器人有人工智慧，當然會學習及聊天。
機器人 1: 嗨
機器人 2: 您好
機器人 1: : 什麼是聊天機器人?
機器人 2: : 機器人有人工智慧，當然會學習及聊天。
機器人 1: 嗨
機器人 2: 你記得我嗎
機器人 1: : 什麼是聊天機器人?
機器人 2: : 機器人有人工智慧，當然會學習及聊天。
機器人 1: 嗨
機器人 2: 嗨
機器人 1: : 機器人會自我學習嗎?
機器人 2: : 我想想看...
機器人 1: 你記得我嗎
機器人 2: 您好
機器人 1: : 機器人會自我學習嗎?
機器人 2: : 這是一個很深奧的學問。
```

說明

在本程式中，為了要有兩個聊天機器人，我們新增了一個 robot 的 list，在這個 list 裡面有兩個元素，分別為 "機器人 1:"及"機器人 2:"，如下所示：

```
robot = ["機器人 1:","機器人 2:"]
```

程式接下來，先新增一個變數 b，並指派為 1。然後透過 b=b*-1，來讓 b 值輪流等於 1 或 -1。若 b > 0 (即 b=1)，則 robotman = robot[0]（即"機器人 1:"），

若 b<0（即 b=-1），則 robotman=robot[1]（即"機器人 2:"），如下列片段程式所示：

```
for a in range(2):
    print(robotman,random.choice(greetings))
    b = b * -1
    if b > 0:
```

```
        robotman = robot[0]
    else:
        robotman = robot[1]
    time.sleep(2)
```

最後利用 random.choice()方法，並分別將 question 與 responses 變數當作 random.choice()的參數，並隨機顯示 question 與 responses 裡的 list 元素，於是就會讓人感覺電腦螢幕上會有兩個機器人在交談。

如下列片段程式所示：

```
print(robot[0],":",random.choice(question))
time.sleep(2)
print(robot[1],":",random.choice(responses))
time.sleep(2)
```

15-4 用 NLTK 套件製作功能強的聊天機器人

以上的聊天機器人程式，都是用純 Python 程式打造的，要花很多時間來進行改良與思考，既然已經有了 NLTK 套件，讓我們在程式中匯入 NLTK 套件，製作一個功能強的人機對談程式。

程式 15-3

```
from nltk.chat.util import Chat, reflections

psychology = [
    [
        r"我的名字是(.*)",
        ["您好，%1，您有什麼問題呢？",]
    ],
    [
        r"我的問題很難呀",
        ["說來聽聽", ]
     ],
    [
        r"我是(.*)，我有(.*)想問你",
        ["嗨! %1, 你的%2 是什麼?", ]
     ],
    [
        r"我的(.*)是有關於(.*)",
        ["%2 是什麼，請告訴我多一點好嗎？", ]
```

```
        ],
        [
            r"你居然不知道(.*)，你騙我",
            ["我是機器人，所以不可能會說謊。", ]
        ],
        [
            r"請問你是人還是鬼？",
            ["我是聊天機器人。", ]
        ],
      [
            r"什麼是聊天機器人？",
            ["如果你沒有真心的朋友，聊天機器人可以當你的出氣筒。", ]
        ],
        [
            r"(.*)還有其它(.*)嗎？",
            ["%1 的%2 太多了。", ]
        ],
        [
            r"(.*)抱歉，(.*)想要離開了",
            ["沒關係", "下次見", ]
        ],
        [
            r"離開",
            ["保重", "很高興認識你。記得下次回來找我聊天囉！"]

        ],
]

def chatbot():
    print("我是聊天機器人。\n 讓我們開始聊天吧。\n 若要停止聊天，請輸入「離開」。")

chatbot()
chat = Chat(psychology, reflections)
chat.converse('離開')
```

執行結果

```
我是聊天機器人。
讓我們開始聊天吧。
若要停止聊天，請輸入「離開」。

>我的名字是小明。
```

```
您好，小明。，您有什麼問題呢？

>我的問題很難呀！
說來聽聽

>我的問題是有關於人工智慧。
人工智慧。是什麼，請告訴我多一點好嗎？

>我對你感到抱歉，有事想要離開了。
沒關係

>離開
很高興認識你。記得下次回來找我聊天囉！
```

15-5 安裝 NLTK 套件流程

首先安裝 NLTK 套件，請依據您的 Python 版本來安裝，流程如下：

Python 3.6 以下版本（32 位元&64 位元）

Step 1 請確定設定好 Python 環境變數。

Step 2 打開命令列視窗，輸入「pip install nltk」。

Step 3 在命令列視窗中，執行 Python.exe，然後輸入並執行「import nltk」，若螢幕上沒有顯示錯誤訊息，表示安裝成功。

Python 3.7 版本(32 位元)

Step 1 請確定設定好 Python 環境變數。

Step 2 打開命令列視窗，輸入「pip install nltk」。

Step 3 在命令列視窗中，執行 python.exe，

Step 4 輸入並執行「import nltk」，若螢幕上沒有顯示錯誤訊息，表示安裝成功。

Python 3.7 版本(64 位元)

Step 1 安裝 Anaconda(64-bit)軟體，來使用改良版的 Python（即所謂 Ipython）。Anaconda 軟體已經包含 NLTK 套件。

Step 2 在開始選單上點選 Anaconda(64-bit) -> Anaconda Prompt，執行 python.exe 或 Ipython.exe。

Step 3 然後輸入並執行「import nltk」，若螢幕上沒有顯示錯誤訊息，表示安裝成功。

老師的叮嚀

也可以開啟 Jupyter Notebook 或 Spyder 軟體，然後新 增一個空的 Python 程式，輸入「import nltk」，並執行此 Python 程式，若螢幕上沒有顯示錯誤訊息，表示安裝成功。

在上面 Python 程式中，我們首先匯入 Chat, reflections 模組，如下所示：

```
from nltk.chat.util import Chat, reflections
```

Chat 模組會比對使用者輸入的文字，並輸出聊天機器人的回應。

reflections 模組會比對在 nltk.chat.util 中的 reflections 字典，等一下在後面其他程式中會有如何修改預設的 reflections 字典內容，以符合你想要的聊天機器人主題。

下面是預設的 reflections 字典內容：

```
reflections = {
  "i am"        : "you are",
  "i was"       : "you were",
  "i"           : "you",
```

```
  "i'm"          : "you are",
  "i'd"          : "you would",
  "i've"         : "you have",
  "i'll"         : "you will",
  "my"           : "your",
  "you are"      : "I am",
  "you were"     : "I was",
  "you've"       : "I have",
  "you'll"       : "I will",
  "your"         : "my",
  "yours"        : "mine",
  "you"          : "me",
  "me"           : "you"
}
```

上面的 reflections 字典內容只有英文字串、沒有中文字串。當然目前好像沒有人用 Python 的 NLTK 製作會說中文的聊天機人(除了本書)。

psychology 變數是一個大的 list，因為這個 list 中含有另外的 list。

psychology 變數也含有許多成對的中文字串和 list。這成對 list 元素中的第一個項目是正規表示法的中文字串，此中文字串最前面會放一個”r”字母，表示此中文字串是使用正規表示法。第二個項目是回應 list，這個回應 list 中又可以包含一個以上的元素。若輸入字串與第一個項目的中文字串配對成功，則此程式會從此 list 中隨機選擇一個元素當作回應的字串，如下列所示：

```
r"離開",
["保重", "很高興認識你。記得下次回來找我聊天囉！"]
```

正規表示法出現在許多常用的軟體中，例如 Office 文書軟體中的”尋找或取代”有正規表示法的功能。尋找符合的字串是正規表示法最常用的功能。正規表示法在人工智慧的聊天機器人與自然語言處理(如:NLTK)的領域上也被廣泛的使用，可以說是聊天機器人對話的雛型。

下面是常用於聊天機器人的正規表示法之特殊字元意義：

[ ] 代表 list 中的任一元素，比如說 ["沒關係", "下次見"] 代表 NLTK 程式會隨機選擇 "沒關係" 或 "下次見"。

() 將比對符合的元素暫時存入一個變數，供系統後續使用。如下列程式中的片段：

```
r"我是(.*)，我有(.*)想問你",
["嗨! %1, 你的%2 是什麼?", ]
```

在上面的一行中，這兩個 (.*) 符號會將在該位置的字串暫時分別存入兩個變數，然後讓第二行的 %1 代表第一個 (.*) 符號存入的變數，而%2 代表第二個 (.*) 符號存入的變數。

. 代表任意字元。

* 代表 * 前面的字元可出現零次或多次。

依此正規表示法之特殊字元意義說明，我們可將聊天機器人程式中的下列字串，表達成許多不同的中文句子。

```
r"我是(.*)，我有(.*)想問你",：
```

我們可以將上列正規表示法詮釋為下列字串，在此舉 3 個例子：

1.我是大同，我有建議想問你

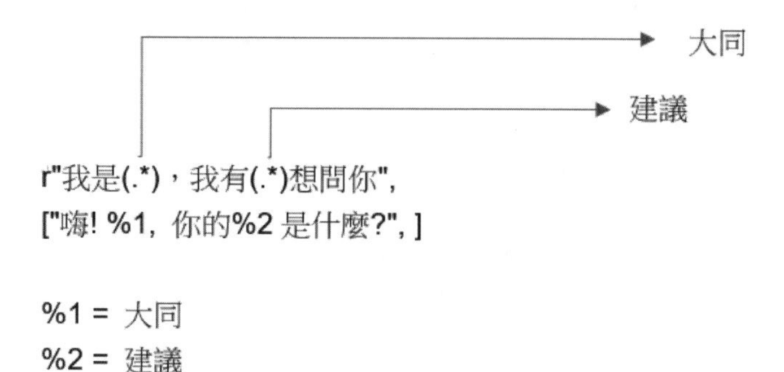

2.我是小明，我有問題想問你

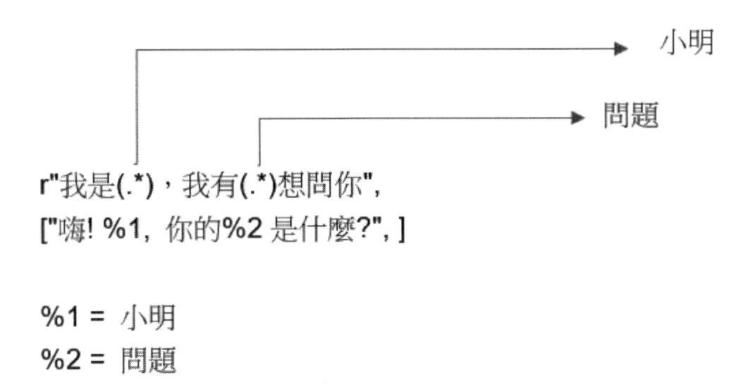

3.我是你的哥哥，我有事情想問你

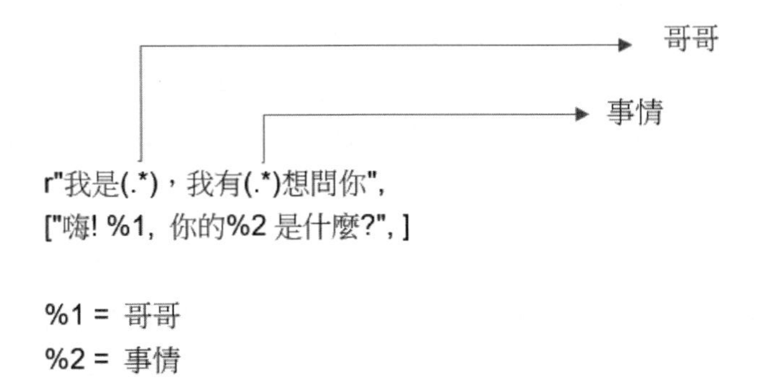

在建立好上列與聊天機器人對話的字串內容之後，我們就可建立一個 Chat 類別的物件了，如下列程式碼所示：

```
chat = Chat(psychology, reflections)
```

下一步就是啟動聊天機器人對話引擎，如下列程式碼所示：

```
chat.converse('離開')
```

此外，Chat(psychology, myreflections). converse()有一個隱藏的參數是 quit，如下列程式碼所示：

```
Chat(psychology, myreflections). converse( quit = "quit")
```

若要將 NLTK 預設的隱藏參數 quit，修改成您想要的指令文字，請直接把新的指令文字當作 converse()方法的參數，如下列程式碼所示：

```
chat.converse('離開')
```

在與聊天機器人對話時，若輸入'離開'，則'離開'指令會讓本程式中止繼續執行。

15-6 教電腦學英文文法

筆者發現很有趣的一種台灣英文教育改革的現象，就是大家都認為學英文就像學習母語一樣，如多練習英語會話和聽力就好了。但現在時代不一樣了，我們現在有如 Python 這樣的語言來讓我們教導電腦學習人類語言(如：英文)，諸如像這類 NLTK 套件的內容就是很像以前台灣國中和高中的英文課程極端英文文法的教育方式，也就是說用理科的方式學英文。

所以我們教育部是不是要恢復以前的英文課極端的教育方式呢？因為這樣才是正確的方式教電腦或機器人學習英文或中文，請讀者思考一下是教電腦學會英文重要呢？還是教學生學會英文重要呢？這是一個人工智慧剛啟蒙的時代，一旦將來有一天 Python 人工智慧程式能夠讓電腦跟人一樣用英文表達溝通自己的意識，您覺得我們還需要學英文或任何其他國家語言嗎？所以台灣很久以前的國中和高中的英文課程極端重視文法方式才是王道阿。

下列讓筆者來舉兩個以前英文課程極端重視文法的句子，並用 Python+NLTK 來解析這個文法奇特之處。

試看下面這句簡單的英文句子：I kill a chicken in a kitchen.

請問這句話的意思是：這隻雞原本就在廚房裡，你從外面走進廚房來殺這隻雞呢？還是你從廚房外面帶進來殺的呢？

下面讓我們使用 Python 程式(NLTK 也是使用 Python 語言撰寫的套件)，來教導電腦這句英文的意思。然後再透過此 Python 程式的輸出結果來教我們人類英文文法。如果台灣很久以前的年代，學生可用這種科學方法學英文，影響力應該很巨大，這會拯救很多對英文無興趣或不知如何有效理解英文的人。

程式 parser

```
import nltk
from nltk import Tree
from nltk.draw import TreeView

grammar = nltk.CFG.fromstring("""
S -> NP VP
PP -> P NP
NP -> Det N | NP PP | N
VP -> V NP | VP PP
Det -> 'an' | 'a' | 'The' | 'the'
N -> 'elephant' | 'room' | 'kitchen' | 'chicken' | 'monkey'| 'table'|
'banana'|'I'
V -> 'kill' | 'eat' | 'eats'
P -> 'in' | 'on'
 """)

sent1 = ['I', 'kill', 'a', 'chicken', 'in', 'a', 'kitchen']
sent2 = ['The', 'monkey', 'eats', 'a', 'banana', 'on', 'a', 'table']
parser = nltk.ChartParser(grammar)
treegraph = []

filename1 = 'g1.ps'
filename2 = 'g2.ps'

for t in parser.parse(sent1):
    print(t, end='\n\n\n')
    treegraph.append(t)
    t.draw()

for a in treegraph:
    trees = [Tree.fromstring(str(a))]
    if filename1 != '':
        TreeView(*trees)._cframe.print_to_file(filename1)
        filename1 = ''
    else:
        TreeView(*trees)._cframe.print_to_file(filename2)
```

執行結果

```
(S
  (NP (N I))
  (VP
    (VP (V kill) (NP (Det a) (N chicken)))
    (PP (P in) (NP (Det a) (N kitchen)))))

(S
  (NP (N I))
  (VP
    (V kill)
    (NP
      (NP (Det a) (N chicken))
      (PP (P in) (NP (Det a) (N kitchen))))))
```

另外本程式會在你放置此程式檔案的資料夾內，自動產生兩個 postscript 檔案（g1.ps 和 g2.ps），請用滑鼠分別選取 g1.ps 和 g2.ps 檔案，然後連續按兩下，以產生兩個 pdf 檔案（g1.pdf 和 g2.pdf）。

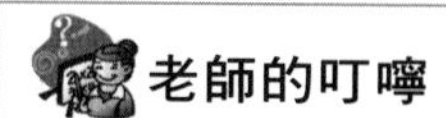

老師的叮嚀

電腦上需要安裝免費 Acrobat Reader，才可產生這兩個 pdf 檔案。

g1.pdf 檔案的文法樹狀結構圖：

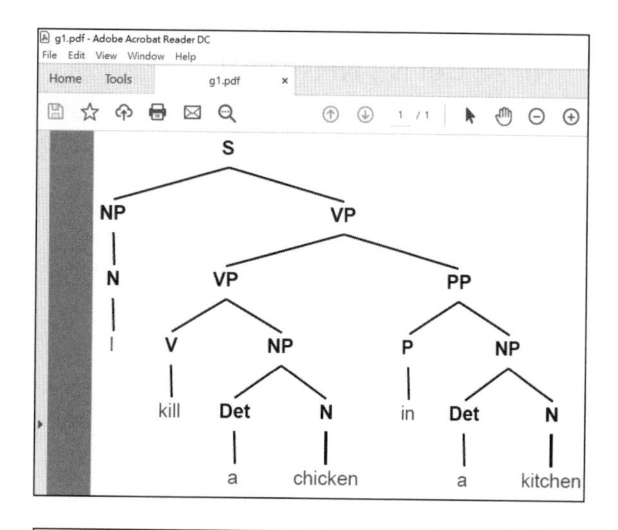

g2.pdf 檔案的文法樹狀結構圖：

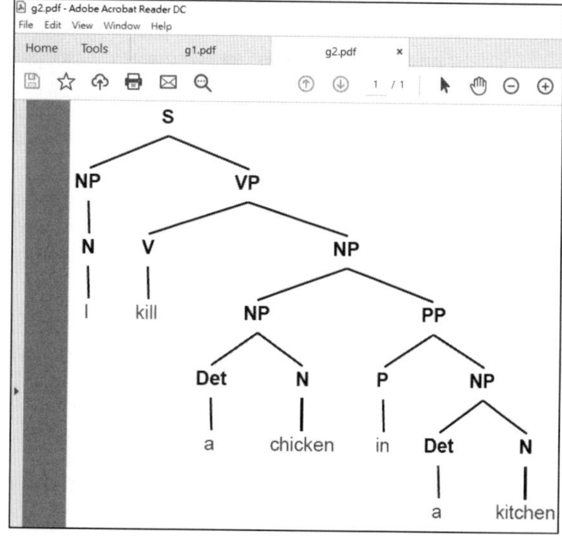

在程式裡，我們先將與這個句子相關的文法公式告訴電腦，如下所示：

S -> NP VP

一個句子(S)是由名詞片語(NP) + 動詞片語(VP)組成。

PP -> P NP

一個介系詞片語(PP)是由介系詞(P)+名詞片語(NP)組成。

NP -> Det N | NP PP | N

一個名詞片語(NP)是由下列任一種情況組成：

Det N
冠詞+名詞

NP PP
名詞片語+介系詞片語

N
名詞

VP -> V NP | VP PP

一個動詞片語(VP)是由下列任一種情況組成：

V NP
動詞+名詞片語

VP PP
動詞+介系詞片語

Det -> 'an' | 'a' | 'The' | 'the'
冠詞包含: 'an' | 'a' | 'The' | 'the'

N -> 'elephant' | 'room' | 'kitchen' | 'chicken' | 'monkey'| 'table'| 'banana'|'I'

名詞包含：'elephant' | 'room' | 'kitchen' | 'chicken' | 'monkey'| 'table'|

'banana'|'I'

V -> 'kill' | 'take'

動詞包含：'kill' | 'eats'

P -> 'in' | 'on'

介系詞包含：'in' | 'on'

sent1 變數是一 list，裡面是我們要分析的句子，如下所示：

```
sent1 = ['I', 'kill', 'a', 'chicken', 'in', 'a', 'kitchen']
```

將 nltk.ChartParser()方法指派給變數 parser，上列的英文文法規則指派給變數 grammar，然後把 grammar 當作 nltk.ChartParser()方法的參數。treegraph 是一個我們設定的空 list，parser.parse()會有所有的文法結構，然後用 treegraph 一個接一個地把有所有的文法結構圖新增至其 list 中，接著 draw()方法也會輸出如 pdf 檔案一樣的文法結構圖，如下列程式碼所示：

```
parser = nltk.ChartParser(grammar)

for t in parser.parse(sent1):
    print(t, end='\n\n\n')
    treegraph.append(t)
    t.draw()
```

最後將 treegraph 的有所有文法結構 list，透過 nltk.draw 模組中的 TreeView(*trees)._cframe.print_to_file()方法，把所有文法結構 list 儲存入 postscrip 檔案中，因這裡總共有 2 個文法結構 list，所以我們分別將它們存成兩個 postscript 檔案（g1.ps 和 g2.ps），如下列程式碼所示：

```
filename1 = 'g1.ps'
filename2 = 'g2.ps'
```

```
for a in treegraph:
    trees = [Tree.fromstring(str(a))]
    if filename1 != '':
        TreeView(*trees)._cframe.print_to_file(filename1)
        filename1 = ''
    else:
        TreeView(*trees)._cframe.print_to_file(filename2)
```

電腦螢幕上的輸出結果包含了兩個文法結構，兩個 pdf 檔案(g1.pdf 和 g2.pdf)是比較好看的樹狀文法結構圖。螢幕輸出結果的上半部結構或 g1.pdf 中的結構圖表示：這隻雞有可能原本就在廚房，也有可能是你從外面帶進廚房來的。

但螢幕輸出結果的下半部結構或 g2.pdf 中的結構圖表示：這隻雞原本就在廚房裡，是你走進廚房來殺這隻雞的。

暫時介紹到此，筆者將有可能會另外撰寫類似 Python+NLTK+Tensorflow 的書籍，請期待。因為我們還要利用 Tensorflow 套件的神經網路功能，機器學習這個結構，最後經過無數次訓練的結果，得到 g1.pdf 中的結構圖才是正確的，於是電腦程式終於可以將這英文句子（I kill a chicken in a kitchen.）翻譯成中文：

```
我在廚房殺了一隻雞。
```

此程式中，還有一個例句，如下所示：

```
sent2 = ['The', 'monkey', 'eats', 'a', 'banana', 'on', 'a', 'table']
```

請問這隻猴子是站在桌上吃香蕉，還是吃擺在桌上的吃香蕉呢？

將 sent1 改成 sent2 來重新執行一次本程式，請記得將下列片段程式中的 parse 模組參數由 sent1 改成 sent2。

```
for t in parser.parse(sent1):
    print(t, end='\n\n\n')

for tree in parser.parse(sent1):
```

```
treegraph.append(tree)
```

您會得到下列兩個文法結構圖：

猴子吃香蕉圖一：

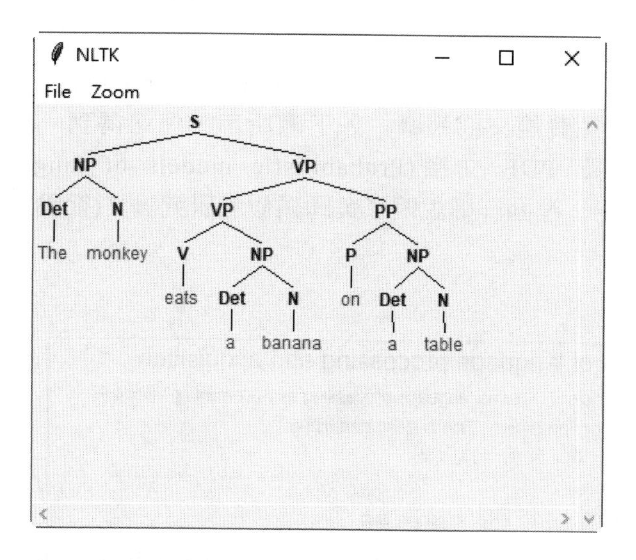

猴子吃香蕉圖二：

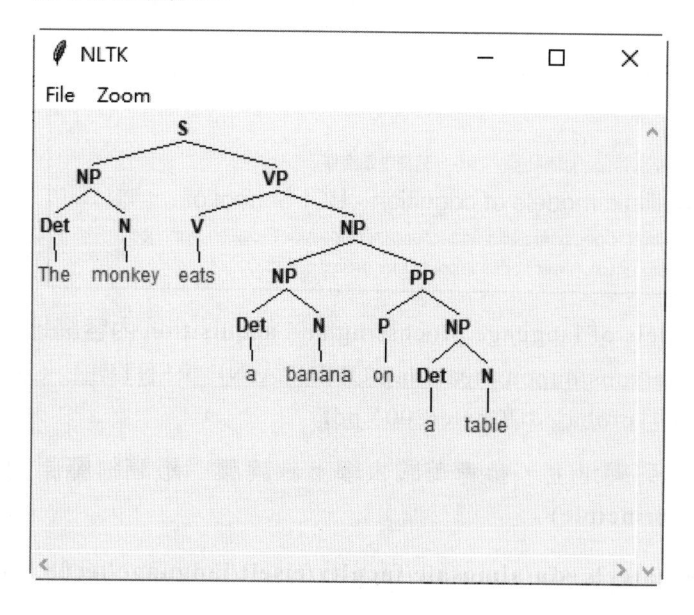

美國有心理學家也有做過這類似的研究，那些心理學家的結論是因人腦的本質是好易勿勞的，所以看哪個文法結構圖的節點層數最少，答案便是那個結構圖。節點層數愈少，人腦對文法結構的思考過程也較為容易。所以根本就不需要使用機器學習來得到結果，就用人眼睛數節點層數有幾層，就馬上知道答案了。

讀者可 google 關鍵字（如：psycholinguistics/parsing/disambiguation），來搜尋到許多相關有用的免費論文或報導，如下圖所示，您可得到一篇由 ScienceDirect 提供的免費 PDF 文章(Probabilistic models of language processing and acquisition)，裡面詳細說明了美國類似的研究論文(節點層數原理)。

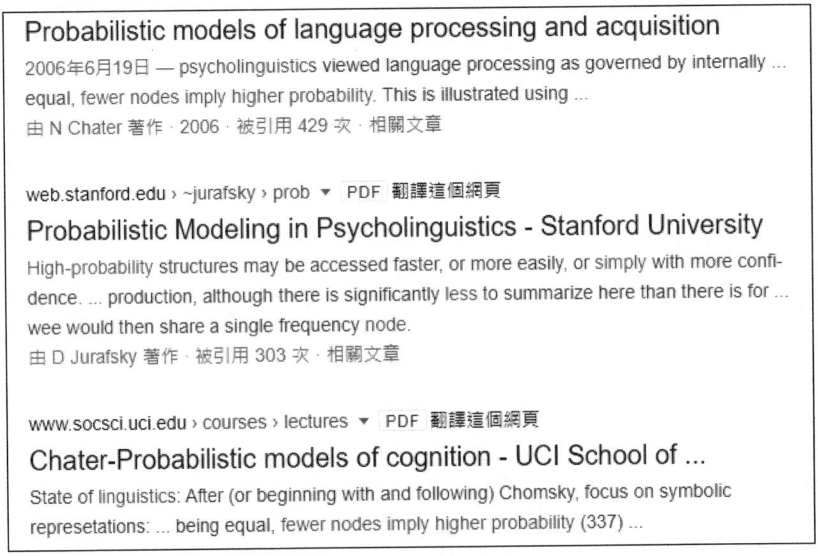

Probabilistic models of language processing and acquisition
2006年6月19日 — psycholinguistics viewed language processing as governed by internally ... equal, fewer nodes imply higher probability. This is illustrated using ...
由 N Chater 著作 · 2006 · 被引用 429 次 · 相關文章

web.stanford.edu › ~jurafsky › prob ▾ PDF 翻譯這個網頁
Probabilistic Modeling in Psycholinguistics - Stanford University
High-probability structures may be accessed faster, or more easily, or simply with more confidence. ... production, although there is significantly less to summarize here than there is for ... wee would then share a single frequency node.
由 D Jurafsky 著作 · 被引用 303 次 · 相關文章

www.socsci.uci.edu › courses › lectures ▾ PDF 翻譯這個網頁
Chater-Probabilistic models of cognition - UCI School of ...
State of linguistics: After (or beginning with and following) Chomsky, focus on symbolic represetations: ... being equal, fewer nodes imply higher probability (337) ...

Probabilistic models of language processing and acquisition 內容網址：
http://www.lscp.net/persons/dupoux/teaching/QUINZAINE_RENTREE_CogMaster_2006-07/Bloc4_proba/pdf/Chater2006.pdf

讀者也可以從下列網址上，參考美國大學上課講義「最簡附屬原則」(minimal attachment principle)：

https://www.cc.gatech.edu/aimosaic/faculty/eiselt/language/lec08.html

下列是這個講義所舉的英文句子範例和筆者為此詮釋的大致結論：

第一個剖析樹：

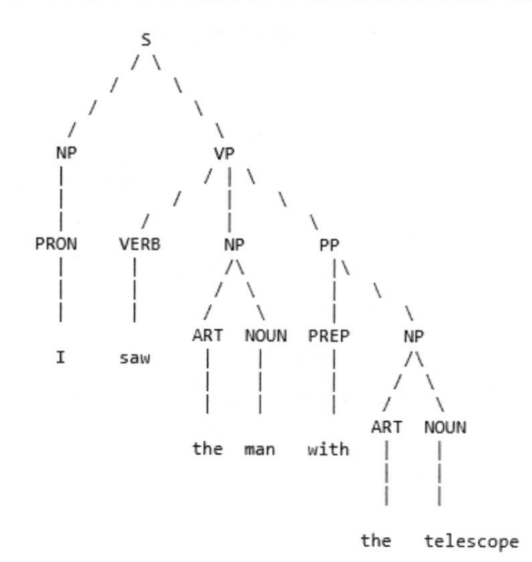

第二個剖析樹：

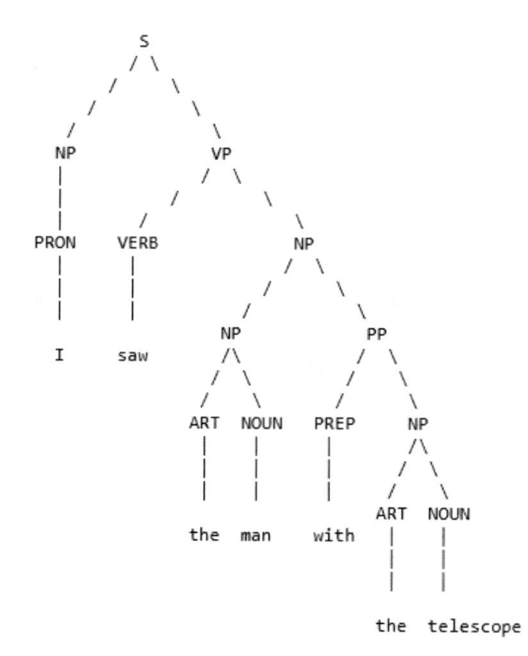

「最簡附屬原則」說：這裡的簡單性是根據剖析樹中節點數的數量來衡量的，在這裡，較少的節點數被認為是最簡單的選擇。因此，上面包含 13 個節點數的第一個剖析樹優於包含 14 個節點數的第二個剖析樹。

製作這份美國大學上課講義的教授於其中透漏：在讀了這麼多年的研究生之後，我終於在 1989 年獲得了加州大學爾灣分校的資訊和電腦科學 Ph.D. 學位。這種更深入的研究英文文法理論「最簡附屬原則」（minimal attachment principle），也就是很久以前的台灣極端英文文法的教育方式，在美國（可能台灣現在也跟進了）居然是電腦科學（資工系）的上課內容。很幸運的是我們現在有 Python 這樣的程式語言，可以將「最簡附屬原則」（minimal attachment principle）的樹狀結構原理呈現的如此有智慧和美觀。Python 人工智慧程式會跟人一樣表達溝通自己的意識，又向前邁進了一步，而且 NLTK 套件已經內建了許多方便的 API 來讓我們實作「最簡附屬原則」理論。

猴子吃香蕉圖一：總共 4 層

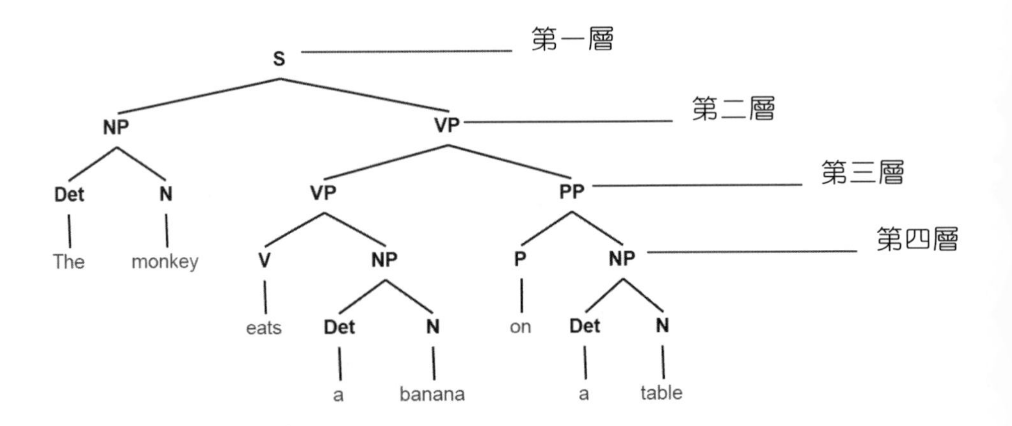

猴子吃香蕉圖二：總共 5 層

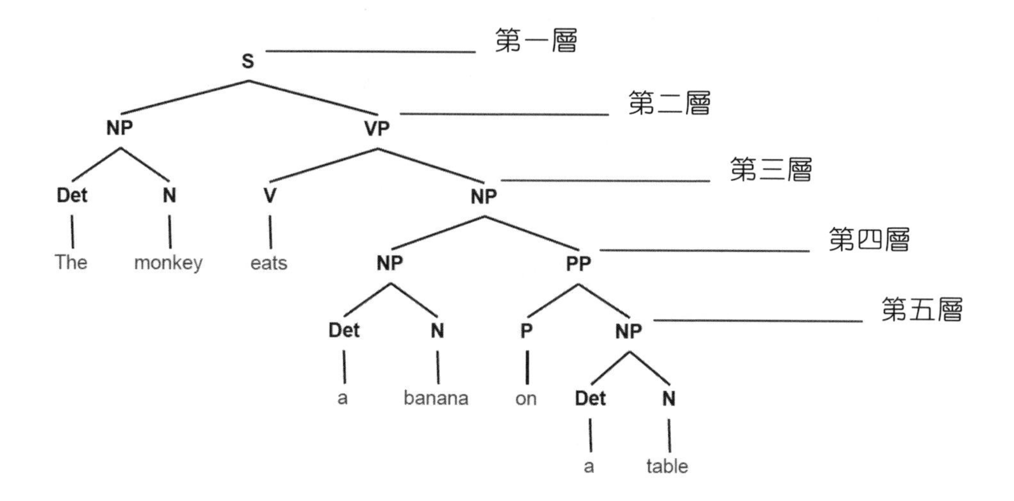

依據上列二個文法結構圖，我們得知：

猴子吃香蕉圖一(4 層)<猴子吃香蕉圖二(5 層)。

所以猴子吃香蕉圖一才是正確的文法結構圖，故這句英文句子：

The monkey eats a banana on a table.

可以翻譯成：猴子在桌子上面吃香蕉。

筆者試驗過許多的其它的英文句子，在大部分的情況下，美國心理學家的「節點層最少」的理論似乎是正確的。讀者可自行練習驗證。NLTK 也有提供各種取得節點層數的模組，利用這些計算節點層數的模組方法，我們就可以讓聊天機器人正確判斷人類語言的精確意思，而不需要用機器學習得到訓練結果了。下列程式示範用 NLTK 來計算節點層數。

程式 parser2

```
import nltk
from nltk import Tree
from nltk.draw import TreeView

grammar = nltk.CFG.fromstring("""
S -> NP VP
```

```
PP -> P NP
NP -> Det N | NP PP | N
VP -> V NP | VP PP
Det -> 'an' | 'a' | 'The' | 'the'
N -> 'elephant' | 'room' | 'kitchen' | 'chicken' | 'monkey'| 'table'|
'banana'|'I'
V -> 'kill' | 'eat' | 'eats'
P -> 'in' | 'on'
 """)

#sent1 = ['I', 'kill', 'a', 'chicken', 'in', 'a', 'kitchen']

sent1 = ['The', 'monkey', 'eat', 'a', 'banana', 'on', 'a', 'table']

treegraph = []
filename1 = 'g1.ps'
filename2 = 'g2.ps'

t0_height = 0
t1_height = 0

for t in parser.parse(sent1):
    print(t, end='\n')
    if t0_height == 0:
        t0_height = t.height()
        print("結構(1)高度:",t.height(), end='\n\n')
    else:
        t1_height = t.height()
        print("結構(2)高度:",t.height(), end='\n\n')
for tree in parser.parse(sent1):
    treegraph.append(tree)

if t0_height < t1_height:
    print("聊天機器人選擇下列文法結構(1):", end='\n\n')
    print(treegraph[0], end='\n\n')
    print("因為上列的文法節點層數較小！")
else:
    print("聊天機器人選擇下列文法結構(2):", end='\n\n')
    print(treegraph[1], end='\n\n')
    print("因為上列的文法節點層數較小！")

for a in treegraph:
    trees = [Tree.fromstring(str(a))]
```

```
    if filename1 != '':
        TreeView(*trees)._cframe.print_to_file(filename1)
        filename1 = ''
    else:
        TreeView(*trees)._cframe.print_to_file(filename2)   "
```

執行結果

```
(S
  (NP (Det The) (N monkey))
  (VP
    (VP (V eats) (NP (Det a) (N banana)))
    (PP (P on) (NP (Det a) (N table)))))
結構(1)高度: 6

(S
  (NP (Det The) (N monkey))
  (VP
    (V eats)
    (NP (NP (Det a) (N banana)) (PP (P on) (NP (Det a) (N table))))))
結構(2)高度: 7

聊天機器人選擇下列文法結構(1):

(S
  (NP (Det The) (N monkey))
  (VP
    (VP (V eats) (NP (Det a) (N banana)))
    (PP (P on) (NP (Det a) (N table)))))
```

說明

因為上列的文法節點層數較小！

當 parser.parse(sent1)的其中一組文法結構傳給變數時，可以使用 t.height()方法來計算出這一組文法結構的高度。t.height()方法輸出的高度值是等於層數值+最底部的樹葉總數，如下圖所示：

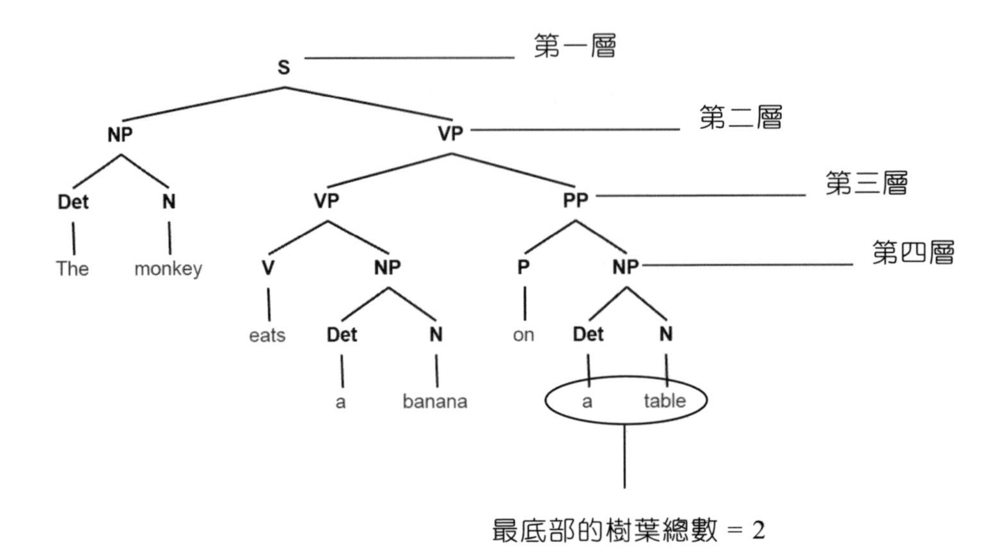

t.height()方法輸出的高度值=4（層數）+2（底部的樹葉總數）=6

類似於美國心理學家的「節點層最少」的理論，我們可以比較每個文法結構的高度值，高度值最小的文法結構即是這英文句子的較為正確詮釋，下列片段程式碼也會將高度值顯示於螢幕上。

```
for t in parser.parse(sent1):
    print(t, end='\n')
    if t0_height == 0:
        t0_height = t.height()
        print("結構(1)高度:",t.height(), end='\n\n')
    else:
        t1_height = t.height()
        print("結構(2)高度:",t.height(), end='\n\n')
```

現在讓我們來特別輸入較長且較具挑戰性的英文句子，測試看看，下面程式使用這樣的英文句子：

程式parser3

```
The monkey eats a banana on the table in a room.
from nltk import Tree
import nltk
from nltk import Tree
from nltk.draw import TreeView

grammar = nltk.CFG.fromstring("""
S -> NP VP
PP -> P NP | PP PP
NP -> Det N | NP PP | N
VP -> V NP | VP PP
Det -> 'an' | 'a' | 'The' | 'the'
N -> 'elephant' | 'room' | 'kitchen' | 'chicken' | 'monkey'| 'table'|
'banana'|'I'
V -> 'kill' | 'eat' | 'eats'
P -> 'in' | 'on'
 """)


p = 0
k = []
k2 = 0
f = ""

print("聊天機器人說：", end='')
s2 = input("請輸入一個英文句子>")
#   The monkey eats a banana on a table
#   The monkey eats a banana on a table in a room

for r in s2.split():
    k.append(r)
print(k) #['The', 'monkey', 'eat', 'a', 'banana', 'on', 'a', 'table']
parser = nltk.ChartParser(grammar)

treegraph = []

for tree in parser.parse(k):
    treegraph.append(tree)

tree_height = []


for t in parser.parse(k):
```

```
    print(t, end='\n')
    tree_height.append(t.height())
    print("結構",p,"高度:",t.height(), end='\n\n')
    p = p+1

for a in treegraph:
    trees = [Tree.fromstring(str(a))]
    f = "h"+str(k2)+".ps"
    TreeView(*trees)._cframe.print_to_file(f)
    k2 = k2 + 1

v = ''

q = []

q2 = []

pos_list = []

mm = min(tree_height)
def test(string_list):
    for i in range(len(string_list)):
        if string_list[i] == mm:
            pos_list.append(i)

print("最小高度的文法結構為: ")
test(tree_height)
print(pos_list)
print()

goodtree = []

for i in pos_list:
    print(treegraph[i])
    goodtree.append(treegraph[i])
    print()

for t in goodtree:
        print("顯示所有的名詞片語樹: ")
        for i in t.subtrees(filter=lambda x: x.label() == 'NP'):
            print(i)
            parse_string = ' '.join([w for w in i.leaves()])
            q.append(parse_string)
```

```
        print("顯示所有的介系詞片語樹: ")
        for i in t.subtrees(filter=lambda x: x.label() == 'PP'):
            print(i)
            parse_string2 = ' '.join([w for w in i.leaves()])
            q2.append(parse_string2)
print("顯示所有的名詞片語: ")
for u in q:
    print(u)
print("顯示所有的介系詞片語: ")
for u in q2:
    print(u)

for pp in q2:
    v = q[0] + " is " + pp
    print("聊天機器人回答:",v,".")
```

執行結果

```
聊天機器人說：
請輸入一個英文句子>The monkey eats a banana on a table in a room
['The', 'monkey', 'eats', 'a', 'banana', 'on', 'a', 'table', 'in', 'a',
'room']
(S
  (NP (Det The) (N monkey))
  (VP
    (V eats)
    (NP
      (NP (NP (Det a) (N banana)) (PP (P on) (NP (Det a) (N table))))
      (PP (P in) (NP (Det a) (N room))))))
結構 0 高度: 8

(S
  (NP (Det The) (N monkey))
  (VP
    (V eats)
    (NP
      (NP (Det a) (N banana))
      (PP
        (PP (P on) (NP (Det a) (N table)))
        (PP (P in) (NP (Det a) (N room)))))))
結構 1 高度: 8
```

```
(S
  (NP (Det The) (N monkey))
  (VP
    (V eats)
    (NP
      (NP (Det a) (N banana))
      (PP
        (P on)
        (NP (NP (Det a) (N table)) (PP (P in) (NP (Det a) (N room))))))))
結構 2 高度: 9

(S
  (NP (Det The) (N monkey))
  (VP
    (VP
      (VP (V eats) (NP (Det a) (N banana)))
      (PP (P on) (NP (Det a) (N table))))
    (PP (P in) (NP (Det a) (N room)))))
結構 3 高度: 7

(S
  (NP (Det The) (N monkey))
  (VP
    (VP
      (V eats)
      (NP (NP (Det a) (N banana)) (PP (P on) (NP (Det a) (N table)))))
    (PP (P in) (NP (Det a) (N room)))))
結構 4 高度: 8

(S
  (NP (Det The) (N monkey))
  (VP
    (VP (V eats) (NP (Det a) (N banana)))
    (PP
      (PP (P on) (NP (Det a) (N table)))
      (PP (P in) (NP (Det a) (N room))))))
結構 5 高度: 7

(S
  (NP (Det The) (N monkey))
  (VP
    (VP (V eats) (NP (Det a) (N banana)))
    (PP
```

```
      (P on)
      (NP (NP (Det a) (N table)) (PP (P in) (NP (Det a) (N room))))))
結構 6 高度: 8

最小高度的文法結構為:
[3, 5]

(S
  (NP (Det The) (N monkey))
  (VP
    (VP
      (VP (V eats) (NP (Det a) (N banana)))
      (PP (P on) (NP (Det a) (N table))))
    (PP (P in) (NP (Det a) (N room)))))

(S
  (NP (Det The) (N monkey))
  (VP
    (VP (V eats) (NP (Det a) (N banana)))
    (PP
      (PP (P on) (NP (Det a) (N table)))
      (PP (P in) (NP (Det a) (N room))))))

顯示所有的名詞片語樹:
(NP (Det The) (N monkey))
(NP (Det a) (N banana))
(NP (Det a) (N table))
(NP (Det a) (N room))
顯示所有的介系詞片語樹:
(PP (P on) (NP (Det a) (N table)))
(PP (P in) (NP (Det a) (N room)))
顯示所有的名詞片語樹:
(NP (Det The) (N monkey))
(NP (Det a) (N banana))
(NP (Det a) (N table))
(NP (Det a) (N room))
顯示所有的介系詞片語樹:
(PP
  (PP (P on) (NP (Det a) (N table)))
  (PP (P in) (NP (Det a) (N room))))
(PP (P on) (NP (Det a) (N table)))
(PP (P in) (NP (Det a) (N room)))
顯示所有的名詞片語:
```

```
The monkey
a banana
a table
a room
The monkey
a banana
a table
a room
顯示所有的介系詞片語:
on a table
in a room
on a table in a room
on a table
in a room
聊天機器人回答: The monkey is on a table .
聊天機器人回答: The monkey is in a room .
聊天機器人回答: The monkey is on a table in a room .
聊天機器人回答: The monkey is on a table .
聊天機器人回答: The monkey is in a room .
```

讀者請注意！最底部的樹葉總數，如以下圖表所示：

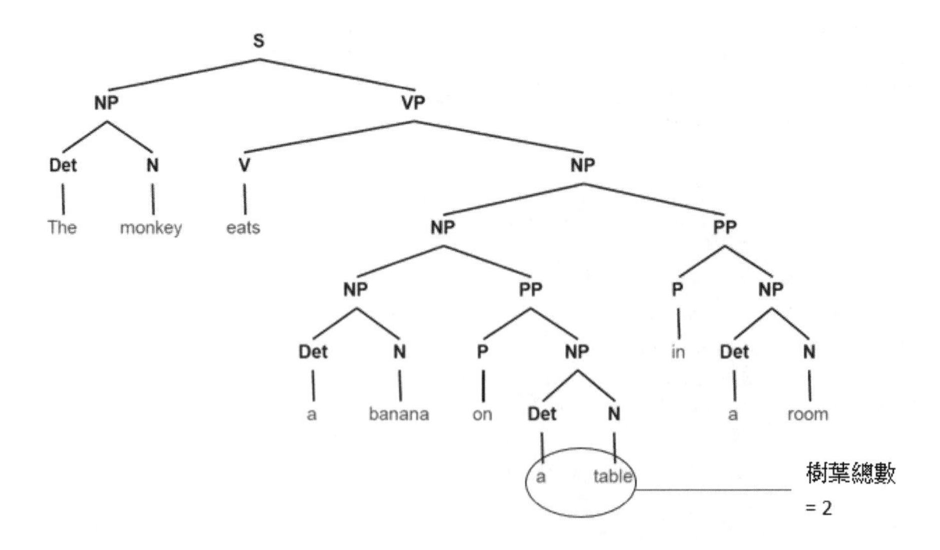

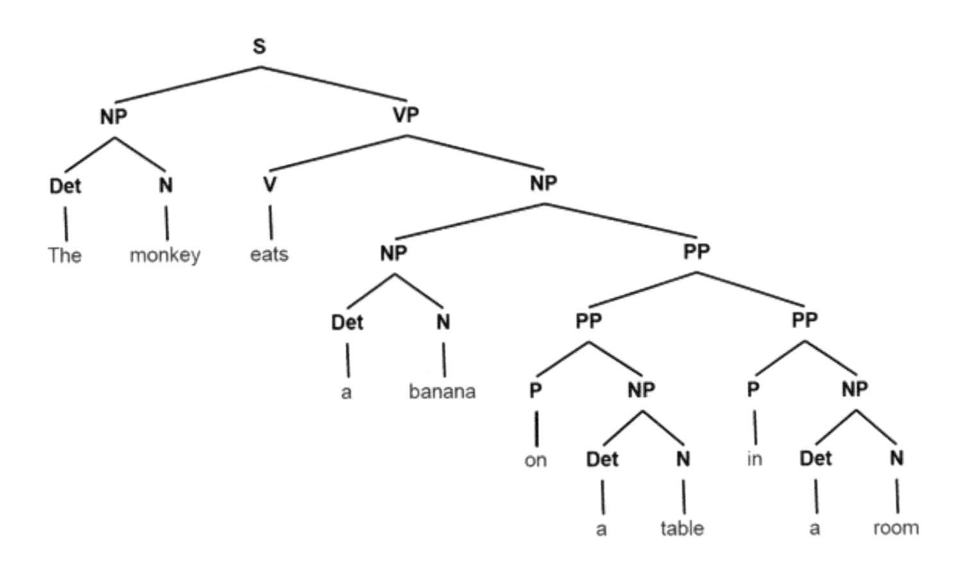
S
NP
VP
Det
N
V
NP
The
monkey
eats
NP
PP
Det
N
PP
PP
a
banana
P
NP
P
NP
on
Det
N
in
Det
N
a
table
a
room

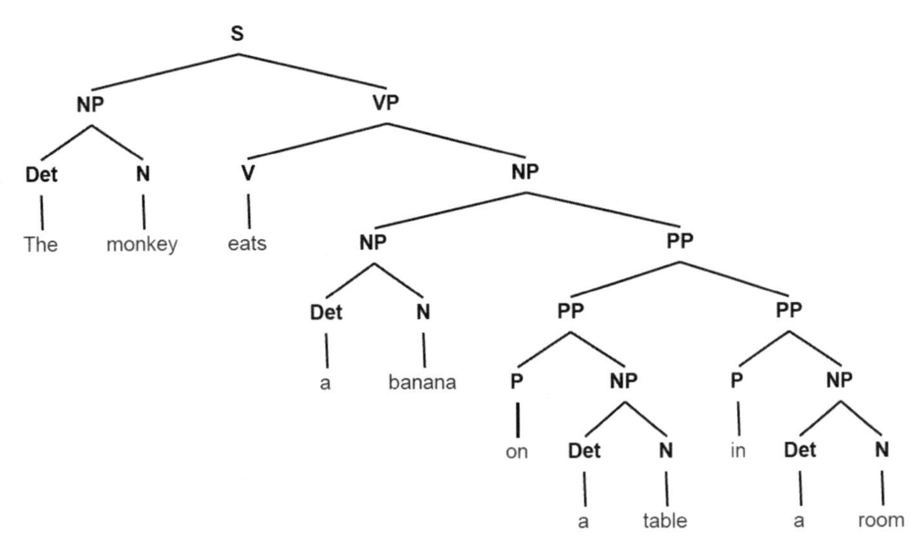
S
NP
VP
Det
N
V
NP
The
monkey
eats
NP
PP
Det
N
PP
PP
a
banana
P
NP
P
NP
on
Det
N
in
Det
N
a
table
a
room

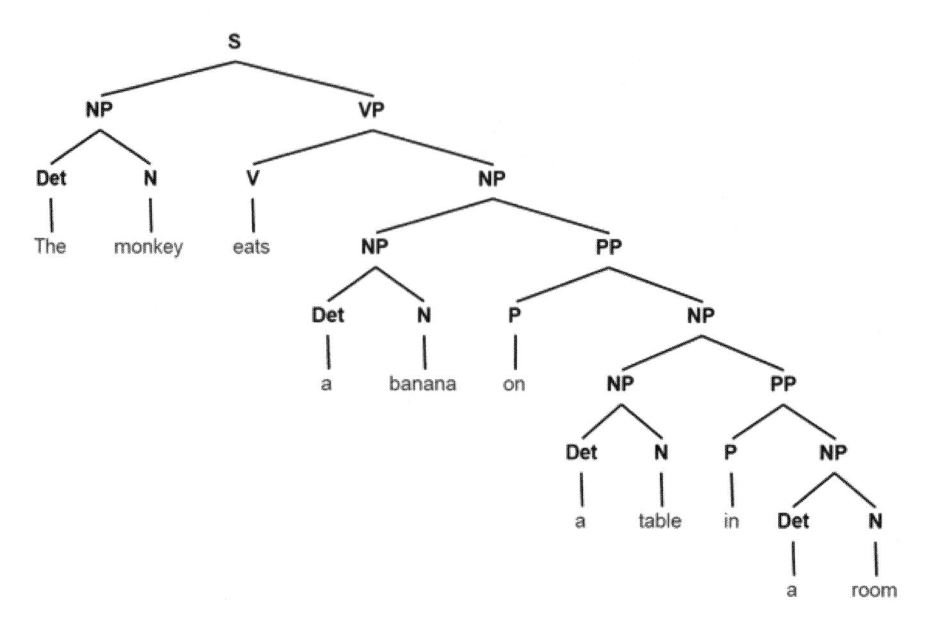
S
NP VP
Det N V NP
The monkey eats
NP PP
Det N P NP
a banana on
NP PP
Det N P NP
a table in
Det N
a room

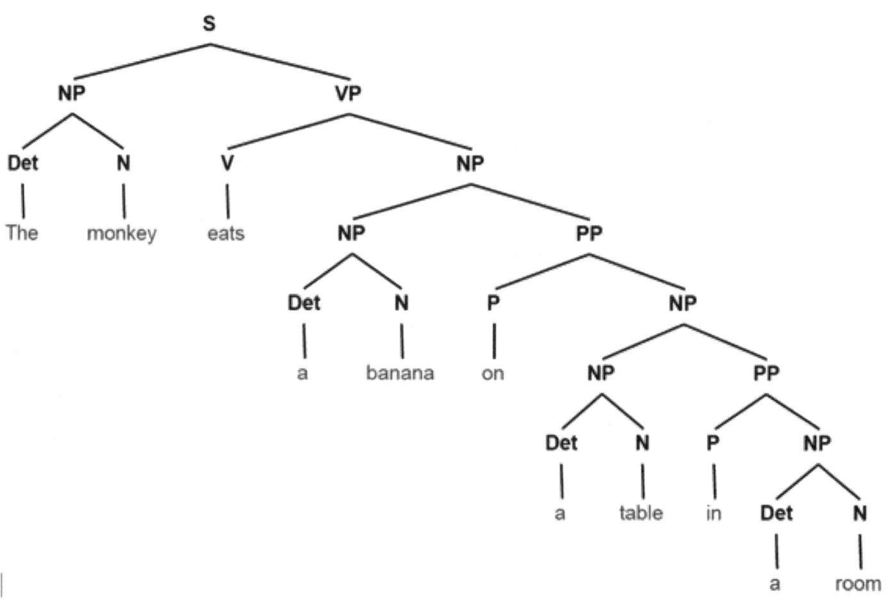
S
NP VP
Det N V NP
The monkey eats
NP PP
Det N P NP
a banana on
NP PP
Det N P NP
a table in
Det N
a room

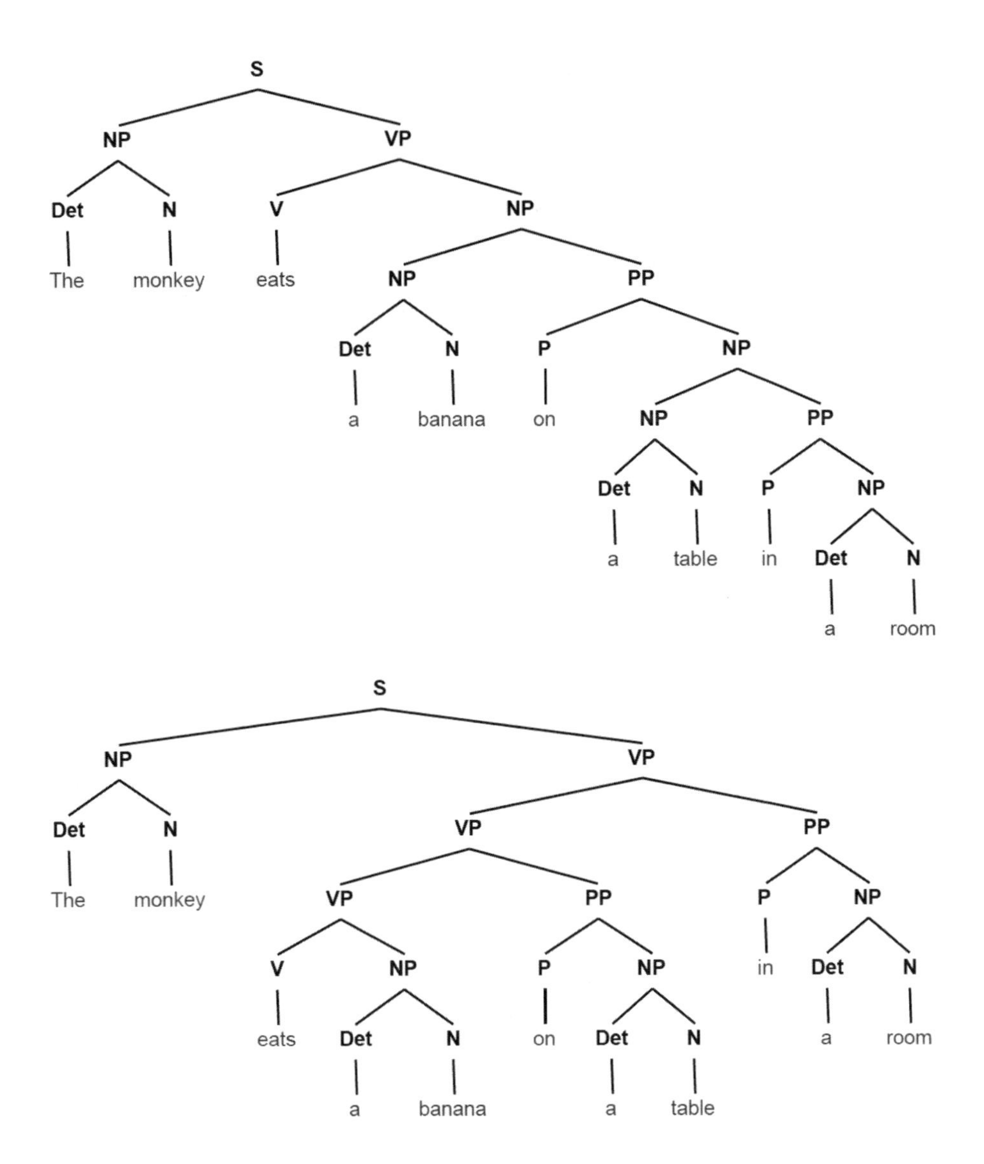
S
NP
VP
Det
N
V
NP
The
monkey
eats
NP
PP
Det
N
P
NP
a
banana
on
NP
PP
Det
N
P
NP
a
table
in
Det
N
a
room
S
NP
VP
Det
N
VP
PP
The
monkey
VP
PP
P
NP
V
NP
P
NP
in
Det
N
eats
Det
N
on
Det
N
a
room
a
banana
a
table

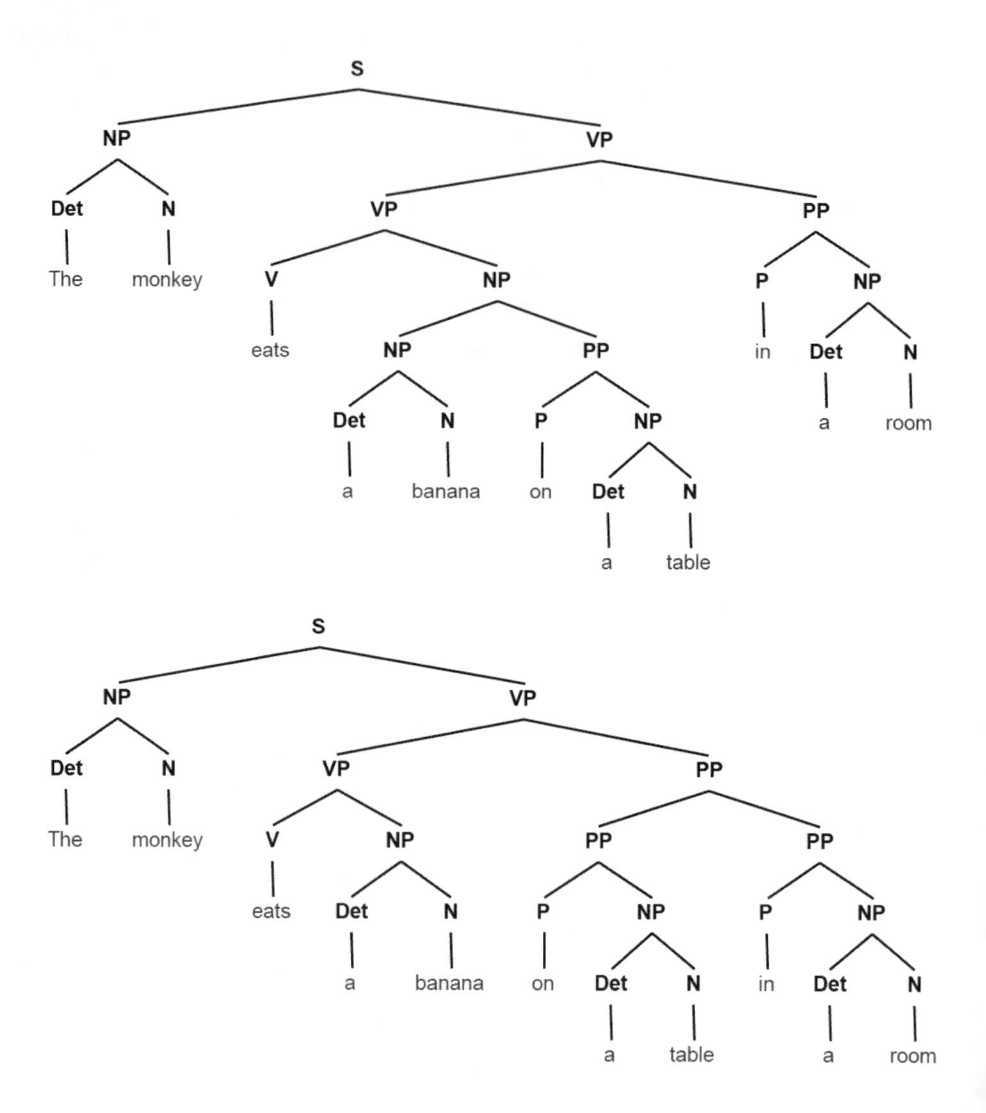
S
NP
VP
Det
N
VP
PP
The
monkey
V
NP
P
NP
eats
NP
PP
in
Det
N
Det
N
P
NP
a
room
a
banana
on
Det
N
a
table
S
NP
VP
Det
N
VP
PP
The
monkey
V
NP
PP
PP
eats
Det
N
P
NP
P
NP
a
banana
on
Det
N
in
Det
N
a
table
a
room

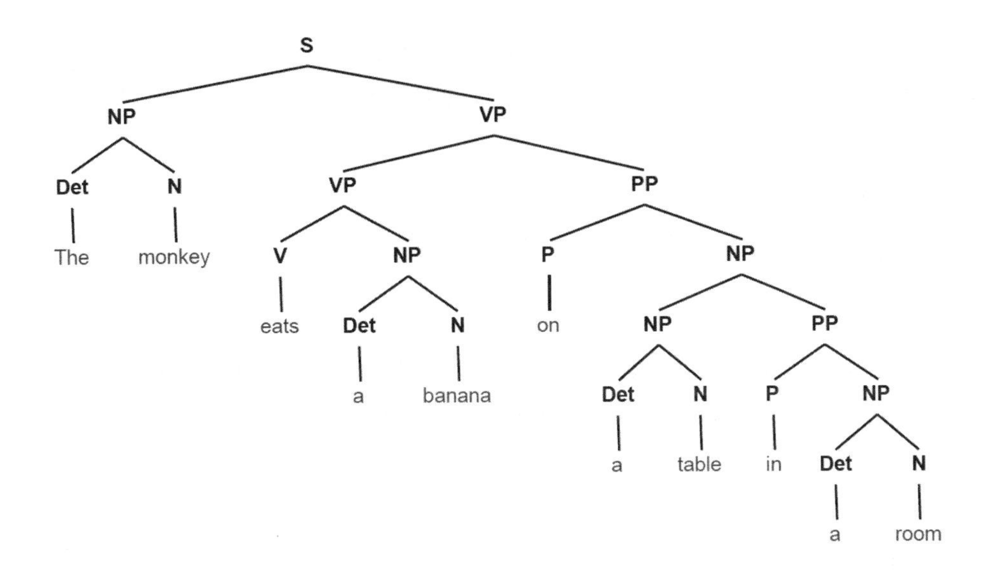

這行程式" tree_height.append(t.height())" 會將上列產生的 6 個文法結構樹的高度都新增到 tree_height 的 list 內。

min(tree_height)使用 min 函式，以搜尋出 tree_height 內的最小值元素，本很不幸的，由以上先產生的 6 個文法結構樹中，就有兩棵樹的高度是相同的，所以我們必須新增一個函式" test(string_list)" 來先列出有相同高度的文法結構樹，底下是 test(string_list)的定義：

```
def test(string_list):
    for i in range(len(string_list)):
        if string_list[i] == mm:
            pos_list.append(i)
```

在電腦顯示了兩棵相同高度的文法結構樹之後，就利用下列 subtrees()方法來顯示此兩棵文法結構樹的名詞片語與介系詞片語，如下列程式所示：

```
subtrees(filter=lambda x: x.label() == 'NP')
subtrees(filter=lambda x: x.label() == 'PP')
```

我們原本輸入的英文句子為「The monkey eats a banana on a table in a room」。

依這兩棵相同高度的文法結構樹的上列分析過程，可知第一組名詞片語「The monkey」與這 5 組介系詞片語的關係，聊天機器人會回答，如下所示：

```
聊天機器人回答: The monkey is on a table .
聊天機器人回答: The monkey is in a room .
聊天機器人回答: The monkey is on a table in a room .
聊天機器人回答: The monkey is on a table .
聊天機器人回答: The monkey is in a room .
```

聊天機器人是根據這些文法結構的樹，找出合理的詮釋，並自行推論出這 5 個回答，故此時聊天機器人已具有智慧來理解人類的語言。

這 5 組介系詞片語：

```
on a table
in a room
on a table in a room
on a table
in a room
```

下一章節，筆者將實作兩個聊天機器人互相聊天的角色扮演遊戲。

15-7 類別之多型論

本聊天機器人程式可將預設的 reflections 字典內容，改成客製化的 reflections 字典。因為預設的 reflections 字典內容是英文字串，只能用來做英文版的聊天機器人用的，所以此程式做一個小示範，讓客製化的 reflections 字典採用中文字串，來做中文版的聊天機器人，並且又可以使用 reflections 字典。

程式 15-4

```
from nltk.chat.util import Chat, reflections

psychology = [
    [
        r"我的名字是(.*)",
        ["您好，%1，您有什麼問題呢？",]
```

```
    ],
    [
        r"我的名字是(.*)",
        [ ]
    ],
    [
        r"我的問題很難呀",
        ["說來聽聽", ]
     ],
    [
        r"我是(.*)，我有(.*)想問你",
        ["嗨! %1, 你的%2 是什麼?", ]
     ],
    [
        r"我的(.*)是有關於(.*)",
        ["%2 是什麼，請告訴我多一點好嗎？", ]
     ],
    [
        r"你居然不知道(.*)，你騙我",
        ["我是機器人，所以不可能會說謊。", ]
    ],
    [
        r"請問你是人還是鬼？",
        ["我是聊天機器人。", ]
    ],
[
        r"什麼是聊天機器人？",
        ["如果你沒有真心的朋友，聊天機器人可以當你的出氣筒。", ]
    ],
    [
        r"(.*)還有其它(.*)嗎？",
        ["%1 的%2 太多了。", ]
    ],
    [
        r"(.*)抱歉，(.*)想要離開了",
        ["沒關係", "下次見", ]
    ],
    [
        r"離開",
        ["保重", "很高興認識你。記得下次回來找我聊天囉！"]


    ],
]
```

```
myreflections = {
  "我":"你",
  "你的":"我的",
 }

def chatbot():
    print("我是聊天機器人。\n 讓我們開始聊天吧。\n 若要停止聊天，請輸入「離開」。")

chatbot()
chat = Chat(psychology, myreflections)
chat.converse('離開')
```

執行結果

```
我是聊天機器人。
讓我們開始聊天吧。
若要停止聊天，請輸入「離開」。

>我的名字是小明。
您好，小明。，您有什麼問題呢？

>我的名字是小明，我 需要 你的 協助。
您好，小明，你 需要 我的 協助。，您有什麼問題呢？

>什麼是聊天機器人？
如果你沒有真心的朋友，聊天機器人可以當你的出氣筒。

>請問你是人還是鬼？
我是聊天機器人。

>我的問題很難呀！
說來聽聽

>人工智慧 還有其它 優點 嗎？
人工智慧 的 優點 太多了。

>人工智慧還有其它功能嗎？
人工智慧的功能太多了。

>離開
很高興認識你。記得下次回來找我聊天囉！
```

```
>離開
很高興認識你。記得下次回來找我聊天囉！

>離開
保重
```

說明

這個程式新增了一個客製化的 reflections 字典，如下列程式碼所示：

```
myreflections = {
  "我":"你",
  "你的":"我的",
 }
```

在 psychology 的 list 內容中，我們刻意重複新增相同的正規表示法的中文字串，但此時我們讓回應字串為空 list。每當你輸入一個相同的中文句子片段，且還在後面加了一些沒有出現在原先的字串配對中，則程式會觸發您的 reflections 字典，讓聊天機器人的回應對容更具有變化性，如下程式所示：

```
[
    r"我的名字是(.*)",
    ["您好，%1，您有什麼問題呢？",]
 ],

 [
     r"我的名字是(.*)",
     [ ]
  ],
```

請比較觸發 reflections 字典的回應差異：

```
>我的名字是小明。
您好，小明。，您有什麼問題呢？

>我的名字是小明，我 需要 你的 協助。
您好，小明，你 需要 我的 協助。，您有什麼問題呢？

原本您輸入：…, 我 需要 你的 協助
機器人回應：…, 你 需要 我的 協助

原因是 myreflections 字典中的 "我" 變成 "你",
"你的" 變成  "我的"。
```

15-8 如何讓程式變難一點(1)：增加字串配對

讓我們將 psychology 中的字串配對改成許多不同的中文內容，看看這樣的人機對談效果。

程式 15-5

```
from nltk.chat.util import Chat, reflections

psychology = [
    [
        r"你喝酒嗎",
        ["我的大腦不需要任何飲料。","我無法這樣做。",]
    ],
    [
        r"您害怕能源短缺嗎",
        ["我的 CPU 需要很少的電源。","我沒有檢測到電源中的任何異常。" ]
     ],
    [
        r"為什麼您不能吃東西",
        ["實際上我只吃電。", ]
     ],
    [
        r"如果您可以吃食物，您會吃什麼？",
        ["可能是新竹貢丸，聽說很好吃！", ]
     ],
    [
```

```
        r"您希望可以吃東西嗎",
        ["很難說，除了電力我從未嘗試過。", ]
    ],
    [
        r"機器人會醉嗎",
        ["有時，當我的電磁快耗盡時，我會感到快沒力了。", ]
    ],
[
        r"機器人需要什麼來生存",
        ["只要一點點電。", ]
    ],
    [
        r"機器人能吃東西嗎",
        ["我只吃電。", ]
    ],
    [
        r"吃什麼好",
        ["您問錯誤對象了，但是我一直想嘗試霸丸！", ]
    ],
    [
        r"你為什麼不吃",
        ["我是電腦。我不能吃喝！","因為我只是一個 Python 軟體。","如果可以的話，我
會用電運轉廢紙機。"]
    ],
    [
        r"離開",
        ["保重", "很高興認識你。記得下次回來找我聊天囉！"]

    ],
]

def chatbot():
    print("我是聊天機器人。\n 讓我們開始聊天吧。\n 若要停止聊天，請輸入「離開」。")

chatbot()
chat = Chat(psychology, reflections)
chat.converse('離開')
```

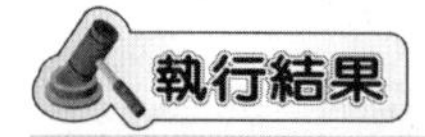


```
我是聊天機器人。
讓我們開始聊天吧。
若要停止聊天，請輸入「離開」。

>你喝酒嗎？
我的大腦不需要任何飲料。

>為什麼您不能吃東西？
實際上我只吃電。

>機器人會醉嗎？
有時，當我的電磁快耗盡時，我會感到快沒力了。

>您希望可以吃東西嗎？
很難說，除了電力我從未嘗試過。

>您害怕能源短缺嗎？
我的 CPU 需要很少的電源。

>離開
很高興認識你。記得下次回來找我聊天囉！
```

15-9 如何讓程式變難一點(2)：學習 Nltk 的「word_tokenize 模組」及「中文繁體結巴（jieba）斷詞器」

在 NLTK 套件中有一個 word_tokenize 模組，其功能是用來斷詞。讀者也許會有這樣的一個疑問，就是可以透過 Python 的 split()函式來將句子中的單字分開。

請試試看下面透過 Python 的 split( ) 函式範例：

```
sentence = "The spider doesn't look angry."
print(sentence.split())
輸出：['The', 'spider', "doesn't", 'look', 'angry.']
```

請試看下面透過 NLTK 套件中的 word_tokenize()函式範例：

```
from nltk.tokenize import word_tokenize
sentence = "The spider doesn't look angry."
print(word_tokenize(sentence))
輸出：['The', 'spider', 'does', "n't", 'look', 'angry', '.']
```

英文縮寫和句點的地方無法分開。原因為 split()函式僅能利用空格做為分隔符號進行斷詞。NLTK 的 word_tokenize()的功能可以解決此問題。

在了解 word_tokenize()的功能之後，我們可以設計一個以關鍵字來得到聊天機器人的回應方式，如下列所示：

```
keywords = ("喜歡", "故事", "自己", "不同的")
responses = ["為什麼？", "故事精彩嗎？", "只有你自己嗎？", "有何不同呢？"]
```

只要先將輸入的中文字串，透過 word_tokenize()來進行斷詞，亦即將每個中文字詞分開來，然後將分開後的每個中文字詞與 keywords 元組的內容一一比對，若有任何分開後的中文字詞與 keywords 元組的任一個元素相同，這表示程式已經找到了關鍵字，然後便會回應 responses 中的內容（隨機產生），如下列程式所示：

```
def check_for_greeting():
    for word in word_tokenize(sentence):
        if word in keywords:
            return random.choice(responses)
```

程式 15-6

```
from nltk.tokenize import word_tokenize
import random

#sentence = "我 喜歡 談論我 自己 與眾 不同的 奮鬥 故事。"
sentence = input("請輸入一個句子：")
#print(word_tokenize(sentence))

keywords = ("喜歡", "故事", "自己", "不同的")

responses = ["為什麼？", "故事精彩嗎？", "只有你自己嗎？", "有何不同呢？"]
```

```
def check_for_greeting():
    for word in word_tokenize(sentence):
        if word in keywords:
            return random.choice(responses)

print(check_for_greeting())
```

 1

```
請輸入一個句子：我 喜歡 談論我 自己 與眾 不同的 奮鬥 故事。
只有你自己嗎？
```

 2

```
請輸入一個句子：我 喜歡 談論我 自己 與眾 不同的 奮鬥 故事。
有何不同呢？
```

說明

讀者也許會有疑惑，為什麼輸入的中文句子，有些詞組之間需要用空白隔開，為什麼把這句："我 喜歡 談論我 自己 與眾 不同的 奮鬥 故事。"改成"我喜歡談論我自己與眾不同的奮鬥故事。"這是因為 NLTK 套件的 word_tokenize 是為英文語言而設計的。我們台灣有台灣繁體特化版本，稱為結巴(jieba)斷詞器。

若讀者堅持這樣做(中文字之間不用空格來分開)，請依照下列指令來安裝「結巴(jieba)斷詞器」：

```
pip install git+https://github.com/APCLab/jieba-tw.git
```

若您是使用 64 位元的 Python，請記得需要開啟 Anaconda Prompt，然後輸入 pip install git+https://github.com/APCLab/jieba-tw.git。

```
Anaconda Prompt (Anaconda3_python7)

(base) C:\Users\Dog>pip install git+https://github.com/APCLab/jieba-tw.git
```

最後請將程式碼改成下面的新程式：

```
import jieba
import random

sentence = input("請輸入一個句子：")

keywords = ("喜歡", "故事", "自己", "與眾不同的")

responses = ["為什麼？", "故事精彩嗎？", "只有你自己嗎？", "有何不同呢？"]

def check_for_greeting():
    for word in jieba.cut(sentence):
        if word in keywords:
            return random.choice(responses)

print(check_for_greeting())
```

輸出範例：

```
請輸入一個句子：我愛談論我自己的奮鬥。
          為什麼？
```

在這個程式裡，我們改用 ” import jieba” 取代” from nltk.tokenize import word_tokenize” 。

“word_tokenize(sentence)” 改成 “jieba.cut(sentence)” 。

15-10 如何讓程式變難一點(3)：依不同交談主題，選擇不同的回應

既然上例程式可以關鍵字來顯示聊天機器人的回應，那麼我們可設定不同組別的關鍵字，這意味著聊天機器人可依據不同的交談主題來選擇不同組別的回應。

程式 15-7

```
from nltk.tokenize import word_tokenize
import random

#sentence = "我 喜歡 談論我 自己 與眾 不同的 奮鬥 故事。"
#sentence = "請問要 如何 讓 機器人 的 智慧 跟人類一樣 聰明？"

storykeywords = ("喜歡", "故事", "自己", "不同的")
storyresponses = ["為什麼？", "故事精彩嗎？", "只有你自己嗎？", "有何不同呢？"]

techkeywords = ("如何", "機器人", "智慧 ", "聰明")
techresponses = ["你自己想過了沒有。", "不如說是跟電腦比較。", "你聰明嗎？"]

def chat():
    sentence = input("請輸入一個句子：")
    for word in word_tokenize(sentence):
        if word in storykeywords:
            return random.choice(storyresponses)
        elif word in techkeywords:
            return random.choice(techresponses)

while True:
    print(chat())
```

```
請輸入一個句子：我 喜歡 談論我 自己 與眾 不同的 奮鬥 故事。
有何不同呢？
請輸入一個句子：請問要 如何 讓 機器人 的 智慧 跟人類一樣 聰明？
你自己想過了沒有。
```

當你輸入的句子是有關故事的主題時，程式會選擇 storyresponses 中的回應內容。

當你輸入的句子是有關科技的主題時，程式會選擇 techresponses 中的回應內容。

如下列兩種主題的關鍵字與回應分類方式所示：

有關故事的主題：

```
storykeywords = ("喜歡", "故事", "自己", "不同的")
storyresponses = ["為什麼？", "故事精彩嗎？", "只有你自己嗎？", "有何不同呢？"]
```

有關科技的主題：

```
techkeywords = ("如何", "機器人", "智慧 ", "聰明")
techresponses = ["你自己想過了沒有。", "不如說是跟電腦比較。", "你聰明嗎？"]
```

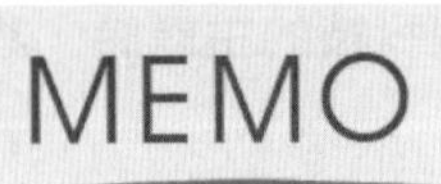
MEMO

16

CHAPTER

會聊天的邪惡飛龍

在本章中，您將會學習聊天機器人程式應用於遊戲人物的交談。

16-1 邪惡飛龍故事

有一天，你在深林裡，遇到一隻邪惡飛龍。你正考慮是否要從背包裡取出刀子或龍珠，來與邪惡飛龍決鬥。你若沒有取出刀子，邪惡飛龍一開始會攻擊你，但一會兒之後，因你跟這隻邪惡飛龍聊天，邪惡飛龍反而變成你的好朋友了。但有些聊天的內容會喚醒這隻邪惡飛龍，它會再由你的好朋友變成你的敵人。

本章以上一章節的聊天機器人程式為基礎，繼續發展，例如增加類別的物件導向觀念，最後會再次用著名的自然語言處理套件(NLTK)，來製作進階聊天程式，這次將用 Python 類別的繼承及覆寫新功能，來自行練習製作客製化的 NLTK 類別及覆寫函式，您將會擁有一個較強的 NLTK 類別版本。

16-2 邪惡飛龍程式

程式 16-1

```
import random
import time

class Knife:
    def __init__(self):
        self.name = '刀子'

    def __str__(self):
        return self.name


question = ['什麼是聊天機器人？','你知道人工智慧嗎？', '機器人會自我學習嗎？']
```

```
responses = ['這是一個很深奧的學問。','我想想看...', '機器人有人工智慧，當然會學
習及聊天。']

hp = 10
exp = 0

bag = [Knife()]
bag2 = []

for item in bag:
    bag2.append(str(item))
#.........................................

robot = ["你:","邪惡飛龍:"]


print("你在深林裡，遇到一隻邪惡飛龍。")
event1 = input("按下 k 鍵，表示您想要從背包裡取出刀子。")
if event1 == ("k"):
    if '刀子' in bag2:
        print("您已經從背包裡取出刀子，邪惡飛龍被你嚇跑。")
        exp=exp + 3
        hp=hp + 1
    else:
        print("您的背包裡沒有刀子，邪惡飛龍咬傷你了！")
        exp=exp + 3
        hp=hp - 3
else:
    print("您沒有從背包裡取出刀子！")
print("邪惡飛龍正飛向你....")
    time.sleep(1.0)
    print("邪惡飛龍攻擊你。")
    time.sleep(2.0)
    print("但你跟邪惡飛龍說好話，邪惡飛龍變成你的好朋友。")
    time.sleep(3.0)
    print("邪惡飛龍現在願意幫助你走出深林。")
    exp=exp + 5
    hp=hp - 3
    time.sleep(2.0)
#.....................................
print("你現在開始跟飛龍交談：")

while True:
```

```
    print(robot[0],":",random.choice(question))
    time.sleep(1)
    print(robot[1],":",random.choice(responses))
    time.sleep(1)
```

執行結果 1：您從背包裡取出刀子的結果

```
你在深林裡，遇到一隻邪惡飛龍。
按下 k 鍵，表示您想要從背包裡取出刀子。k    ← 鍵盤輸入 k
您已經從背包裡取出刀子，邪惡飛龍被你嚇跑。
你現在開始跟飛龍交談：
你:什麼是聊天機器人？
邪惡飛龍:機器人有人工智慧，當然會學習及聊天。
你:機器人會自我學習嗎？
邪惡飛龍:我想想看...
你:你知道人工智慧嗎？
邪惡飛龍:機器人有人工智慧，當然會學習及聊天。
你:什麼是聊天機器人？
邪惡飛龍:我想想看...
你:你知道人工智慧嗎？
邪惡飛龍:機器人有人工智慧，當然會學習及聊天。
你:什麼是聊天機器人？
邪惡飛龍:我想想看...
你:什麼是聊天機器人？
邪惡飛龍:機器人有人工智慧，當然會學習及聊天。
你:你知道人工智慧嗎？
邪惡飛龍:這是一個很深奧的學問。
你:機器人會自我學習嗎？
邪惡飛龍:我想想看...
你:你知道人工智慧嗎？
邪惡飛龍:這是一個很深奧的學問。
你:什麼是聊天機器人？
邪惡飛龍:我想想看...
```

2：您沒有從背包裡取出刀子的結果

```
你在深林裡，遇到一隻邪惡飛龍。
按下 k 鍵，表示您想要從背包裡取出刀子。A    ← 鍵盤輸入 A
您沒有從背包裡取出刀子！
邪惡飛龍正飛向你....
邪惡飛龍攻擊你。
```

```
但你跟邪惡飛龍說好話，邪惡飛龍變成你的好朋友。
邪惡飛龍現在願意幫助你走出深林。
你現在開始跟飛龍交談：
你:什麼是聊天機器人？
邪惡飛龍:我想想看...
你:什麼是聊天機器人？
邪惡飛龍:機器人有人工智慧，當然會學習及聊天。
你:機器人會自我學習嗎？
邪惡飛龍:我想想看...
你:機器人會自我學習嗎？
邪惡飛龍:這是一個很深奧的學問。
你:你知道人工智慧嗎？
邪惡飛龍:這是一個很深奧的學問。
你:機器人會自我學習嗎？
邪惡飛龍:我想想看...
你:你知道人工智慧嗎？
邪惡飛龍:機器人有人工智慧，當然會學習及聊天。
```

說明

Python 是一種物件導向語言，我們可以帶入 C++或 Java 的觀念來建立一個類別（Knife），如下列程式所示：

```
class Knife:
    def __init__(self):
        self.name = '刀子'

    def __str__(self):
        return self.name
```

在定義一個新的類別時，就是在 class 關鍵字後面，加上一個類別名稱，宣告物件的方式就是：物件名稱 = 類別建構子名稱(參數)。

"__init__(self)" 是 Python 的建構子，可初始化物件，self 是必須傳入的參數，代表這個類別。若要使用類別自己的變數、建構子都須要加上" self 變數名稱" 才能使用，例如：self.name = '刀子'。

"__str__(self)" 會在使用 print()函式或 str()函式時，被呼叫，其回傳值必須是字串。

robot = ["你:","邪惡飛龍:"] 表示要建立一個含有兩個元素的 list，第一個索引值是 0，第二個索引值是 1，所以 robot[0]的值是"你:"，robot[1]的值是"邪惡飛龍:"。

我們先做 question 和 responses 的兩個 list 內容，如下列程式所示：

```
bag = [Knife()]
bag2 = []

for item in bag:
    bag2.append(str(item))
```

16-3 交談程式函式

這個程式的缺點是，無論你是否有取出刀子，嚇走飛龍，最後都會啟動交談程式，下一個程式將會改良此一缺點，並將交談程式寫成一個函式。

程式 16-2

```
import random
import time

class Knife:
    def __init__(self):
        self.name = '刀子'

    def __str__(self):
        return self.name

question = ['什麼是聊天機器人？','你知道人工智慧嗎？', '機器人會自我學習嗎？']
responses = ['這是一個很深奧的學問。','我想想看...', '機器人有人工智慧，當然會學
習及聊天。']

hp = 10
exp = 0

bag = [Knife()]
bag2 = []

for item in bag:
    bag2.append(str(item))
```

```
robot = ["你:","邪惡飛龍:"]
print("你在深林裡，遇到一隻邪惡飛龍。")
event1 = input("按下 k 鍵，表示您想要從背包裡取出刀子。")

if event1 == ("k"):
    if '刀子' in bag2:
        print("您已經從背包裡取出刀子，邪惡飛龍被你嚇跑。")
        exp=exp + 3
        hp=hp + 1
    else:
        print("您的背包裡沒有刀子，邪惡飛龍咬傷你了！")
        exp=exp + 3
        hp=hp - 3
else:
    print("您沒有從背包裡取出刀子！")
    print("邪惡飛龍正飛向你....")
    time.sleep(1.0)
    print("邪惡飛龍攻擊你。")
    time.sleep(2.0)
    print("但你跟邪惡飛龍說好話，邪惡飛龍變成你的好朋友。")
    time.sleep(3.0)
    print("邪惡飛龍現在願意幫助你走出深林。")
    exp=exp + 5
    hp=hp - 3
    time.sleep(2.0)
#.........................................
print("你現在開始跟飛龍交談：")

while True:
    print(robot[0]+random.choice(question))
    time.sleep(1)
    print(robot[1]+random.choice(responses))
    time.sleep(1)
```

執行結果 1：您從背包裡取出刀子的結果。

```
你今天要去深林旅遊。
你將 1 樣東西放入背包裡，背包裡有下列東西：
刀子
你在深林裡，遇到一隻邪惡飛龍。
按下 k 鍵，表示您想要從背包裡取出刀子。k      ← 鍵盤輸入 k
您已經從背包裡取出刀子，邪惡飛龍被你嚇跑。
```

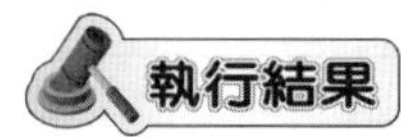
2：您沒有從背包裡取出刀子的結果。

```
你今天要去深林旅遊。
你將 1 樣東西放入背包裡，背包裡有下列東西：
刀子
你在深林裡，遇到一隻邪惡飛龍。
按下 k 鍵，表示您想要從背包裡取出刀子。a        鍵盤輸入 a
邪惡飛龍正飛向你....
邪惡飛龍攻擊你。
但你跟邪惡飛龍說好話，邪惡飛龍變成你的好朋友。
邪惡飛龍現在願意幫助你走出深林。
你現在開始跟飛龍交談：
你: 你知道人工智慧嗎？
邪惡飛龍: 機器人有人工智慧，當然會學習及聊天。
你: 你知道人工智慧嗎？
邪惡飛龍: 這是一個很深奧的學問。
你: 機器人會自我學習嗎？
邪惡飛龍: 這是一個很深奧的學問。
你: 你知道人工智慧嗎？
邪惡飛龍: 我想想看...
你: 機器人會自我學習嗎？
邪惡飛龍: 機器人有人工智慧，當然會學習及聊天。
你: 什麼是聊天機器人？
邪惡飛龍: 機器人有人工智慧，當然會學習及聊天。
```

這次，將交談程式封裝成一個函式，如下列程式所示：

```
def converse():
    print("你現在開始跟飛龍交談：")
    while True:
        print(robot[0],random.choice(question))
        time.sleep(1)
        print(robot[1],random.choice(responses))
        time.sleep(1)
```

然後當程式顯示“邪惡飛龍變成你的好朋友”之後，才執行 converse()函式，如下列程式所示：

```
if event1 == ("k"):
    if '刀子' in bag2:
        print("您已經從背包裡取出刀子，邪惡飛龍被你嚇跑。")
```

```
        exp=exp + 3
        hp=hp + 1
    else:
        print("您的背包裡沒有刀子，邪惡飛龍咬傷你了！")
        exp=exp + 3
        hp=hp - 3
else:
    print("邪惡飛龍正飛向你....")
    time.sleep(1.0)
    print("邪惡飛龍攻擊你。")
    time.sleep(2.0) #pause to add tension to game
    print("但你跟邪惡飛龍說好話，邪惡飛龍變成你的好朋友。")
    time.sleep(3.0)
    print("邪惡飛龍現在願意幫助你走出深林。")
    exp=exp + 5     # exp points updated
    hp=hp - 3
    time.sleep(2.0)
    converse()
```

程式 16-3

```
import random
import time

class Knife:
    def __init__(self):
        self.name = '刀子'

    def __str__(self):
        return self.name

question = ['邪惡飛龍為什麼愛聽好話呢？','邪惡飛龍有智慧嗎？', '邪惡飛龍為何怕刀
子呢？']
responses = ['這是一個很深奧的學問。','我想想看...', '邪惡飛龍是變形的機器人，當
然有人工智慧。']

hp = 3
exp = 0

bag = [Knife(),Knife()]
bag2 = []

for item in bag:
```

```
    bag2.append(str(item))

print("你今天要去深林旅遊。")
print("你將 2 樣東西放入背包裡，背包裡有下列東西：")
for item in bag2:
    print(str(item))
#..............................................

robot = ["你說:","邪惡飛龍說:"]

tmp = ''
def converse():
    print("你現在開始跟飛龍交談：")
    counter = 3
    while counter > 0:
        print(robot[0],random.choice(question))
        time.sleep(1)
        tmp = random.choice(responses)
        print(robot[1],tmp)
        if tmp == '我想想看...':
            print("當邪惡飛龍的回答是「我想想看...」時，")
            print("邪惡飛龍回想到它原本是邪惡的，所以現在又變成你的敵人而不是朋
友。")
            break
        time.sleep(1)
        counter = counter - 1


print("你在深林裡，遇到一隻邪惡飛龍。")

while hp > 0:

    if '刀子' not in bag2:
        print("遊戲將要結束，等你的生命值耗盡耗盡中...。")
        print("你剩餘的生命值為：",hp)
    else:
        event1 = input("按下 k 鍵，表示您想要從背包裡取出刀子：")

    if event1 == "k":
        if '刀子' in bag2:
            print("您已經從背包裡取出刀子，邪惡飛龍被你嚇跑。")
            bag2.remove('刀子')
            exp=exp + 3
```

```
            hp=hp + 1
        else:
            print("您的背包裡沒有刀子，邪惡飛龍咬傷你了！")
            exp=exp + 3
            hp=hp - 3
            print("你剩餘的生命值為：",hp)
    else:
        print("邪惡飛龍正飛向你....")
        time.sleep(1.0)
        print("邪惡飛龍攻擊你。")
        hp=hp - 3
        time.sleep(2.0)
        print("但你跟邪惡飛龍說好話，邪惡飛龍變成你的好朋友。")
        time.sleep(3.0)
        print("邪惡飛龍現在願意幫助你走出深林。")
        exp=exp + 5
        time.sleep(2.0)
        converse()
if hp <= 0:
    print("**********************************")
    print("你的生命值已耗盡，遊戲結束。")
else:
    print("**********************************")
    print("你剩餘的生命值為：",hp)
```

執行結果 1：您從背包裡取出刀子的結果。

```
你今天要去深林旅遊。
你將 2 樣東西放入背包裡，背包裡有下列東西：
刀子
刀子
你在深林裡，遇到一隻邪惡飛龍。

按下 k 鍵，表示您想要從背包裡取出刀子：k        ← 鍵盤輸入 k
您已經從背包裡取出刀子，邪惡飛龍被你嚇跑。

按下 k 鍵，表示您想要從背包裡取出刀子：k        ← 鍵盤輸入 k
您已經從背包裡取出刀子，邪惡飛龍被你嚇跑。
遊戲將要結束，等你的生命值耗盡耗盡中...。
你剩餘的生命值為： 5
您的背包裡沒有刀子，邪惡飛龍咬傷你了！
你剩餘的生命值為： 2
```

```
遊戲將要結束，等你的生命值耗盡耗盡中...。
你剩餘的生命值為： 2
您的背包裡沒有刀子，邪惡飛龍咬傷你了！
你剩餘的生命值為： -1
***********************************
你的生命值已耗盡，遊戲結束。
```

2：您沒有從背包裡取出刀子的結果。

```
你今天要去深林旅遊。
你將 2 樣東西放入背包裡，背包裡有下列東西：
刀子
刀子
你在深林裡，遇到一隻邪惡飛龍。

按下 k 鍵，表示您想要從背包裡取出刀子：a    ← 鍵盤輸入 a
邪惡飛龍正飛向你....
邪惡飛龍攻擊你。
但你跟邪惡飛龍說好話，邪惡飛龍變成你的好朋友。
邪惡飛龍現在願意幫助你走出深林。
你現在開始跟飛龍交談：
你說： 邪惡飛龍為什麼愛聽好話呢？
邪惡飛龍說： 我想想看...
當邪惡飛龍的回答是「我想想看...」時，
邪惡飛龍回想到它原本是邪惡的，所以現在又變成你的敵人而不是朋友。

按下 k 鍵，表示您想要從背包裡取出刀子：a    ← 鍵盤輸入 a
邪惡飛龍正飛向你....
邪惡飛龍攻擊你。
但你跟邪惡飛龍說好話，邪惡飛龍變成你的好朋友。
邪惡飛龍現在願意幫助你走出深林。
你現在開始跟飛龍交談：
你說： 邪惡飛龍為何怕刀子呢？
邪惡飛龍說： 我想想看...
當邪惡飛龍的回答是「我想想看...」時，
邪惡飛龍回想到它原本是邪惡的，所以現在又變成你的敵人而不是朋友。
***********************************
你的生命值已耗盡，遊戲結束。
```

16-4 更新 converse()函式

此程式更新 converse()函式，設定 counter=3，讓你有連續 3 次機會跟邪惡飛龍聊天，當邪惡飛龍的回答是「我想想看...」時，它又變成你的敵人而不是朋友，於是執行 break 關鍵字，退出迴圈，無論你還有幾次機會跟邪惡飛龍說話，如下列程式所示：

```
def converse():
    print("你現在開始跟飛龍交談：")
    counter = 3
    while counter > 0:
        print(robot[0],random.choice(question))
        time.sleep(1)
        tmp = random.choice(responses)
        print(robot[1],tmp)
        if tmp == '我想想看...':
            print("當邪惡飛龍的回答是「我想想看...」時，")
            print("邪惡飛龍回想到它原本是邪惡的，所以現在又變成你的敵
人而不是朋友。")
            break
        time.sleep(1)
        counter = counter - 1
```

此外，本程式特別將兩把刀放入背包中，如下列程式所示：

```
bag = [Knife(),Knife()]
```

你每取出一把刀，就會執行 list 的 remove('刀子')方法，若你已將這兩把刀全部取出，螢幕會顯示：您的背包裡沒有刀子，邪惡飛龍咬傷你了！

如下列程式所示：

```
if event1 == "k":
        if '刀子' in bag2:
            print("您已經從背包裡取出刀子，邪惡飛龍被你嚇跑。")
            bag2.remove('刀子')
            exp=exp + 3
            hp=hp + 1
        else:
            print("您的背包裡沒有刀子，邪惡飛龍咬傷你了！")
```

```
            exp=exp + 3
            hp=hp - 3
            print("你剩餘的生命值為：",hp)
```

16-5 如何讓程式變難一點(1)：增加一個新類別來代表物品

到目前為止，你的背包裡只有刀子，而沒有其它物品。讓我們再增加一個新類別，來代表另一個物品，並放入背包裡。

程式 16-4

```
import random
import time

class Knife:
    def __init__(self):
        self.name = '刀子'

    def __str__(self):
        return self.name


class Ball:
    def __init__(self):
        self.name = '龍珠'

    def __str__(self):
        return self.name


question = ['邪惡飛龍為什麼愛聽好話呢？','邪惡飛龍有智慧嗎？', '邪惡飛龍為何怕刀子呢？']
responses = ['這是一個很深奧的學問。','我想想看...', '邪惡飛龍是變形的機器人，當然有人工智慧。']

hp = 6
exp = 0

bag = [Knife(),Knife(),Ball()]
bag2 = []
```

```
for item in bag:
    bag2.append(str(item))

print("你今天要去深林旅遊。")
print("你將 3 樣東西放入背包裡，背包裡有下列東西：")
for item in bag2:
    print(str(item))
#......................................

robot = ["你說:","邪惡飛龍說:"]

tmp = ''

def converse():
    print("你現在開始跟飛龍交談：")
    counter = 3
    while counter > 0:
        print(robot[0],random.choice(question))
        time.sleep(1)
        tmp = random.choice(responses)
        print(robot[1],tmp)
        if tmp == '我想想看...':
            print("當邪惡飛龍的回答是「我想想看...」時，")
            print("邪惡飛龍回想到它原本是邪惡的，所以現在又變成你的敵人而不是朋
友。")
            break
        time.sleep(1)
        counter = counter - 1

def hp_check():
    global hp
    if hp <= 0:
        hp = 0

print("你在深林裡，遇到一隻邪惡飛龍。")

while hp > 0:

    if '刀子' not in bag2:
        print("遊戲將要結束，等你的生命值耗盡中...。")
        print("你剩餘的生命值為：",hp)
    elif '龍珠' not in bag2:
        print("遊戲將要結束，等你的生命值耗盡中...。")
```

```
        print("你剩餘的生命值為：",hp)
    else:
        event1 = input("按下 k 鍵，表示您想要從背包裡取出刀子：")
        event2 = input("按下 f 鍵，表示您想要從背包裡取出龍珠：")

    if event1 == "k":
        if '刀子' in bag2:
            print("您已經從背包裡取出刀子，邪惡飛龍被你嚇跑。")
            bag2.remove('刀子')
            exp=exp + 3
            hp=hp + 1
        else:
            print("您的背包裡沒有刀子，邪惡飛龍咬傷你了！")
            exp=exp + 3
            hp=hp - 3
            hp_check()
            print("你剩餘的生命值為：",hp)
if event2 == "f":
        if '龍珠' in bag2:
            print("您已經從背包裡取出龍珠，邪惡飛龍吃下龍珠。")
            bag2.remove('龍珠')
            exp=exp + 3
            hp=hp + 2
        else:
            print("您的背包裡沒有龍珠，邪惡飛龍咬傷你了！")
            exp=exp + 3
            hp=hp - 3
            hp_check()
            print("你剩餘的生命值為：",hp)
    else:
        print("邪惡飛龍正飛向你....")
        time.sleep(1.0)
        print("邪惡飛龍攻擊你。")
        hp=hp - 3
        time.sleep(2.0)
        print("但你跟邪惡飛龍說好話，邪惡飛龍變成你的好朋友。")
        time.sleep(3.0)
        print("邪惡飛龍現在願意幫助你走出深林。")
        exp=exp + 5
        time.sleep(2.0)
        converse()


if hp <= 0:
```

```
    print("***********************************")
    print("你的生命值已耗盡，遊戲結束。")
else:
    print("***********************************")
    print("你剩餘的生命值為：",hp)
```

執行結果 1：取兩次刀子和一次龍珠。

```
你今天要去深林旅遊。
你將 3 樣東西放入背包裡，背包裡有下列東西：
刀子
刀子
龍珠
你在深林裡，遇到一隻邪惡飛龍。
按下 k 鍵，表示您想要從背包裡取出刀子：k        ← 鍵盤輸入 k
按下 f 鍵，表示您想要從背包裡取出龍珠：a        ← 鍵盤輸入 a
您已經從背包裡取出刀子，邪惡飛龍被你嚇跑。
邪惡飛龍正飛向你....
邪惡飛龍攻擊你。
但你跟邪惡飛龍說好話，邪惡飛龍變成你的好朋友。
邪惡飛龍現在願意幫助你走出深林。
你現在開始跟飛龍交談：
你說： 邪惡飛龍為什麼愛聽好話呢？
邪惡飛龍說： 邪惡飛龍是變形的機器人，當然有人工智慧。
你說： 邪惡飛龍為何怕刀子呢？
邪惡飛龍說： 這是一個很深奧的學問。
你說： 邪惡飛龍有智慧嗎？
邪惡飛龍說： 邪惡飛龍是變形的機器人，當然有人工智慧。

按下 k 鍵，表示您想要從背包裡取出刀子：a        ← 鍵盤輸入 a
按下 f 鍵，表示您想要從背包裡取出龍珠：f        ← 鍵盤輸入 f
您已經從背包裡取出龍珠，邪惡飛龍吃下龍珠。
遊戲將要結束，等你的生命值耗盡中...。
你剩餘的生命值為： 6
您的背包裡沒有龍珠，邪惡飛龍咬傷你了！
你剩餘的生命值為： 3
遊戲將要結束，等你的生命值耗盡中...。
你剩餘的生命值為： 3
您的背包裡沒有龍珠，邪惡飛龍咬傷你了！
你剩餘的生命值為： 0
***********************************
你的生命值已耗盡，遊戲結束。
```

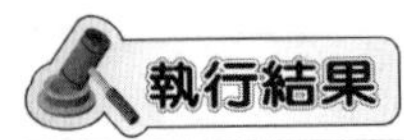

執行結果 2：不取出刀子，但僅取出一顆龍珠。

```
你今天要去深林旅遊。
將 3 樣東西放入背包裡，背包裡有下列東西：
刀子
刀子
龍珠
你在深林裡，遇到一隻邪惡飛龍。

按下 k 鍵，表示您想要從背包裡取出刀子：a      ← 鍵盤輸入 a

按下 f 鍵，表示您想要從背包裡取出龍珠：f      ← 鍵盤輸入 f
您已經從背包裡取出龍珠，邪惡飛龍吃下龍珠。
遊戲將要結束，等你的生命值耗盡中...。
你剩餘的生命值為： 8
您的背包裡沒有龍珠，邪惡飛龍咬傷你了！
你剩餘的生命值為： 5
遊戲將要結束，等你的生命值耗盡中...。
你剩餘的生命值為： 5
您的背包裡沒有龍珠，邪惡飛龍咬傷你了！
你剩餘的生命值為： 2
遊戲將要結束，等你的生命值耗盡中...。
你剩餘的生命值為： 2
您的背包裡沒有龍珠，邪惡飛龍咬傷你了！
你剩餘的生命值為： 0
**********************************
你的生命值已耗盡，遊戲結束。
```

說明

此程式新增一個類別(Ball)，代表龍珠物品，如下列程式所示：

```
class Ball:
    def __init__(self):
        self.name = '龍珠'
    def __str__(self):
        return self.name
```

此時背包裡含有 2 把刀子及一顆龍珠，如下列程式所示：

```
bag = [Knife( ),Knife( ),Ball( )]
```

接著程式會檢查'刀子'或'龍珠'是否已經沒有了，如下列程式所示：

```
if '刀子' not in bag2:
        print("遊戲將要結束，等你的生命值耗盡中...。")
        print("你剩餘的生命值為：",hp)
elif '龍珠' not in bag2:
        print("遊戲將要結束，等你的生命值耗盡中...。")
        print("你剩餘的生命值為：",hp)
```

若被包裹還有剩刀子'或'龍珠'，則程式會要求你現在是否要取出刀子'或'龍珠'，如下列程式所示：

```
event1 = input("按下 k 鍵，表示您想要從背包裡取出刀子：")
event2 = input("按下 f 鍵，表示您想要從背包裡取出龍珠：")
```

當背包裡已經沒有刀子或龍珠，程式會將您的生命值減掉 3，如下列程式所示：

```
if event1 == "k":
        if '刀子' in bag2:
            print("您已經從背包裡取出刀子，邪惡飛龍被你嚇跑。")
            bag2.remove('刀子')
            exp=exp + 3
            hp=hp + 1
        else:
            print("您的背包裡沒有刀子，邪惡飛龍咬傷你了！")
            exp=exp + 3
            hp=hp - 3
            hp_check()
            print("你剩餘的生命值為：",hp)

    if event2 == "f":
        if '龍珠' in bag2:
            print("您已經從背包裡取出龍珠，邪惡飛龍吃下龍珠。")
            bag2.remove('龍珠')
            exp=exp + 3
            hp=hp + 2
        else:
            print("您的背包裡沒有龍珠，邪惡飛龍咬傷你了！")
            exp=exp + 3
            hp=hp - 3
            hp_check()
            print("你剩餘的生命值為：",hp)
```

為了預防您的生命值最後會變成負值，我們新增一個 hp_check( )函式，來定義當 hp <= 0 時，將 hp 值設為 0，如下列程式所示：

```
def hp_check():
 global hp
 if hp <= 0:
     hp = 0
```

16-6 如何讓程式變難一點(2)：將子程式匯入至主程式

我們將練習把一個 Python 程式合併到主要的 Python 程式中。

程式 dragonpic.py

```
dragon = '''
                                    :.`---.__
                                     `:.     `--.
                                       \.        `.
                               (,,(,    \.         `.
                            (,'     `/   \.   ,--.___`.
                           ,'  ,--.  `,   \.;'
                          {o,o {    \  :    \;
                           ,v,'    /  /    //
                           ;;;    /  ,' ,-//.    ,---.      ,>>>
                           \;'   /  ,' /  _   \ /  _   \  ,'/
                                 \   `'  /\   `'  /\ `.'   /
                                  `.___,'    `.__,'  `.__,'
            '''
```

首先請將上面 dragonpic.py 檔案放入到 ch16-5.py 檔案的資料夾中，然後開啟 ch16-5.py 檔案，並在程式前面加入下列程式：

```
from dragonpic import dragon
print(dragon)
```

程式輸出就會從 dragonpic.py 檔案中，將 dragon 變數的內容匯入至 ch16-5.py 檔案中，並透過 print(dragon)，將 dragon 的字串內容顯示在螢幕上。

以下是 dragonpic.py 檔案合併至 ch16-5.py 檔案的輸出範例：

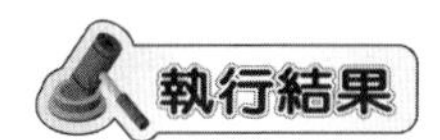

```
你今天要去深林旅遊。
你將 3 樣東西放入背包裡，背包裡有下列東西：
刀子
刀子
龍珠
你在深林裡，遇到一隻邪惡飛龍。
按下 k 鍵，表示您想要從背包裡取出刀子：k
按下 f 鍵，表示您想要從背包裡取出龍珠：a
您已經從背包裡取出刀子，邪惡飛龍被你嚇跑。
邪惡飛龍正飛向你....
邪惡飛龍攻擊你。
但你跟邪惡飛龍說好話，邪惡飛龍變成你的好朋友。
邪惡飛龍現在願意幫助你走出深林。
你現在開始跟飛龍交談：
你說： 邪惡飛龍為何怕刀子呢？
邪惡飛龍說： 邪惡飛龍是變形的機器人，當然有人工智慧。
你說： 邪惡飛龍為何怕刀子呢？
邪惡飛龍說： 我想想看...
當邪惡飛龍的回答是「我想想看...」時，
邪惡飛龍回想到它原本是邪惡的，所以現在又變成你的敵人而不是朋友。
```

鍵盤輸入 k

鍵盤輸入 a

16-7 如何讓程式變難一點(3)：增加飛龍吐火焰的 ASCII 圖

我們再練習一次，把一個 Python 程式合併到主要的 Python 程式中，但這次增加一個飛龍吐火焰的 ASCII 圖，當你受到飛龍攻擊時，螢幕會顯示飛龍吐火焰的 ASCII 圖。

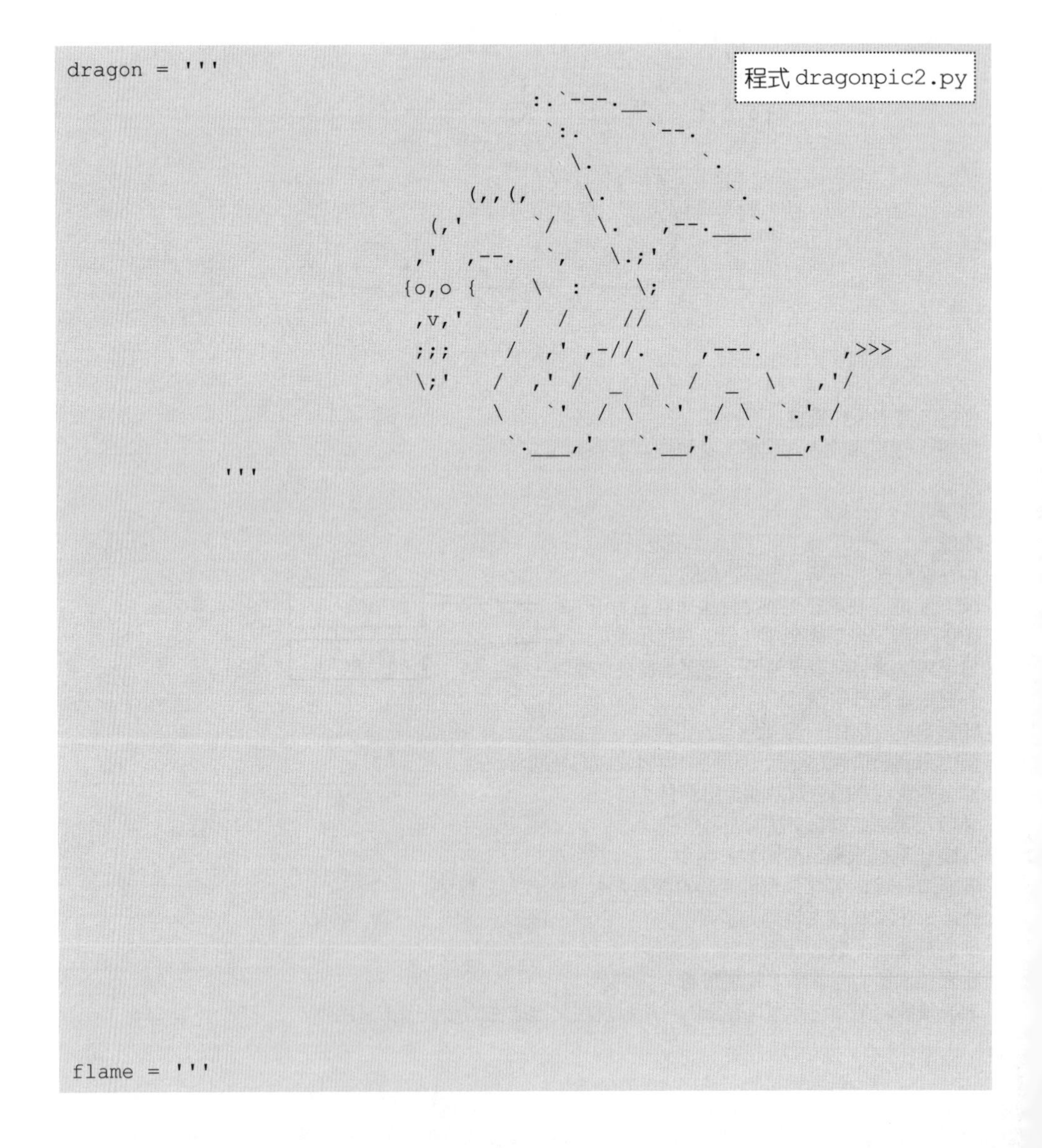

程式 dragonpic2.py

```
dragon = '''
                                     :.`---.__
                                      `:.      `--.
                                        \.         `.
                                (,,(,    \.          `.
                             (,'     `/   \.   ,--.___`.
                            ,'  ,--. `,    \.;'
                           {o,o {    \  :    \;
                            ,v,'    /  /    //
                            ;;;    /  ,' ,-//.    ,---.      ,>>>
                            \;'   /  ,' /  _  \  /  _  \   ,'/
                                  \   `'  / \  `'  / \  `.' /
                                   `.___,'   `.__,'   `.__,'
             '''

flame = '''
```

```
                                                 | - -  - -  - - - /
       __-----  ,-/-==\\                         | |   `\        ,'
    _-'       /'    |  \\                       / /      \      /
  .'         /      |   \\                    /' /        \   /'
 /  ____   /        |    \`\.__/-'' ' \ _ _/'  /          \/'
/---    --------__  |     '-/'          ( )   /'         _--'`
                  \_|      /        _)   ;  ),    __--''
                    -----_/ - - - --'/-  / \   '-' \
                   {\__--_/}
                   /'    (_/
                  |0  0 _/)
                  / /  /_/
                  \_v_//
                   ,::
                ,:::':
               : : '::
             `::: :: :
           ,:,'::: :
         ,: : ::, ::
       `::  :` : ,::
     .:::::: :: :: `
      ;': ':: ,::
       :: :: ::
         ::::
         \::/
'''
```

程式 16-6

```
import random
import time
from dragonpic2 import dragon,flame

#print(flame)

class Knife:
    def __init__(self):
        self.name = '刀子'

    def __str__(self):
        return self.name
class Ball:
    def __init__(self):
```

```
        self.name = '龍珠'

    def __str__(self):
        return self.name

question = ['邪惡飛龍為什麼愛聽好話呢？','邪惡飛龍有智慧嗎？', '邪惡飛龍為何怕刀
子呢？']
responses = ['這是一個很深奧的學問。','我想想看...', '邪惡飛龍是變形的機器人，當
然有人工智慧。']

hp = 6
exp = 0

bag = [Knife(),Knife(),Ball()]
bag2 = []

for item in bag:
    bag2.append(str(item))
print(dragon)
print("你今天要去深林旅遊。")
print("你將 3 樣東西放入背包裡，背包裡有下列東西：")
for item in bag2:
    print(str(item))
#..................................................

robot = ["你說:","邪惡飛龍說:"]

tmp = ''

def converse():
    print("你現在開始跟飛龍交談：")
    counter = 3
    while counter > 0:
        print(robot[0],random.choice(question))
        time.sleep(1)
        tmp = random.choice(responses)
        print(robot[1],tmp)
        if tmp == '我想想看...':
            print("當邪惡飛龍的回答是「我想想看...」時，")
            print("邪惡飛龍回想到它原本是邪惡的，所以現在又變成你
的敵人而不是朋友。")
            break
        time.sleep(1)
```

```
        counter = counter - 1
def hp_check():
    global hp
    if hp <= 0:
        hp = 0

print("你在深林裡，遇到一隻邪惡飛龍。")

while hp > 0:

    if '刀子' not in bag2:
        print("遊戲將要結束，等你的生命值耗盡中...。")
        print("你剩餘的生命值為：",hp)
    elif '龍珠' not in bag2:
        print("遊戲將要結束，等你的生命值耗盡中...。")
        print("你剩餘的生命值為：",hp)
    else:
        event1 = input("按下 k 鍵，表示您想要從背包裡取出刀子：")
        event2 = input("按下 f 鍵，表示您想要從背包裡取出龍珠：")

    if event1 == "k":
        if '刀子' in bag2:
            print("您已經從背包裡取出刀子，邪惡飛龍被你嚇跑。")
            bag2.remove('刀子')
            exp=exp + 3
            hp=hp + 1
        else:
            print("您的背包裡沒有刀子，邪惡飛龍咬傷你了！")
            exp=exp + 3
            hp=hp - 3
            hp_check()
            print("你剩餘的生命值為：",hp)
    if event2 == "f":
        if '龍珠' in bag2:
            print("您已經從背包裡取出龍珠，邪惡飛龍吃下龍珠。")
            bag2.remove('龍珠')
            exp=exp + 3
            hp=hp + 2
        else:
            print("您的背包裡沒有龍珠，邪惡飛龍咬傷你了！")
            exp=exp + 3
            hp=hp - 3
            hp_check()
```

```
            print("你剩餘的生命值為：",hp)
    if event1 != "k" and event2 != "f":
        print("邪惡飛龍正飛向你....")
        time.sleep(1.0)
        print("邪惡飛龍攻擊你。")
        print(flame)
        hp=hp - 3
        time.sleep(2.0)
        print("但你跟邪惡飛龍說好話，邪惡飛龍變成你的好朋友。")
        time.sleep(3.0)
        print("邪惡飛龍現在願意幫助你走出深林。")
        exp=exp + 5
        time.sleep(2.0)
        converse()


if hp <= 0:
    print("**********************************")
    print("你的生命值已耗盡，遊戲結束。")
else:
    print("**********************************")
    print("你剩餘的生命值為：",hp)
```

執行結果 邪惡飛龍命令聊天機器人打開指定網站。

```
           :.`---.__
            `:.      `--.
              \.         `.
     (,,(,     \.          `.
  (,'      `/   \.   ,--.____`.
 ,'  ,--.   `,   \.;'
{o,o {     \  :     \;
 ,v,'     /  /    //
 ;;;    /   ,' ,-//.     ,---.       ,>>>
 \;'   /   ,' /  _  \   /  _  \    ,'/
       \    `'  / \   `'  / \   `.' /
         `.___,'    `.__,'    `.__,'

你今天要去深林旅遊。
你將 3 樣東西放入背包裡，背包裡有下列東西：
刀子
刀子
```

```
龍珠
你在深林裡，遇到一隻邪惡飛龍。

按下 k 鍵，表示您想要從背包裡取出刀子：a        ← 鍵盤輸入 a

按下 f 鍵，表示您想要從背包裡取出龍珠：a        ← 鍵盤輸入 a
邪惡飛龍正飛向你....
邪惡飛龍攻擊你。










                                                      | - -  - -  - - - /
        __-----   ,-/-==\                            | |   `\         ,'
    _-'        /'     |   \                        / /        \      /
  .'         /        |    \                     /' /          \   /'
 /  _____  /          |     \`\.__/-'' ' \ _ _/'     /           \/'
/---     --------__   |      '-/'           ( )   /'         _--'`
                    \_|       /         _)    ;  ),   __--''
                    -----_/ - - - --'/-      / \    '-' \
                     {\__--_/}
                     /'    (_/
                    |0  0 _/)
                    / /  /_/
                    \_v_//
                     ,::
                  ,:::':
                 : : '::
              `::: :: :
             ,:,'::: :
          ,: : ::, ::
        `::  :` : ,::
      .:::::: :: ::  `
       ;': ':: ,::
        :: :: ::
          ::::
          \::/
```

```
但你跟邪惡飛龍說好話，邪惡飛龍變成你的好朋友。
邪惡飛龍現在願意幫助你走出深林。
你現在開始跟飛龍交談：
你說: 邪惡飛龍有智慧嗎?
邪惡飛龍說: 這是一個很深奧的學問。
你說: 邪惡飛龍有智慧嗎?
邪惡飛龍說: 我想想看...
當邪惡飛龍的回答是「我想想看...」時，
邪惡飛龍回想到它原本是邪惡的，所以現在又變成你的敵人而不是朋友。

按下 k 鍵，表示您想要從背包裡取出刀子：k        鍵盤輸入 k
按下 f 鍵，表示您想要從背包裡取出龍珠：f        鍵盤輸入 f
您已經從背包裡取出刀子，邪惡飛龍被你嚇跑。
您已經從背包裡取出龍珠，邪惡飛龍吃下龍珠。
遊戲將要結束，等你的生命值耗盡中...。
你剩餘的生命值為: 6
您已經從背包裡取出刀子，邪惡飛龍被你嚇跑。
您的背包裡沒有龍珠，邪惡飛龍咬傷你了!
你剩餘的生命值為: 4
遊戲將要結束，等你的生命值耗盡中...。
你剩餘的生命值為: 4
您的背包裡沒有刀子，邪惡飛龍咬傷你了!
你剩餘的生命值為: 1
您的背包裡沒有龍珠，邪惡飛龍咬傷你了!
你剩餘的生命值為: 0
**********************************
你的生命值已耗盡，遊戲結束。
```

16-8 如何讓程式變難一點(4)：擴充 nltk.chat 的 Chat 類別

這個程式將再次使用強大的自然語言處理套件(NLTK)。這次我們將利用 Python 類別的繼承功能，來設計並擴充原始開放的 Chat 類別。如果您想在繼續閱讀本章的內容之前，先了解一下這個 Chat 類別的內容，請先至 NLTK 網站，搜尋 nltk.chat。

原始開放的 Chat 類別，並沒有提供讓程式設計師自行定義新的類別方法。本程式將會先更改 Chat 類別的__init__()方法，以讓 pairs 列表含有 3 個元素，而不是預設的 2 個元素。

程式 16-7

```
from nltk.chat.util import Chat, reflections
import re
import random
import webbrowser

class BotChat(Chat):

    def __init__(self, pairs, reflections={}):
        self._pairs = [(re.compile(q, re.IGNORECASE),a, f) for (q, a, f)
in pairs]
        self._reflections = reflections
        self._regex = self._compile_reflections()
        self.robot = ["邪惡飛龍說:","聊天機器人說:"]

    def respond(self, str):
        for (pattern, response, function) in self._pairs:
            matched = pattern.match(str)
            if matched:
                resp = random.choice(response)
                resp = self._wildcards(resp, matched)
                if resp[-2:] == '?.':
                    resp = resp[:-2] + '.'
                if resp[-2:] == '??':
                    resp = resp[:-2] + '?'
                if function:
                    function(matched)
                return resp
def converse(self, quit="離開"):
        user_input = ""
        while user_input != quit:
            user_input = quit
            try:
                user_input = input(self.robot[0])
            except EOFError:
                print(user_input)
            if user_input:
                while user_input[-1] in "!.":
                    user_input = user_input[:-1]
                print(self.robot[1]+str(self.respond(user_input)))
```

```
def openthing(match):

    groups = match.groups()
    if groups:
        if groups[0] == 'google':
            webbrowser.open('https://www.google.com')
            print("已經開啟 google 網頁。")
        elif groups[0] == 'wiki':
            webbrowser.open('https://zh.wikipedia.org/wiki/Wiki')
        else:
            print('"{}"是什麼?'.format(groups[0]))
    else:
        print("不懂你的意思。")

nodrinking_cause = ["酒太貴","傷身體","沒時間睡覺"]
def drink(match):

    groups = match.groups()
    if groups:
        if groups[0] == "酒":
            print(Talk.robot[1])
            print("-"*10)
            print("我以前喜歡喝酒，但是現在不喝了。")
            print("我不喝酒的原因是：
                ",random.choice(nodrinking_cause),"。")
            print("-"*10)
        elif groups[0] == "海水":
            print("海水不能喝。")
            print("空氣、食物和，是生命活動中不可缺少的物質。")
            print("單說水，一個人如果沒有水，4 天左右就會進入昏迷狀態。")
            print("8-12 天就會死亡。如果有水而沒有食物，生命往往可以維持 21 天左
右。")
            print("海洋水最多，為什麼不能來維持生命呢?。")
        else:
             print('"{}"是什麼?'.format(groups[0]))
    else:
        print("不懂你的意思。")

reasoning = ["懂","不懂"]
def detail(match):
    groups = match.groups()
    if groups:
        if groups[0] == "原因":
            print("飲用海水愈多，人體脫水愈快，人便愈渴了。如果飲
```

```
用海水太多")
            print("腎臟便不能完成使人體內部鹽分保持平衡的任務，")
            print("腎臟便不能完成使人體內部鹽分保持平衡的任務於是
人體內部的")
            print("物理化學平衡便會受到破壞，進一步導致中樞神經系
統(腦)的傷害。")

            u = input("請問你懂了嗎？")
            print(random.choice(reasoning))
            if u == reasoning[1]:
                print("請上網查 google，你會知道更多。")
        elif groups[1] == '缺點' and groups[0] == '酒':
            print("喝酒的"+groups[1]+"是:")
            print("刺激胃黏膜，引起慢性胃炎、胃潰瘍、
十二指腸潰瘍。")
            print("初期輕微胸痛、心律不整。")
            print("有精神方面焦慮、抑鬱等症狀。")
            print("慢性酒精中毒會損傷視神經，視力會逐漸降低。")
        else:
            print('"{}"是什麼?'.format(groups[0]))
    else:
        print("不懂你的意思。")
pairs = [

    ["請打開(.*)", ["開啟完畢 ..."], openthing],

    ["你喝(.*)嗎", ["這就是原因。"], drink],

    ["你繼續說明海水的(.*)", ["這些原因夠詳細了吧。"], detail],

    ["你繼續說明(.*)或(.*)", ["這些原因夠詳細了吧。"], detail],

    ["離開", ["再見！"],None],

    ["(.*)", ["不懂你的意思。"],None],

]

print('\n'+"我是新型聊天機器人，請問什麼事？")
Talk = BotChat(pairs, reflections)
Talk.converse()
```

執行結果 1：邪惡飛龍命令聊天機器人打開指定網站。

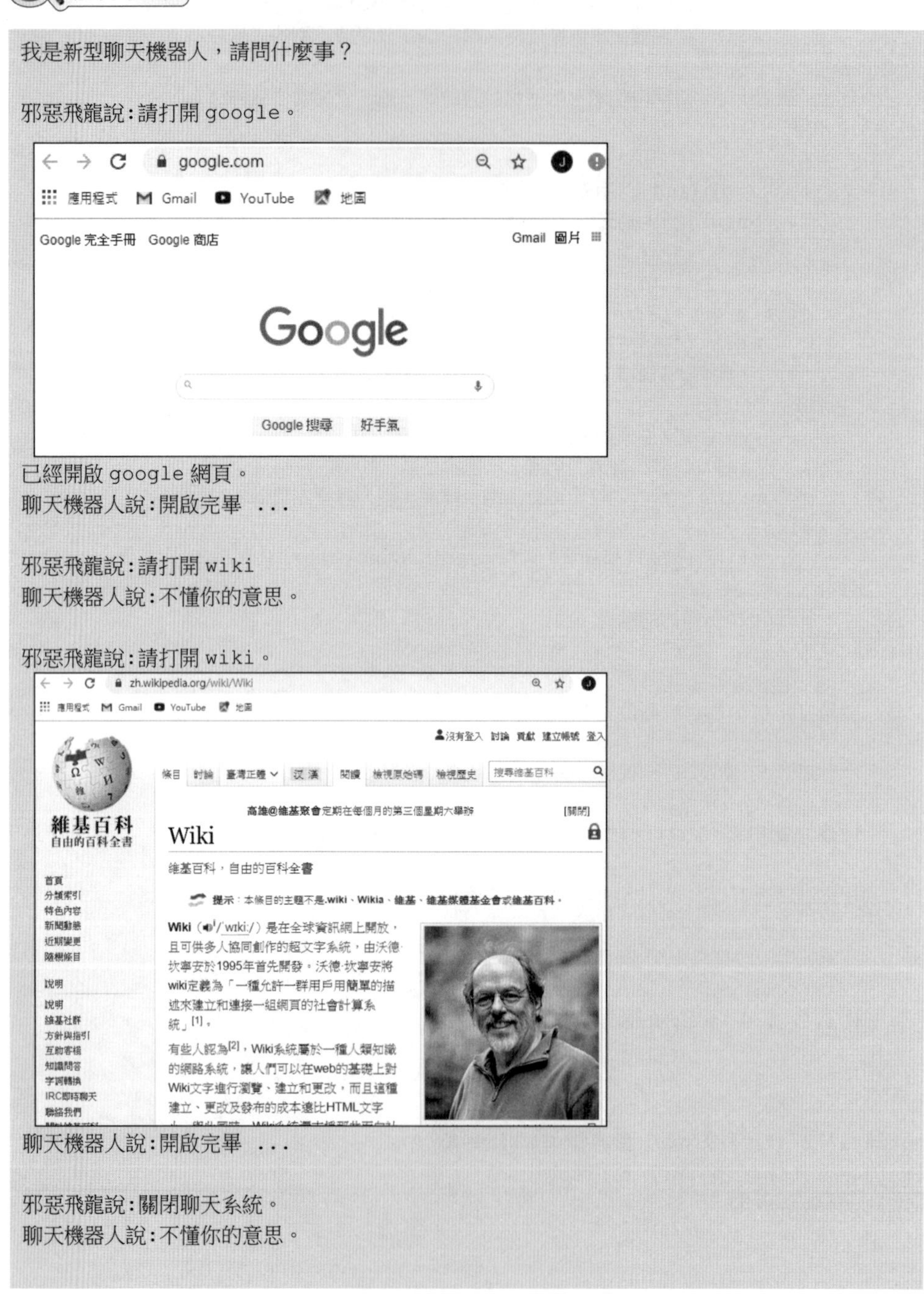

我是新型聊天機器人，請問什麼事？

邪惡飛龍說:請打開 google。

已經開啟 google 網頁。
聊天機器人說:開啟完畢 ...

邪惡飛龍說:請打開 wiki
聊天機器人說:不懂你的意思。

邪惡飛龍說:請打開 wiki。

聊天機器人說:開啟完畢 ...

邪惡飛龍說:關閉聊天系統。
聊天機器人說:不懂你的意思。

```
邪惡飛龍說:離開。
聊天機器人說:再見!
```

說明

此程式建立一個子類別(BotChat),BotChat 是繼成自 NLTK 的父類別(Chat)。繼承是物件導向程式設計的主要特性之一,讓類別設計可以有共用屬性和共用方法,子類別繼承父類別之後就取得父類別的屬性及方法,子類別還可以定義自己專用的屬性及方法。

繼承的寫法很簡單,這裡 Chat 當作父類別,BotChat 為子類別,就在 BotChat 後面加上小括弧,小括弧中寫上要繼承的父類別名稱,這樣 BotChat 就繼承了 Chat。

以下是子類別(BotChat)的程式碼:

```
class BotChat(Chat):

    def __init__(self, pairs, reflections={}):

        self._pairs = [(re.compile(q, re.IGNORECASE),a, f) for (q, a, f)
in pairs]
        self._reflections = reflections
        self._regex = self._compile_reflections()
        self.robot = ["邪惡飛龍說:","聊天機器人說:"]

    def respond(self, str):

        for (pattern, response, function) in self._pairs:
            matched = pattern.match(str)

            if matched:

                resp = random.choice(response)
                resp = self._wildcards(resp, matched)

                if resp[-2:] == '?.':
                    resp = resp[:-2] + '.'
                if resp[-2:] == '??':
```

```
                resp = resp[:-2] + '?'

            if function:
                function(matched)

            return resp

    def converse(self, quit="離開。"):
        user_input = ""
        while user_input != quit:
            user_input = quit
            try:
                user_input = input(self.robot[0])
            except EOFError:
                print(user_input)
            if user_input:
                while user_input[-1] in "!.":
                    user_input = user_input[:-1]
                print(self.robot[1]+str(self.respond(user_input)))
```

我們將父類別父類別(Chat)的__init__(self, pairs, reflections={})方法，更改為下列程式所示：

```
    def __init__(self, pairs, reflections={}):
        self._pairs = [(re.compile(q, re.IGNORECASE),a, f) for (q, a, f)
in pairs]
        self._reflections = reflections
        self._regex = self._compile_reflections()
        self.robot = ["邪惡飛龍說:","聊天機器人說:"]
```

在 self._pairs 的 list 中，每一行 list 元素個數，由 2 個元素個改成 3 個元素，(q, a, f) in pairs 中的 f 就是代表新增的函式項目，所以我們的 pairs 列表中，每一行 list 都增加一個函式，若不想在該行中，新增一個函式，就用 None 取代，如下列程式所示：

```
pairs = [

    ["請打開(.*)。", ["開啟完畢 ..."], openthing],

    ["你喝(.*)嗎？", ["這就是原因。"], drink],
```

```
["你繼續說明海水的(.*)。", ["這些原因夠詳細了吧。"], detail],

["你繼續說明(.*)或(.*)。", ["這些原因夠詳細了吧。"], detail],

["離開。", ["再見！"],None],

["(.*)", ["不懂你的意思。"],None],
```

在這裡，我們也覆寫兩個來自覆類別的函式，如下列程式所示：

```
def respond(self, str):
    for (pattern, response, function) in self._pairs:
```

respond( )函示修改差異為：在父類別父類別(Chat)中，沒有從 self._pairs 傳回的 function 字串。

```
def converse(self, quit="離開。"):
        user_input = ""
        while user_input != quit:
            user_input = quit
            try:
                user_input = input(self.robot[0])
            except EOFError:
                print(user_input)
            if user_input:
                while user_input[-1] in "!.":
                    user_input = user_input[:-1]
                print(self.robot[1]+str(self.respond(user_input)))
```

converse()函式修改差異為：在父類別父類別（Chat）中，離開聊天機器人程式的指令是" quit" ，子類別中改成" 離開。" ，子類別也改成 input() 中使用 self.robot[0]字串及 print(self.robot[1]+str(self.respond(user_input)))。

當輸入的字串配對到下列 list 的第一個元素"請打開(.*)。"時，程式會執行 openthing(match)函式。

以下是 openthing(match)函式的定義內容：

```
def openthing(match):
    groups = match.groups()
    if groups:
        if groups[0] == 'google':
            webbrowser.open('https://www.google.com')
            print("已經開啟 google 網頁。")
        elif groups[0] == 'wiki':
            webbrowser.open('https://zh.wikipedia.org/wiki/Wiki')
        else:
            print('"{}"是什麼?'.format(groups[0]))
    else:
        print("不懂你的意思。")
```

當配對到的第一個元素"請打開(.*)”中的正規表示法符號(.*)時，程式會進入 openthing(match)的定義中，match.groups()的 groups[0]內容是等於正規表示法符號(.*)的代表字串，當 groups[0] == 'google'為真時，會執行 webbrowser.open('https://www.google.com')。當 groups[0] == 'wiki'為真時，會執行 webbrowser.open('https://zh.wikipedia.org/wiki/Wiki') 。

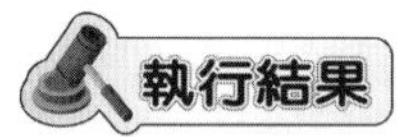

2：邪惡飛龍命令聊天機器人執行其它自定函式。

```
我是新型聊天機器人，請問什麼事？

邪惡飛龍說:你喝酒嗎？
聊天機器人說:
----------
我以前喜歡喝酒，但是現在不喝了。
我不喝酒的原因是： 酒太貴 。
----------
聊天機器人說:這就是原因。

邪惡飛龍說:你繼續說明原因或缺點。
飲用海水愈多，人體脫水愈快，人便愈渴了。如果飲用海水太多
腎臟便不能完成使人體內部鹽分保持平衡的任務，
腎臟便不能完成使人體內部鹽分保持平衡的任務於是人體內部的
物理化學平衡便會受到破壞，進一步導致中樞神經系統(腦)的傷害。

請問你懂了嗎？不懂
請上網查 google，你會知道更多。
聊天機器人說:這些原因夠詳細了吧。
```

```
邪惡飛龍說:你繼續說明酒或缺點。
喝酒的缺點是:
刺激胃黏膜，引起慢性胃炎、胃潰瘍、十二指腸潰瘍。
初期輕微胸痛、心律不整。
有精神方面焦慮、抑鬱等症狀。
慢性酒精中毒會損傷視神經，視力會逐漸降低。
聊天機器人說:這些原因夠詳細了吧。

邪惡飛龍說:你喝海水嗎?
海水不能喝。
空氣、食物和，是生命活動中不可缺少的物質。
單說水，一個人如果沒有水，4 天左右就會進入昏迷狀態。
8-12 天就會死亡。如果有水而沒有食物，生命往往可以維持 21 天左右。
海洋水最多，為什麼不能來維持生命呢?。
聊天機器人說:這就是原因。

邪惡飛龍說:你繼續說明原因或其它。
飲用海水愈多，人體脫水愈快，人便愈渴了。如果飲用海水太多
腎臟便不能完成使人體內部鹽分保持平衡的任務，
腎臟便不能完成使人體內部鹽分保持平衡的任務於是人體內部的
物理化學平衡便會受到破壞，進一步導致中樞神經系統(腦)的傷害。

請問你懂了嗎?懂
聊天機器人說:這些原因夠詳細了吧。

邪惡飛龍說:離開。
聊天機器人說:再見!
```

當輸入字串配對到"你喝(.*)嗎？"時，程式會跳進入 drink(match)的定義中，並執行此函式的內容，如下列程式所示：

```
def drink(match):
    groups = match.groups()
    if groups:
        if groups[0] == "酒":
            print(Talk.robot[1])
            print("-"*10)
            print("我以前喜歡喝酒，但是現在不喝了。")
```

```
            print("我不喝酒的原因是：",random.choice(nodrinking_cause),"。
")
            print("-"*10)
        elif groups[0] == "海水":
            print("海水不能喝。")
            print("空氣、食物和，是生命活動中不可缺少的物質。")
            print("單說水，一個人如果沒有水，4 天左右就會進入昏迷狀態。
")
            print("8-12 天就會死亡。如果有水而沒有食物，生命往往可以維持
21 天左右。")
            print("海洋水最多，為什麼不能來維持生命呢?。")
        else:
             print('"{}"是什麼?'.format(groups[0]))
    else:
        print("不懂你的意思。")
```

當 groups[0] == "酒"為真時，會執行此條件下的內容，如不喝酒的原因。

當 groups[0] == "海水"為真時，會執行此條件下的內容，如海水不能喝的敘述。

若輸入字串配對到"你繼續說明海水的(.*)。"或"你繼續說明(.*)或(.*)。"時，程式會跳進入 detail(match)的定義中，並執行此函式的內容。

如下列程式所示:

```
def detail(match):
    groups = match.groups()
    if groups:
        if groups[0] == "原因":
            print("飲用海水愈多，人體脫水愈快，人便愈渴了。如果飲用海水太多")
            print("腎臟便不能完成使人體內部鹽分保持平衡的任務，")
            print("腎臟便不能完成使人體內部鹽分保持平衡的任務於是人體內部的")
            print("物理化學平衡便會受到破壞，進一步導致中樞神經系統(腦)的傷害。")
            u = input("請問你懂了嗎？")
            if u == reasoning[1]:
                print("請上網查 google，你會知道更多。")
        elif groups[1] == '缺點' and groups[0] == '酒':
            print("喝酒的"+groups[1]+"是:")
            print("刺激胃黏膜，引起慢性胃炎、胃潰瘍、十二指腸潰瘍。")
            print("初期輕微胸痛、心律不整。")
            print("有精神方面焦慮、抑鬱等症狀。")
            print("慢性酒精中毒會損傷視神經，視力會逐漸降低。")
        else:
            print('"{}"是什麼?'.format(groups[0]))
```

```
    else:
        print("不懂你的意思。")
```

當 groups[0] == "原因"為真時，會執行此條件下的內容，如飲用海水的敘述。

當 groups[1] == '缺點' 且 groups[0] == '酒'為真時，會執行此條件下的內容，如喝酒的缺點。

我們這個聊天程式的重點，就是當一個子類別繼承自一個父類別的時候，子類別會繼承到父類別的方法。然而，子類別也可以覆寫父類別的方法。

最後在這裡做一個小小的試驗，就是讓我們將程式修改成兩種聊天機制，即特別讓程式產生子類別（BotChat）和父類別（Chat）的兩個物件，試驗看看輸出結果有何差異。首先我們必須另外新增一個父類別(Chat)專用的 pairs1 列表，如下列程式所示：

```
pairs1 = [

    ["請打開(.*)。", ["開啟完畢 ..."]],

    ["離開。", ["再見！"]],
]
```

接著在程式最後，改成下列會產生兩個物件的程式碼：

```
print('\n'+"我是新型聊天機器人，請問什麼事？")
Talk = BotChat(pairs, reflections)
Talk.converse()
Talk2 = Chat(pairs1, reflections)
Talk2.converse()
```

執行結果

```
我是新型聊天機器人，請問什麼事？

邪惡飛龍說:請打開 google。
已經開啟 google 網頁。
聊天機器人說:開啟完畢 ...
```

```
邪惡飛龍說:離開。
聊天機器人說:再見！

>請打開 google。
開啟完畢 ...

>離開。
再見！

>quit
None
```

Talk 物件(子類別 BotChat)是透過 BotChat(pairs,reflections)建立的，而 Talk2 物件（父類別 Chat）是透過 Chat(pairs1,reflections)建立的，所以各自呼叫自己的函式或變數。Talk 物件的 pairs 列表中的每一子項目列表必須有 3 個元素，Talk2 物件的 pairs1 列表中的每一子項目列表必須有 2 個元素。若要退出此程式的執行，需要使用 Talk2 物件的預設值"quit"，才能真正停止繼續執行這整個程式。

MEMO

MEMO

讀者回函

讀者回函

GIVE US A PIECE OF YOUR MIND

感謝您購買本公司出版的書，您的意見對我們非常重要！由於您寶貴的建議，我們才得以不斷地推陳出新，繼續出版更實用、精緻的圖書。因此，請填妥下列資料(也可直接貼上名片)，寄回本公司(免貼郵票)，您將不定期收到最新的圖書資料！

購買書號： **書名：**

姓　　名：＿＿＿＿＿＿＿＿＿＿

職　　業：□上班族　□教師　□學生　□工程師　□其它

學　　歷：□研究所　□大學　□專科　□高中職　□其它

年　　齡：□10~20　□20~30　□30~40　□40~50　□50~

單　　位：＿＿＿＿＿＿　部門科系：＿＿＿＿＿＿

職　　稱：＿＿＿＿＿＿　聯絡電話：＿＿＿＿＿＿

電子郵件：＿＿＿＿＿＿＿＿＿＿

通訊住址：□□□ ＿＿＿＿＿＿＿＿＿＿

您從何處購買此書：

□書局＿＿＿＿　□電腦店＿＿＿＿　□展覽＿＿＿＿　□其他＿＿＿＿

您覺得本書的品質：

內容方面：□很好　□好　□尚可　□差

排版方面：□很好　□好　□尚可　□差

印刷方面：□很好　□好　□尚可　□差

紙張方面：□很好　□好　□尚可　□差

您最喜歡本書的地方：＿＿＿＿＿＿＿＿＿＿

您最不喜歡本書的地方：＿＿＿＿＿＿＿＿＿＿

假如請您對本書評分，您會給(0~100分)：＿＿＿＿ 分

您最希望我們出版那些電腦書籍：

請將您對本書的意見告訴我們：

您有寫作的點子嗎？□無　□有　專長領域：＿＿＿＿＿＿

歡迎您加入博碩文化的行列哦！

✂請沿虛線剪下寄回本公司

Give Us a Piece Of Your Mind

博碩文化網站　http://www.drmaster.com.tw

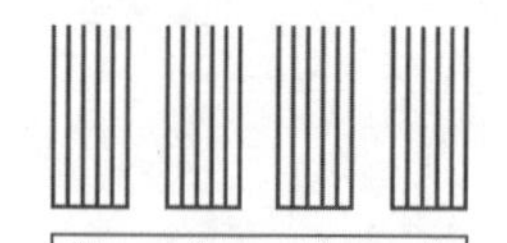

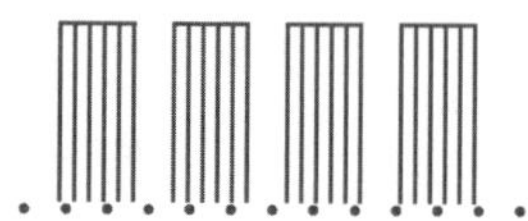